Silviu Gabriel CIOROIU

HEALTH THERAPY

Concepts and Methods

2014

AuthorHouse™ UK Ltd.
1663 Liberty Drive
Bloomington, IN 47403 USA
www.authorhouse.co.uk
Phone: 0800.197.4150

Published by AuthorHouse 01/30/2014

ISBN: 978-1-4918-9335-7 (sc)
ISBN: 978-1-4918-9336-4 (e)

Cuvântul autorului

Evident kinetoterapia este o ştiinţă complexă, interdisciplinaritatea sa fiind dată de elemente de anatomie, fiziologie, biochimie, biomecanică, psihologie etc., pe baza cărora se elaborează o metodologie specifică pentru cercetarea ştiinţifică.

Fiind denumită şi "terapia prin mişcare", kinetoterapia dispune de forme specifice de tratament, rolul principal revenind în acest context exerciţiului fizic. Ea reprezintă de asemenea şi o terapie psihică, prin mijloacele şi metodele sale contribuind la înlăturarea complexului de inferioritate generat de starea de boală. Este o terapie socială ce ajută la integrarea/reintegrarea pacientului în societate.

Lucrarea de faţă scoate în evidenţă importanţa kinetoterapiei în contextul recuperării medicale, prevenirea complicaţiilor şi rolul kinetoterapeutului în reeducarea pacientului. Pornind de la obiectivele generale şi specifice ale kinetoterapiei, ea reprezintă o incursiune prin evaluarea creşterii şi dezvoltării fizice a individului, mijloace, tehnici şi metode specifice acestei ştiinţe.

Prin modalitatea prin care am încercat redarea informaţiilor, caracterul schematic şi logic al expunerii, exemplele şi figurile ce însoţesc textul, am dorit ca lucrarea *Kinetoterapie – de la teorie la practică*, să fie utilă atât kinetoterapeuţilor cât şi maseurilor, studenţilor la specialitatea kinetoterapie, dar şi altor persoane implicate în recuperarea medicală şi reintegrarea socială a pacienţilor, precum şi în prevenţia diverselor afecţiuni.

CAPITOLUL 1

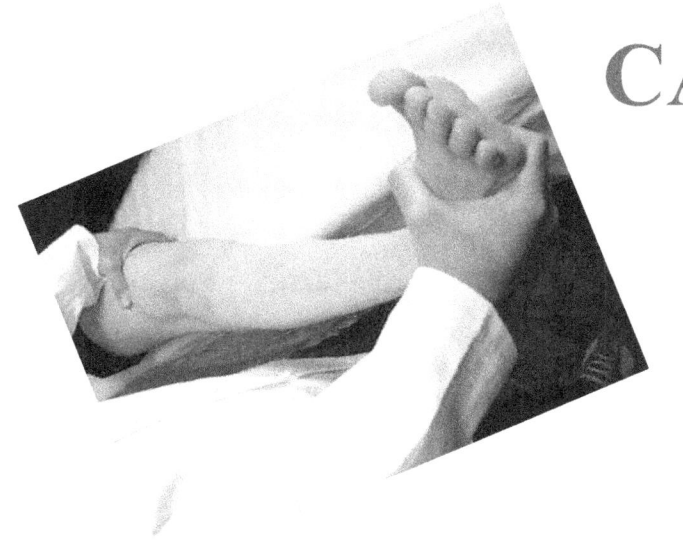

Obiective generale şi specifice în Kinetoterapie

OBIECTIVE

La sfârşitul parcurgerii acestui capitol cititorul ar trebui:

■ *Să fie familiarizat cu principalele noţiuni ale kinetoterapiei.*

■ *Să ştie care este diferenţa între kinesiologie, kinetoterapie şi kinetoprofilaxie.*

■ *Să cunoască obiectivele principale superiore ale kintoterapiei, cât şi cele generale ale acesteia.*

CUVINTE CHEIE

Kinetoterapie, sănătate, boală.

NOȚIUNI INTRODUCTIVE

Kinetologia este "stiinta biologica, interdisciplinara care se ocupa cu studiul miscarii corpului omenesc, a elementelor functionale care concura la realizarea acesteia si a modalitatilor de compensare a perturbarilor reversibile, partial reversibile si ireversibile" (Cordun, 1999).

Kinetologia sau kinetoterapia reprezintă o formă de terapie prin mişcare, care urmăreşte prin intermediul unor programe de exerciţii fizice statice sau dinamice: refacerea funcţiilor diminuate, creşterea nivelului funcţional, realizarea unor mecanisme compensatorii în situaţii de readaptare funcţională.

Kinetoterapia urmăreşte recuperarea anumitor funcţii pierdute parţial sau total prin utilizarea diverselor mijloace terapeutice, cu scopul de a îmbunătăţi viaţa pacientului, de a-i crea independenţă motorie, cât şi de a îmbunătăţi capacitatea de autoservire.

Kinetoterapia reprezintă terapia prin mişcare, fiind o ştiinţă care detaliază modul în care trebuie folosită aceasta, iar kinetoterapeutul are rolul de a o aplica, de a evalua şi de a cuantifica deficitul motor sau funcţional al pacientului.

Tratamentul kinetoterapeutic are ca *obiective* generale următoarele:

Kinesiologia este disciplina care promovează, în întregul context al ştiinţei medicale, mişcarea ca un mijloc terapeutic principal.

- relaxarea;
- corectarea posturii şi a aliniamentului corpului;
- creşterea mobilităţii articulare;
- creşterea forţei musculare;
- creşterea rezistenţei musculare;
- reeducarea coordonării şi a echilibrului;
- antrenarea la efort;
- reeducarea respiratorie;
- reeducarea sensibilităţii.

Relaxarea - metodă terapeutică care are rolul de a reduce tensiunea, anxietatea şi dezechilibrul emoţional al pacientului cu ajutorul unor mijloace care produc o stare de destindere musculară (Larousee, 2006). Ea trebuie să se desfăşoare într-un mediu confortabil, fără zgomot, la lumină cât mai slabă şi la o temperatură convenabilă.

În kinetologie sunt utilizate două feluri de relaxări, şi anume: *relaxare parţială* - a unui segment, unui grup muscular sau chiar a unui muşchi şi *relaxare generală*, care se poate obţine cu ajutorul unor aparate relaxatoare cum ar fi: ciclorax, fotoliul sau masa vibratoare, având un bun impact şi asupra stării de tensiune nervoasă. Cu ajutorul acestor metode se încearcă să se induc relaxarea din exterior, pacientul stând în poziţie pasivă. Se numeşte "relaxare *extrinsecă*", cea în care pacientul este dependent de un factor extern: terapie medicamentoasă şi masajul sedativ sau miorelaxant. În opoziţie cu acest fel

Kinetoterapia detaliază cum şi în ce mod trebuie folosita mişcarea în acest scop, fiind un act de prescripţie medicala.

de relaxare, este "relaxarea *intrinsecă*" prin care se asigură inhibiţia reciprocă psihic↔muşchi, autoindusă de pacient, după ce a fost învăţat şi dirijat de un instructor. Există 3 curente care realizează aceasta relaxare intrinsecă: curentul oriental, curentul fiziologic şi curentul psihologic.

Corectarea posturii şi a aliniamentului corpului – Sbenghe (1987)

considera că acest obiectiv pleacă de la următoarele realităţi: defecte fizice din cauza poziţiei corpului din copilărie şi adolescenţă, care la vârsta adultă se accentuează; multe afecţiuni ale aparatului locomotor care determină depostări şi dezalinieri ale corpului. Cele mai întâlnite deficienţe fizice şi dezalinieri ale

Scopurile kinetoterapiei sunt recuperarea somato-funcţionala, motrică şi psihica, cat şi reeducarea funcţiilor secundare.

corpului se găsesc la nivelul coloanei cervicale, a umerilor, coloanei dorsale şi lombare.

Pentru corectarea posturii şi aliniamentului corpului sunt utilizate următoarele tehnici: menţinerea poziţiei corpului cât mai corect, folosind diverse mijloace de fixare, exerciţii statice şi dinamice efectuate cu sau fără ajutorul kinetoterapeutului, educarea capacităţii de relaxare voluntară a musculaturii pentru a combate încordările, rigiditatea şi asimetria.

Sănătatea este capacitatea morfofuncţională care asigură omului posibilitatea de a acţiona optim din punct de vedere psihic, de a-şi exprima liber părerile în raport cu cerinţele contextului social. Este, aşadar, situaţia de echilibru psihosocial, psihosomatic, cu lipsa unor acuze obiective sau subiective şi cu impresia de bine fizic şi psihic (OMS).

Creşterea mobilităţii articulare – mobilitatea reprezintă capacitatea omului de a efectua cu segmentele corpului mişcări cu amplitudini diferite. Aprecierea amplitudinii mişcărilor articulare se face prin evaluare directă, cu ajutorul unui goniometru, prin măsurarea distanţei dintre două puncte sau segmente. Creşterea mobilităţii articulare este un obiectiv al kinetoterapiei. Se urmăreşte în primul rând obţinerea unghiurilor funcţionale, iar în al II-lea rând, posibilitatea de a recăpăta amplitudinea mişcării în întregime.

Trebuie analizate cu atenţie cauzele care au dus la pierderea mobilităţii atunci când se hotărăşte executarea exerciţiilor de mobilitate articulară.

Creşterea forţei musculare – forţa este capacitatea omului de a învinge o rezistenţă internă sau externă prin intermediul contracţiei musculare. Demeter A. (1981) afirmă că reeducarea forţei musculare impune cunoaşterea şi utilizarea sistemului de mijloace, corespunzătoare particularităţilor individuale ale fiecărui pacient. În acest sens, se recomandă: utilizarea exerciţiilor cu rezistenţa progresivă, iar valorile forţei şi ratele de creştere să fie controlate prin metode riguroase şi instrumente precise; exerciţiile să fie progresive în privinţa efectului lor asupra dezvoltării forţei; reperele de pe traseul segmentelor de contracţie să fie solicitate la maximum, indiferent de forma contracţiei, izometrică sau izotonică; exerciţiile izometrice să fie utilizate în toate fazele reeducării; în cazul în care atingerea unui nivel maxim al contracţiei este imposibil sau nerecomandabil, pierderea forţei musculare trebuie compensată prin prelungirea duratei şi nu prin

Boala este o stare a corpului care produce un dezechilibru fizic şi psihic, prin existenţa unor leziuni organice şi prezenţa unor semne clinice obiective şi subiective, toate acestea ducand la alterarea starii generale, însoţită de epuizare fizică şi psihică.

creşterea numărului de repetări; exerciţiile izotonice de forţă să se execute în faza finală a reeducării.

Creşterea rezistenţei musculare – rezistenţa reprezintă capacitatea organismului de a depune eforturi de o durată relativ lungă şi o intensitate relativ mare.

Rezistenta musculară depinde de :
- forţa musculară;
- valoarea circulaţiei musculare;
- integritatea metabolismului muscular;
- complex de factori ce ţin de sistemul nervos central;
- starea generală de boală sau sănătate.

Dobândirea rezistenţei are la bază principiul metodologic de creştere a duratei exerciţiului, lucrându-se cu intensităţi scăzute de efort, dar prelungite în timp. În concluzie, rezistenţa este capacitatea omului de a efectua un efort de durată, adaptat posibilităţilor de moment ale pacientului.

Kinetoterapia are ca scopuri superioare autonomia de deplasare şi capacitatea de autoservire iar bilanţurile funcţionale **MIO-NEURO-ARTRO-KINETICE** *conturează aceste scopuri.*

Reeducarea coordonării şi a echilibrului
– capacitatea de coordonare poate fi definită ca fiind o calitate psihomotrică care are la bază relaţia dintre sistemul nervos central şi musculatura scheletică în timpul efectuării unei mişcări. Reeducarea coordonării se dobândeşte prin repetarea într-un număr mare a mişcărilor, fapt ce conduce la un grad superior de coordonare, în condiţii de eficienţă şi cu un minim consum energetic. Pentru a verifica nivelul de echilibru al unui pacient se urmăresc mişcările în ortostatism, în mers, dar şi în repaus.

Antrenamentul la efort – efortul este o acţiune energică, fizică în vederea depăşirii unui obstacol, a învingerii unei rezistenţe a mediului şi a propriei persoane. Există patru mari categorii care beneficiază de antrenamentul la efort, şi anume:
- bolnavii cardiovasculari;

- bolnavii respiratori;
- bolnavii cu afecţiuni ale aparatului locomotor;
- persoanele sedentare.

Cele mai întâlnite metode ale antrenamentului la efort sunt: mersul, alergarea, urcarea scărilor, bicicleta ergometrică, înotul, etc.

Reeducarea respiraţiei – are rolul de a asigura starea de sănătate, longevitatea şi o ridicată capacitate de muncă. Principalul mijloc de recuperare a insuficienţei respiratorii este kinetologia respiratorie. Scopul procesului de reeducare a respiraţiei este de a preveni şi îmbunătăţi funcţia diminuată atât în afecţiunile bronho-pleuro-pulmonare, cât şi în deviaţiile coloanei vertebrale.

Reeducarea sensibilităţii – regulile de reeducare a sensibilităţii sunt: kinetoterapeutul trebuie să organizeze, să aplice şi să urmărească progresul de reeducare; şedinţa nu trebuie să dureze mai mult de 5-10 minute; progresia în aplicare a unui stimul constă în trecerea de la un stimul intens, greu, aspru etc. spre unul fin, mic, uşor, moale; reeducarea sensibilităţii începe cu antrenarea acesteia la presiune-durere a proprioecepţiei şi kinesteziei ,se continua cu sensibilitatea termică (întâi la rece, apoi la cald).

Există o gamă foarte largă de afecţiuni pentru care recuperarea medicală prin kinetoterapie este specifică şi absolut necesară. Astfel, kinetoterapia ajută la tratarea următoarelor: afecţiunile aparatului locomotor (ortopedice şi posttraumatice),tulburări de statică vertebrală(scolioze, cifoze, lordoze), dureri la nivelul coloanei vertebrale (cervicale, toracale, lombare) cauzate de o activitate sedentară, afecţiunile reumatice (spondilită, poliartrită reumatoidă, artrită, reumatisme degenerative, reumatismul ţesutului moale), afecţiunile neurologice (accidentele vasculare cerebrale, traumatismele coloanei vertebrale, boli degenerative şi inflamatorii ale sistemului nervos, sindroame neurologice), afecţiunile aparatului cardio-vascular, afecţiunile aparatului respirator, afecţiunile metabolice (obezitatea), maladiile congenitale (distrofia neuro-musculară, luxaţie congenitală de şold, tetraplegie) etc.

Kinetoterapia se adresează :

- viitoarelor mămici;

- adulţilor sănătoşi sau cu afecţiuni;
- copiilor şi adolescenţilor cu afecţiuni ale coloanei vertebrale;
- pacienţilor operaţi.

Durata unei şedinţe de kinetoterapie poate varia între 45 min. şi 60 min. în funcţie de caracterul afecţiunii şi nivelul de evoluţie al acesteia, dintre care: 10 minute încălzire, 30-35 minute partea fundamentală şi 10 minute încheiere. Numărul şedinţelor poate varia de la o şedinţă pe săptămână până la 3 şedinţe pe săptămână în funcţie de tipul afecţiunii şi etapa de evoluţie a acesteia.

Kinetoterapia este *contraindicată* în cazurile de :
- Hipertensiune arterială;
- Sindroame hemoragice;
- Faza acută a proceselor inflamatorii;
- Boli de natură tuberculoasă;
- Tumori maligne;
- Boli infecto-contagioase, etc.

Kinetologia medicală cuprinde trei componente:

1. kinetologie medicală profilactică - se ocupă de studiul mişcării ce vizează menţinerea si întărirea stării de sănătate;
2. kinetologie medicală terapeutică - are metode ce vizează terapia în sine;
3. kinetologie medicală de recuperare - are metode în scopul tratării deficienţelor funcţionale din cadrul bolilor cronice. (Marcu, 2006)

Kinetoprofilaxia

Kinetoprofilaxia este componentă a kinetologiei care studiază procesul de optimizare a stării de sănătate şi de prevenire a îmbolnăvirii organismului uman, cu ajutorul exerciţiilor fizice.(Crăciun M., 2002).

Scopurile superioare ale kinetoprofilaxiei sunt prevenirea imbolnavirilor şi prevenirea complicaţiilor şi sechelelor acestora.

Formele kinetoprofilaxiei sunt:
- kinetoprofilaxie primară;

Kinetoprofilaxia primara aplica individului sanatos mijloace kinetologice în vederea menţinerii starii de sanatate prin diferite elemente ale unor ramuri sportive (ex: gimnastica inviorare, gimnastica aerobica, înot).

- kinetoprofilaxie secundară;
- kinetoprofilaxie terţiară.

Principalele grupe care beneficiază de programe profilactice sunt persoane cu afecţiuni ale: aparatului locomotor, aparatului cardiovascular, aparatului respirator, boli de nutriţie şi boli funcţionale ale sistemului nervos.

Kinetoterapia profilactică cuprinde totalitatea metodelor şi mijloacelor de realizare a tratamentului prin care se urmăreşte: menţinerea unui nivel funcţional satisfăcător, creşterea nivelului funcţional (profilaxie primară sau gimnastică de întreţinere, plimbări, jogging, gimnastică aerobică, pentru menţinerea stării de sănătate), aplicarea unor programe de prevenire a agravării sau de apariţie a complicaţiilor în unele boli cronice (profilaxie secundară).

Kinetoprofilaxia secundara se ocupă de prevenirea complicatiilor.

Kinetoprofilaxia primară poate fi aplicată la orice pacienţi, indiferent de vârstă. Kinetoterapeutul alcătuieşte un complex de exerciţii în funcţie de vârstă şi de sănătatea pacientului, exerciţiile se vor alege pentru antrenarea calităţilor fizice ale pacientului. Programele de exerciţii au o durată de 10-15 minute.

Kinetoprofilaxia tertiara se ocupă de prevenirea sechelelor apărute în urma complicatiilor.

Kinetoprofilaxia secundară este forma kinetoprofilaxiei cu rol de prevenire a bolilor, deficienţelor fizice, şi a complicaţiilor îmbolnăvirilor. Kinetoprofilaxia secundară are rolul de a învăţa pacienţii cu boli cronice cum să se comporte din punct de vedere al posturilor şi mişcărilor, pentru a bloca sau încetini evoluţia bolii.

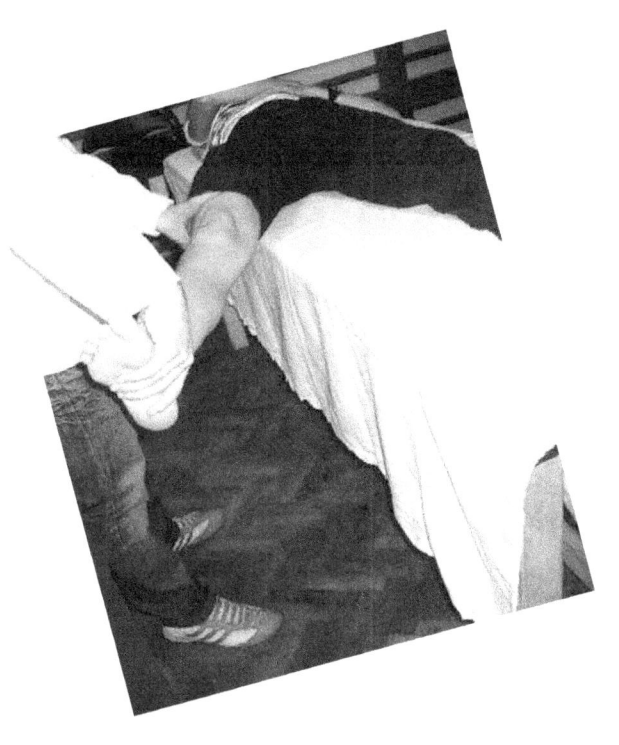

CAPITOLUL 2

Mijloacele Kinetoterapiei

OBIECTIVE

La sfârșitul parcurgerii acestui capitol cititorul ar trebui:

 *Să cunoască și să diferențieze principalele mijloace fundamentale, ajutătoare și asociate kinetoterapiei.*

Să fie apt să recomande pacienților mijloacele kinetoterapiei care le aduc cele mai mari beneficii.

CUVINTE CHEIE

Exercițiu fizic, hidroterapie, terapia ocupațională, activități fizice adaptate.

OBIECTIVELE MIJLOACELOR KINETOTERAPIEI

Clasificarea mijloacelor kinetoterapiei: mijloace specifice sau fundamentale care cuprind: exercitiul fizic, posturarea, ergoterapia si masajul; mijloace nespecifice sau complexe, care cuprind agenti fizici naturali si artificiali, mijloace psihice, imobilizarea si dieta; mijloace ajutatoare sau asociate: hidro-termo-kinetoterapia.

După Marcu (2009), mijloacele kinetoterapiei au ca **obiective**:

1. Să cunoască noțiunile teoretice privind procedeele și manevrele din cadrul mijloacelor kinetoterapiei.
2. Să cunoască principiile, condițiile, indicațiile și contraindicațiile aplicării acestora.
3. Să cunoască influențele fiziologice și terapeutice ale fiecărui mijloc terapeutic.
4. Să fie capabil să aleagă cele mai bune metode care aparțin mijloacelor kinetoterapiei.
5. Să fie capabil să adapteze și eventual să readapteze mijloacele kinetoterapiei la stabilirea programelor kinetice

MIJLOACE FUNDAMENTALE SAU SPECIFICE KINETOTERAPIEI

Exercițiul fizic este actul motric repetat sistematic și conștient în vederea îndeplinirii obiectivelor în scopul dezvoltării fizice și a capacității motrice a oamenilor. (Şiclovan, 1979).

Clasificarea exercițiului fizic:

a) după *localizarea și influența exercițiilor fizice* asupra diferitelor segmente ale corpului: exerciții fizice pentru brațe; exerciții fizice pentru spate; exerciții fizice pentru trunchi;

b) după *felul contracţiei musculare*: exerciţii statice; exerciţii dinamice; exerciţii mixte;

c) după *complexitatea mişcărilor*: exerciţii simple; exerciţii compuse; exerciţii combinate; exerciţii complexe;

d) după *gradul de implicare al executantului*: exerciţii pasive; exerciţii semiactive; exerciţii active;

e) după *scopul urmărit*: exerciţii pentru însuşirea bazelor generale ale mişcărilor; exerciţii pentru influenţarea selectivă şi analitică a aparatului locomotor; exerciţii pentru adaptarea organismului la efort; exerciţii metodice; exerciţii pentru dezvoltarea capacităţilor motrice; exerciţii pentru prevenirea efectelor negative ale inactivităţii motrice; exerciţii pentru corectarea deficienţelor fizice; exerciţii pentru readaptarea funcţiilor organismului; exerciţii pentru ameliorarea calităţii vieţii.

f) după *efectul lor* asupra individului din punct de vedere medical: exerciţii profilactice; exerciţii terapeutice; exerciţii de recuperare a funcţiilor afectate.

În mod direct, **conţinutul exerciţiului** fizic este legat de formă, care-i condiţionează în mare măsură eficienţa.

Forma exerciţiului fizic este dată de:
- modul particular în care se succed mişcările componente;
- de legăturile ce se stabilesc între acestea de-a lungul efectuării acţiunii motrice respective;
- relaţiile de timp şi spaţiu în care sunt încadrate mişcările care îl compun.

Pentru aprecierea formei se iau în consideraţie următoarele elemente:
- *poziţia* corpului (iniţială şi finală; faţă de aparat; raportată la obiect/aparat);
- *direcţia* de efectuare a mişcărilor;
- *amplitudinea* mişcărilor (la nivelul întregului corp sau al segmentelor sale);
- *relaţia reciprocă dintre segmentele* antrenate în efectuarea mişcărilor (ex.: relaţia între mişcările

Elementele ce alcatuiesc continutul exercitiului fizic sunt urmatoarele: miscarile segmentelor corpului sau al acestuia în întregime; efortul fizic solicitat de executarea miscarilor; efortul psihic, concretizat în gradul de solicitare a diferitelor procese psihice, cum sunt: memoria, atentia, rapiditatea gândirii, vointei etc.

segmentelor corpului în timpul alergării);

- *tempoul şi ritmul* de executare a mişcărilor;

- *raportul dintre participanţi* (ex.: raportul între pacient şi kinetoterapeut); aceste raporturi condiţionează conţinutul, forma şi finalitatea mişcării.

Kinetoterapia activa presupune, ca prima etapa, înaintea executarii miscarilor dirijate, adoptarea unor anumite pozitii, pregatite pentru o serie de acte mentale.

Exista cinci poziţii fundamentale:

1. **Ortostatică:** poziţia este verticală, bărbia orizontală, privirea înainte, umerii coborâţi, braţele atârnă pe lângă corp, cu palmele „privind" coapsele, degetele flectate; genunchii întinşi, picioarele „privesc" drept înainte, uşor îndepărtate. Tot corpul este relaxat.

2. **Aşezat:** subiectul este aşezat pe un scaun, a cărui dimensiune trebuie să asigure flexia şoldului şi genunchiului la 90°; genunchii uşor îndepărtaţi, picioarele pe podea, „privesc" înainte ; capul, trunchiul şi braţele, ca la poziţia ortostatică sau aşezat pe sol cu genunchii extinşi.

3. **Pe genunchi:** idem poziţia ortostatică până la genunchi, pe care corpul se sprijină, fiind uşor îndepărtaţi; picioarele sunt în flexie plantară maximă; dacă poziţia este luată la marginea patului sau saltelei, picioarele sunt în afară, în poziţie intermediară.

4. **Culcat (decubit dorsal, lateral sau ventral):** pentru decubitul dorsal, picioarele sunt apropiate, având vârfurile în sus; membrele superioare de-a lungul corpului, cu palmele privind coapsele, sau pe suprafaţa de sprijin când încep exerciţiile; în general, capul se sprijină pe o pernă mică.

5. **Atârnat:** picioarele, în flexie plantară, nu ating solul; corpul stă drept, braţele susţin corpul şi sunt întinse; mâinile care prind bara pot avea poziţii pronate sau supinate, în funcţie de caz.

Poziţii derivate:

Ortostatism

- membrele superioare ridicate (braţele pe lângă ureche, palmele „se privesc");

- trunchiul înclinat înainte (coloană dreaptă, flexie din şold cât permit muşchii ischiogambieri);
- aplecare în faţă (flexie din coloană şi din şolduri, cu membrele „în atârnat");
- înclinare laterală;
- stând în unipodal (piciorul liber în aer sau pus pe un suport, fără a fi încărcat)
- stând cu picioarele îndepărtate;
- stând cu picioarele "în linie", unul înaintea celuilalt;
- stând pe vârfuri;
- stând „în fandat" (în faţă sau în lateral);
- stând „în ghemuit".

Aşezat

- *Schimbând poziţia braţelor*
- *Schimbând poziţia trunchiului:*
  - trunchiul aplecat pe coapse (coapsele apropiate, braţele atârnă prin lateral de coapse);
  - trunchiul aplecat, între coapse (coapsele îndepărtate, braţele atârnă, prin lateral de coapse);
  - şezând pe podea, trunchiul aplecat în spate şi sprijinit de braţe, membrele inferioare întinse.
- *Schimbând poziţia picioarelor:*
  - cu genunchii în depărtat (picioarele „privesc" înainte);
  - „călare" pe scaun;
  - şezând pe podea, cu genunchii întinşi (picioarele flectate plantar);
  - şezând pe podea, cu genunchii flectaţi (picioarele pe sol);
  şezând pe podea, cu gambele încrucişate.

Cele mai frecvente posturi utilizate în cadrul metodelor de facilitare sunt: decubit lateral, decubit ventral cu sprijin pe coate, poziţia sezând, patrupedia, pe genunchi, ortostatismul.

Pe genunchi

- *Schimbând poziţia braţelor.*
- *Schimbând poziţia trunchiului:*

- „patrupedia" (poziția pronată pe genunchi), cu variantele ei;
- *Schimbând poziția picioarelor*
- genunchii îndepărtați;
- șezutul pe călcâie (picioarele în flexie plantară sau cu glezna la 90°);
- pe un genunchi.

Postura culcat: decubit dorsal, ventral (poziție pronă) și lateral

- *Schimbând poziția brațelor*
- la fel ca variantele posturii ortostatice;
- *Schimbând poziția picioarelor*
- picioarele îndepărtate (genunchii întinși);
- cu genunchii îndoiți și bazinul ridicat;
- cu membrele inferioare drepte;
- poziția laterală, cu genunchii flectați.

Atârnat:

- *Schimbând poziția picioarelor:*
- cu genunchii flectați (picioarele pe sol sau în aer);
- cu picioarele în sprijin pe o bară inferioară și corpul arcuit înainte.
- *Schimbând priza mâinilor*-se realizează câteva variante posturale:
- apucând cu mâinile în pronație;
- apucând cu mâinile în supinație;
- apucând cu o mână supinată și alta pronată;
- apucând cu palmele față în față.

Masajul reprezintă prelucrarea mecanica si metodica a partilor moi ale corpului în scop profilactic, terapeutic sau igienic.

Masajul este un procedeu terapeutic ce constă în prelucrarea metodică și sistematică a părților moi ale corpului prin procedee manuale și/sau instrumente (mecanice, electrice, hidrice etc.) aplicate sistematic și conștient în scopul obținerii unor efecte fiziologice, profilactice, terapeutice și estetice.

Efectele masajului

- efecte **directe** produse sub acțiunea mecanică a manevrelor care se adresează țesuturilor (masajul somatic);
- efecte **indirecte** reprezentând rezultatul unor acțiuni reflexe, ele transmițându-se în profunzimea organismului (masajul profund), pe membrul opus sau la distanță:
- efecte **stimulante, excitante:** obținute prin aplicarea unor manevre executate scurt, energic și într-un ritm viu;
- efecte **calmante, relaxante, liniștitoare:** care sunt obținute prin aplicarea manevrelor lungi, executate cu un ritm și o intensitate scăzută;
- efecte **parțiale (locale):** hipertermie locală, îmbunătățirea circulației locale, accelerarea proceselor de reabsorbție, calmarea durerii;
- efecte **generale:** care vizează stimularea funcțiilor aparatului circulator și respirator, creștere metabolismului, îmbunătățirea stării psihice a somnului, îndepărtarea oboselii;
- efecte **imediate:** depind de suprafață și sensibilitatea țesuturilor masate, de durată, de manevra folosită și mai ales de ritmul și intensitatea manevrei folosite;
- efecte **tardive:** instalate pe cale reflexă, fiind de lungă durată;
- efecte **obiective:** monitorizate de maseur atât în timp, cât și după ședință de masaj;
- efecte **subiective:** declarate de către bolnav; se referă la ce simte pacientul (relaxare, încordare, hipersensibilitate, apariția unei dureri etc).

Masajul somatic   El se bazează pe cunoașterea temeinică a manevrelor principale și secundare de masaj.

Ele se grupează în:

    - procedee introductive (netezirea);

    - procedee fundamentale (fricțiunea, frământatul, tapotamentul);

    - procedee de încheiere (vibrațiile, netezirile).

Netezirea este o manevră introductivă cu care începe

Masajul somatic reprezintă masajul care urmărește abordarea motrică și sistematică a țesuturilor moi de la periferie în profunzime pe fiecare segment sau regiune a corpului.

orice şedinţă de masaj, o procedură de încheiere şi o manevră de trecere sau intermediară care face trecerea de la o manevră la alta, constă din alunecări uşoare şi ritmice aplicate sub forma unor acţiuni de împingere si de tragere, caracterizate printr-o întindere cu o apăsare uşoară, cu un sens şi o viteză bine determinate.

Fricţiunea se aplică după netezire sau se combină cu acesta. Ele se adresează pielii, ţesuturilor celulare subcutanate şi structurilor moi periarticulare. Netezirea şi fricţiunea se efectuează printr-o mişcare circulară de apăsare şi deplasare a tegumentelor şi ţesuturilor conjunctive subcutanate pe planul dur osos, în limita elasticităţii proprii.

Frământarea se realizează în patru timpi: prinderea, ridicarea, stoarcerea şi presarea ţesuturilor moi pe planul de sprijin dur osos, deplasând cuta respectivă, ascendent şi descendent în direcţia longitudinală şi transversală a fibrelor musculare, sub formă de val sau şerpuit.

Tapotamentul este o manevră principală de masaj ce se adresează ţesuturilor superficiale, ţesuturilor profunde şi terminaţiilor nervoase. El se caracterizează prin aplicarea unor lovituri scurte şi ritmice executate superficial sau profund în funcţie de intensitatea loviturilor şi scopul urmărit.

Vibraţiile sunt manevre nelipsite din cadrul unei şedinţe de masaj. Ele constau din mişcări oscilatorii cu o deplasare mică a tegumentelor şi a ţesuturilor subcutanate în plan orizontal sau vertical când se combină cu presiunile. Realizarea vibraţiilor este posibilă prin contracţiile rapide şi alternative ale muşchilor antebraţului şi braţului.

Automasajul reprezintă exercitarea unor manevre manuale şi/sau instrumentale de masaj, de către o persoană asupra propriului corp. Avantajele acestei forme de masaj constau în faptul că se pot aplica oriunde, oricând şi de către oricine cunoaşte tehnica, permite dozarea intensităţii manevrelor în funcţie de caracteristicile individuale, realizează o bună coordonare între mişcările membrelor şi respiraţie, constituie un exerciţiu general pentru organism, permite aplicarea diverselor tehnici, ca număr şi combinaţie în funcţie de dorinţele şi necesităţile celui care efectuează automasajul.

El se aplică pe gât şi ceafă, pe articulaţiile scapulohumerale, pe regiunile pectorală, abdominală, lombară, pe braţe, pe antebraţe, articulaţiile pumnului şi ale degetelor mâinii, pe articulațiile coxo-femurale, coapse, articulațiile genunchilor, pe gambe, pe articulațiile tibio-tarsiene, pe suprafața dorsală și plantară a picioarelor.

Poziția adecvată este din șezând sau din culcat dorsal sau lateral, în funcție de care masajul se efectuează cu ambele mâini, fie cu o mână. Automasajul se aplică parțial, local (5-10minute), regional (10-20minute); general redus(20-30 minute) sau general extins (50-60minute).

Posturarea reprezintă adoptarea unor poziții ale întregului corp sau a unor părți ale acestuia impuse sau menținute voluntar pentru un anumit timp în scop profilactic sau terapeutic.

Ergoterapia sau *terapia ocupațională* este un tratament care ajută pacienții în dobândirea independenței prin activități fizice și mentale dirijate, controlate permanent de către un specialist.

Ergoterapia urmărește restabilirea capacitatii functionale, neutralizarea tulburarilor de comportament în vederea autoservirii și autodeplasarii.

În urma unei leziuni sau a unei boli, pacientul poate să rămână cu anumite disfuncții psihice, afecțiuni, leziuni sau tulburări fizice. În acest caz bolnavul trebuie supus unor tratamente fizice și psihice care îi vor ocupa timpul liber, deoarece numai prin ocuparea timpului liber cu un anumit program bine pus la punct de un medic acesta își va recăpăta încrederea în sine.

Terapia ocupațională oferă metode variate și distractive pentru a îmbogăți deprinderile cognitive. Ocuparea timpului liber reprezintă una din cele mai bune metode de a-ți forma un program care să includă toate cerințele corpului dar și pe cele prescrise de medic astfel încât deficiența bolnavului să fie refăcută sau grăbită spre vindecare.

Cu ajutorul teoriei ocupaționale, pacientul cu probleme vă învăța să interacționeze mai bine cu membrii familiei și va ști cum să se adapteze cel mai bine în societate și în colectiv, de asemenea va ști ce e cel mai bine pentru el însuși.

Scopul terapiei ocupaționale. Teoria ocupațională are rolul de a ajuta pacientul să își recapete încrederea în sine precum și să își dezvolte anumite aptitudini de care un copil cu dizabilități are nevoie precum și formarea unei personalități care să îl ajute să treacă peste problemele sale fără a se simți complexat într-un anumit colectiv.

Obiectivele și efectele terapiei ocupaționale. Teoria ocupațională constituie cea mai bună metodă de a elimina tulburările funcționale și ajuta la reeducarea mijlocului de exprimare, precum și la cunoașterea de sine și dezvoltarea capacității de a decide pentru sine în mai multe privințe. Mai precis, ajută bolnavul să îndeplinească cele "10 comandamente" propuse de Holander.

Efectele terapiei ocupaționale urmăresc îmbunatățirea aptitudinilor de mișcare printr-un tratament cu mișcări analitice și globale cu scopul de a menține funcția tuturor grupelor musculare și o bună funcție a articulațiilor, fie că acestea au fost sau nu afectate.

Toate acestea se vor remedia cu ajutorul unui program de exerciții bine pus la punct și respectat.

Reguli de aplicare a teoriei ocupaționale. Teoria ocupațională trebuie aplicată diferit de la pacient la pacient, astfel încât programul de reabilitate să fie bine pus la punct pentru fiecare în parte în funcție de nevoile și posibilitățile fiecăruia. Astfel teoria ocupațională trebuie să fie pentru fiecare utilă, simplă, efectuată în colectivitate și deasemenea trebuie urmărită și controlată permanent.

Unul din rolurile importante ale teoriei ocupaționale este acela de a ajuta pacientul să își dezvolte firesc personalitatea precum și de a-l ajuta să decidă pentru el în multe privințe, ceea ce îl va ajuta din punct de vere psihologic, căpătând încredere în propriile forțe.

Teoria ocupațională are deasemenea rolul de a ajuta copilul în **formarea autonomiei sociale** în diferite medii precum la școală, acasă, la locul de joacă, în mijloacele de transport, etc.

MIJLOACE AJUTĂTOARE KINETOTERAPIEI SAU COMPLEXE

Termoterapia este o ramură a terapiei medicale, ce utilizează energia termică din surse externe, sau produse în organism cu metodele speciale, pentru producerea hipertermiei în țesuturi. Creșterea circulației, în special microcirculația pielii, implică o abilitate crescută de a elimina toxinele, în cazul mușchilor o eliminare mai rapidă a acidului lactic și derivați ai acestuia, cu o recuperare mai rapidă a funcției musculare și în cazul tendoanelor, ligamentelor, oaselor și articulațiilor. Permite o rezolvare rapidă a inflamațiilor sau a afecțiunilor cronice.

Proceduri realizate în cadrul termoterapiei:

- o *Baia cu aburi* generală sau parțială, se realizează într-un dulap special pacientul fiind așezat pe scaun în interiorul dulapului. Pacientului i se vor aplica comprese reci pe frunte și paracordial. Durata băii este de maxim 20 de minute, în funcție de boala și de efectul pe care dorim să-l obținem.
- o *Băile de lumină* spațiul în care se realizează este de forma unui cilindru, dotat cu 40 de becuri de 60W și termometru. Temperatura este cuprinsă între 60-80°C grade, pe lângă efectul termic se adaugă și radiațiile infraroșii emise de becuri.
- o *Baia de soare* constă în expunerea organismului la radiațiile solare dar corpul trebuie să fie în permanență protejat cu uleiuri speciale. Se repetă de 3 ori pe zi dimineața în intervalul 7-11 și după-masa 16:30-19.
- o *Saună* procedura cu aer uscat, unde umiditatea este cuprinsă între 2-9% iar temperatura 80-100°C. Procedura se realizează într-o încăpere închisă confecționată din brad (în saunele finlandeze sunt pietre pe care se pune apă care se evapora). După saună pacientul trebuie să facă un duș rece.
- o *Băile hiperterme de nămol* se aplică un strat de nămol de 7mm la temperatura de 47°C, transferul de căldură este lent și șocul caloric mare vor duce la apariția reflexului termocirculant.

o *Ungerile cu nămol* procedeu realizat în stațiunile de pe litoral, prin ungerea corpului cu nămol, și expunerea la soare după care se va elimina nămolul de pe organism. În finalul procedurii pacientul se va relaxa la umbră.

o *Împachetări cu parafină* se topește parafina albă la temperaturi cuprinse între 65-80°C, după care temperatura va scădea până la 40°C.

   Metode de aplicare:

   ✓ Prin pensularea regiunii cu nămol pentru 20 min;
   ✓ Prin introducerea membrului afectat în parafina-5-15min;
   ✓ Prin aplicare de fâșii gipsate de parafină pentru câte minute;
   ✓ Prin aplicarea parafinei din tava pe regiunea afectate timp de 20 min.

Crioterapia metodă de refacere prin alternanța fluxului înghet-dezghet, utilizează "frigul" pentru tratarea regiunii afectate, se aplică pe suprafața pielii fără a provoca dureri. Aplicarea se face sub formă solidă, lichidă sau gazoasă:

   a) Comprese reci;
   b) Imersie;
   c) Baie de membre;
   d) Masaj cu gheață.

Efectele fiziologice ale recelui: "produce vasoconstricție; produce o hiperemie reactivă; scade viteza de transmisie a influxului nervos pe nervii motori musculari; produce inhibiție nervoasă periferică; scade metabolismul celular și tisular; crește vâscozitatea pe structurile conjunctive de colagen; ceea ce contribuie la relaxare; afectează dexteritatea – mișcările de finețe"(Marcu, 2002, p. 45)

Electroterapia parte a terapiei ce folosește curentul electric în scop curativ și profilactic, se consideră că aplicarea curentului electric asupra celulelor are un efect benefic și reface zona afectată.

Curentul galvanic curentul continuu terapeutic, obținut cu ajutorul unor aparate medicale generatoare de curent continuu. Frecvența lui este zero dar poate creşte până la anumite valori. Se înregistrează şi o descreştere însemnând curba ondulatorie pe care o descrie curentul variabil.

Producerea curentului galvanic se realizează prin mai multe metode, dar cele mai importante sunt :

a) Metode chimice;
b) Metode mecanice;
c) Metode termoelectrice.

Efectele fiziologice ale curentului galvanic:

- Asupra *fibrelor nervoase senzitive*, acţiunea fiind mai puternică la anod.
- Acţiunea asupra *fibrelor nervoase motorii*. Acesta produce efect de stimulare-excitarea apare la catod şi realizează contracţii musculare.
- Acţiunea asupra *sistemului nervos central*, aplicarea în sens descendent a curentului galvanic - cranial (+) analgezic, distal (-), s-a constatat un efect stimulant.
- Acţiunea asupra *sistemului nervos vegetativ*. În cazul aplicării în regiunea cervicală, are un efect de reglare nespecifică neurovegetativă.

Curentul electric de medie frecvenţă este un curent de frecvenţă medie, având între 1000-100.000Hz, provine din doi curenţi medii de 100Hz. Efectele înregistrate în cadrul curenţilor medii din două surse încrucişate sunt de amplitudini medii şi diferite de 100Hz.

Modalităţile de aplicare ale curenţilor sunt: pe interfaţa plasa sau pe cea spaţială.

Tipuri de electrozi: placă, electrozi mici pentru zonele restrânse au diametrul de 4 mm, electrozi tip mască, pentru ochi, inelari, pentru suprafeţe mari, pentru palme.

Efectele fiziologice: excitomotor, vasodilatator, trofic, resorbtiv, decontracturant, analgetic, parasimpaticoton, simpaticolitic.

Curentul electric de înaltă frecvenţă procedeu terapeutic prin care se aplică pe corp curenţi de înaltă frecvenţă cu aproximativ 500.000 oscilaţii/sec.

1. *Undele scurte* ale curenţilor de înaltă frecvenţă au lungimile de undă cuprinse între 10-100m cu o frecvenţă de la 10-100Mz.

2. *Diapulse* terapia cu înaltă frecvență pulsatilă generată de aparatul diapulse furnizează curenți de înaltă frecvență cu următoarele caracteristici: frecvență de 27,12 MHz, lungime unde 11m, durata impulsului 65s, frecvența impulsurilor este dozata în 6 trepte.

Efecte fiziologice ale curentului de frecvență înaltă asupra metabolismului: crește necesarul de oxigen al aparatului respirator, cardiovascular, aplicații în traumatologie, neurologie, dermatologie, afecțiuni reumatismale, aparat digestiv, ginecologie, urologie, stomatologie, ORL, endocrinologie.

Terapia cu ultrasunete - prin această terapie se înțelege aplicarea vibrațiilor sonore ce depășesc pragul de excitabilitate al auditivului în scop terapeutic. Undele sonore au o frecvență de până la 20 kHz, cele terapeutice ce încadrează între 500-800kHz.

Mecanismul de producere se bazează pe piezoelectricitate, se înțelege încărcarea electrică a cristalelor dacă se exercita asupra lor o acțiune mecanică, într-o anumită direcție numită ax electric al cristalului.

Efectele fiziologice ale ultrasunetului: afecțiuni reumatismale, dermatologice, afecțiuni ale țesutului de colagen, neurologice, afecțiuni circulatorii, în cadrul medicinei interne și ginecopatii.

Fototerapia - procedeu terapeutic numit și helioterapie; constă în expunerea organismului la lumina naturală (solară) sau artificială (emisă de spectrele iradiene) de aceea se mai numește și "terapie cu lumina".

Proprietățile luminii: propagarea luminii într-un mediu omogen, refracția, lipsa perturbației reciproce, direcția curbată a traiectoriei liniei față de planul de incidență.

Mecanismul de producere este dat de emisia de energii pe care le produc corpurile prin: incandescență și iluminescență, după teoria ondulatorie și cea crepusculară.

Fototerapia este constituită din următoarele radiații luminoase:
- radiații infraroșii;

- radiații vizibile;
- radiații ultraviolete.

Radiațiile infraroșii (RIR) radiații calorice care au lungimi de undă cuprinse între 0,76 - 50 micrometri.

Clasificare (Marcu, 2006, p. 50):

- "RIR cu lungimi de undă cuprinse între 0,76 și 1,5 μm sunt penetrante în funcție de pigmentație, gradul de inhibiție, temperatură și doză;
- RIR cu lungimi de undă cuprinse între 1,5 și 5 μm, absorbite de epiderm și derm;
- RIR cu lungime de undă mai mare de 5 μm, absorbite numai la suprafața tegumentului".

Radiațiile ultraviolete(RUV) în terapie se utilizează radiațiile cu lungimi de undă cuprinse între 0,18 – 0,4 μm: dermatologie, reumatologie, pediatrie dar și alte afecțiuni.

Terapia cu laser constă în amplificarea luminii prin emisie stimulată de radiație, lumina laserului este de o singură culoare, lungimea de undă perfect dreaptă, luminile sunt absolut egale între ele în timp și spațiu.

Efecte ale terapiei cu laseri atermici: analgetic, miorelaxant, antiinflamator, trofic, resorbtiv, bactericid, virucid.

Terapia prin câmpuri magnetice de joasă frecvență rezultă din câmpul magnetic produs de curentul electric. Câmpul magnetic prezintă aceiași parametrii fizici caracteristici curentului electric generator. Intensitatea se măsoară în „Tesla", sau subunități.

Realizarea ei se face cu un aparat românesc numit **magnetodiaflux.**

A. Formele continue nemodulate: efect sedativ, efect simpaticolitic, efect trofotrop.

B. Formele întrerupte: efect excitator, efect simpaticoton, efect ergotrop

Hidroterapia este ramură a terapiei ce utilizează aplicarea externă a apei în scop curativ și profilactic, mecanismul de baza fiind reabilitarea funcțiilor organismului şi a organelor datorită excitaţiilor care vin aplicate pe piele. Tipuri de excitaţie (tabelul 2-1):

Tabelul 2-1 Tipurile de excitaţie pe care le produce hidroterapia

TERMICĂ	*MECANICĂ*	*CHIMICĂ*
- Este redată de temperatura apei - Rolul acesteia este foarte important	- Este redat de presiunea apei (apa de la duş, care are presiune ridicată, fricţiunile,sau băile unde suprafaţa corpului este cufundată)	- Consta în topirea unor tipuri de săruri minerale, dar rolul lor nu este unul foarte important.

Acţiunea asupra *sistemului nervos*:

- o Prin aplicaţiile locale reci se dezvoltă simţul tactil, dar prin frecventarea lor se ajunge până la anestezie;
- o Băile calde au o acţiune calmantă provocând stări de somnolenţă datorită inhibiţiei SNC-ului;
- o Băile calde de durată scurtă au efect excitator asupra funcţiilor neuropsihice.

Acţiunea asupra *aparatului cardio-vascular:*

- o Prin aplicarea excitaţiilor reci pe piele se întâlnesc trei faze de desfăşurare a reacţiei organismului:
  - I. *Ischemică* în care tonusul muscular este neschimbat;
  - II. *Hiperemia activa*: temperatura pielii scade, creşte, şi prinde o culoare rozacee;
  - III. *Hiperemie pasivă* culoarea pielii devine violacee, marmorată şi rece.

La acţiunea unui excitant cald are loc o contracţie a venelor după care urmează schimbarea culorii pielii în roşu viu iar dacă excitaţia continua, intervine hiperemia pasivă când apar schimbări de culoare ale tegumentului.

Procedeele hidroterapeutice cuprind următoarele grupe:

- ▪ Fricţiuni şi spălări
- ▪ Comprese
- ▪ Cateplasme
- ▪ Hidrofoare
- ▪ Împachetări
- ▪ Bai
- ▪ Duşuri
- ▪ Afuziuni
- ▪ Bai medicinale

Fricțiunile și spălările utilizează excitantul termic și mecanic, masa vasculara devenind rapidă și intensă. Spălările folosesc doar aspectul termic.

Tehnica fricțiunii - pacientul este așezat pe pat, se învelește cu un cearceaf, în momentul începerii fricțiunii el se afla în șezând sprijinit cu capul de terapeut. Fricțiunile sunt efectuate cu un prosop înmuiat la temperatura prescrisă pacientului, se stoarce urmând executarea mișcărilor circulatorii lungi pentru acoperirea unei suprafețe cât mai mare. După fricțiuni în momentul încheierii ședinței pacientul este acoperit cu un cearceaf realizându-se în continuare fricțiuni lente și relaxante.

Spălările - se procedează la fel ca și în cazul fricțiunilor, dar în acest caz membrul este spălat cu un prosop înmuiat în apă prin mișcări lungi de 5-6 ori după care se acoperă până se încălzește.

Fricțiunile și spălările sunt :   După suprafața avem:

- Reci;   - Parțiale;
- Calde;   - Complete.
- Alternative.

(Fricțiunile partial-complete nu conferă o excitație la fel de mare ca cele complete).

Compresele sunt proceduri prin care obținem reacții de încălzire ale organismului acoperind corpul sau o parte din el cu o țesătură umedă rău conducătoare de căldură. Compresele se aplică pe regiuni: cap, torace, abdomen, perineu, gambe, gât, mâini sau antebrațe.

Compresele se împart în:

- Reci - o pânză înmuiată în apă rece 15-20°C, pentru menținerea temperaturii se schimba la 5 min;
- Calde - apa din țesătura are 38-43°C;
- Fierbinți - temperatura urca până la 45-50°C.

Aceste comprese sunt învelite într-o mușama pentru a se menține temperatura ridicată. Acțiunea lor este una antialgică a proceselor inflamatorii, antiseptică și tonifiantă.

Cu compresele alternante se realizează o schimbare de temperatură între comprese, de la 40-50°C se trece la cele reci de 12-14°C. Acțiunea lor fiind una stimulatoare asupra circulației locale, măresc tonusul muscular.

Cataplasmele sunt proceduri cu diferite substanțe organice sau anorganice, la diferite temperaturi. Au același efect ca cel al compreselor dar diferența este dată de asocierea unor substanțe chimice.

Cataplasmele pot fi:
- Cu pâine - miezul de pâine este înmuiat în apă cadă se pune într-un săculeț și se aplică direct pe zona afectată.
- Cu semințe sau faina (grâu, orz, ovăz) - se fierb până devin omogene se pun în compresa și se aplică pe zona afectată.
- Cu tărâțe - modul de preparare și aplicare este asemănător se fierb taratele, se storc după care se aplică compresă pe regiunea bolnavă.
- Cu plante medicinale (mușețel, flori de fân, etc.) - întrebuințarea lor se face prin fierbere.

Împachetările constau în învelirea corpului sau a segmentelor cu un cearceaf, peste el aplicându-se o țesătură din lână. Cearceaful poate fi umed sau uscat, în împachetările umede, corpului îi revine o excitație rece, după care se produce faza de hiperemie activă și pielea se încălzește.

Băile sunt cele mai răspândite proceduri hidroterapeutice.

Se împart în: generale și parțiale.

- După temperatură: reci, răcoroase, indiferente, calde, fierbinți, alternante (calde, reci). Temperatura urca de la 20°C (reci) la 40°C (fierbinți).

- După durata lor: scurte, medii, lungi. Timpul de baie de la 5min. la peste 20min.

1. Băile *complet reci* se realizează la temperaturi între 10-15°C, în timpul băii pacientul va realiza mişcări scurte şi rapide, fricţiuni pe tot corpul după care pacientul va ieşi la plimbare, relaxare.

2. Băile *complet calde şi fierbinţi* se fac de o durată de 10-15min. după care pacientul trebuie să se odihnească preţ de 20-30min. Acţiunea acestor bai se răsfrânge asupra sistemului nervos, cardio-vascular şi asupra metabolismului, ele produc o stare de oboseală.

3. Baia *ascendentă completă* - corpul pacientului se va scufunda într-o cadă cu apă variază de la 35-40°C urcând treptat. Pe cap va fi pusă o compresă, durata este de 15-20min. dupa efectul urmărit. După baie pacientul va fi împachetat complet pentru a menţine temperatura.

4. Baia *de mâini* - antebraţele intră într-un vas special amenajat temperatura apei variază de la rece la caldă. În procedeul alternant mâinile se ţin 2-3min. în apă caldă după care în apă rece.

5. Baia *de picioare* - asemănătoare cu băile de mâini.

6. Baia *de şezut* pacientul este aşezat în cadă special amenajată, corpul acoperit cu cearceaf, temperatura apei creşte de la 35-40°C, în 15min.

Duşurile sunt proceduri hidroterapeutice prin care organismul este supus la jetul plin de apă.

1. Duşurile *generale reci* se realizează sub formă de ploaie, sunt scurte ca durata 30-50sec. temperatura apei 10-15°C, se întrebuinţează pentru întărirea musculaturii, în anemii, are efect trofic asupra sistemului nervos.

2. Duşurile *călduţe* efectuate în perioadele agitate deoarece au efect calmant, dar şi pentru pregăti rea organismului pentru duşurile fierbinţi.

3. Duşurile *fierbinţi* efect excitant de durată scurtă, prelungite devin calmante. Ca o generalizare recomandarea lor se face în stări de agitaţie neurastenică.

4. Duşul *scoţian* este o procedură hidroterapeutică, în care se alternează temperatura apei, aplicarea se face prin jet direct al apei de la o distanţă de 2- 4m. timp de 10-15sec. la temperatura de 30-40°C, apoi 10sec. la 10-15°C. Ciclul se reia de două ori.

5. Duşul *de aburi:* aplicabilitatea lui constă în vapori de apă supraîncălziţi, realizat pe segmente restrânse, pe o perioadă de 3-5min.

Afuziunea - proiectarea apei de obicei rece asupra organismului. Prin aplicarea apei reci se influenţează circulaţia, respiraţia şi musculatura. Temperatura este de 33-27°C alternativ şi acţiunea lor este termică.

După suprafeţele organismului avem: afuziunea picioarelor, gambelor, coapselor, afuziune inferioară, a braţelor, a spatelui generală şi alternantă.

Exerciţiul fizic în apă are efecte benefice asupra organismului:" relaxare generală şi locală; menţin sau cresc amplitudinea mişcării articulare; reeducarea musculaturii deficitare: creştere de forţă musculară, de tonus muscular, creştere de rezistentă şi coordonare musculară; reeducarea ortostatismului şi a mersului; permit activităţi recreative particulare şi generale; rol biotrofic şi de activare a circulaţiei; redresare psihică."(Marcu, 2002, p. 56)

Activităţile fizice adaptate promovează sportul ca fiind accesibil

tuturor persoanelor şi totodată le dă dreptul de a duce o viaţă normală şi de a îşi accepta nouă identitate corporală (în cazul persoanelor cu dizabilităţi). In acest sens,

Activitatile fizice adaptate urmăresc recuperarea prin educatia fizică, sporturi competitive şi activitati de loisir.

există o organizaţie ce este implicată la nivel internaţional în activităţi fizice adaptate.

Pentru participarea la activităţile fizice adaptate se alcătuieşte o clasificare după gradul de handicap. Aceasta clasificare este realizată de: medic, kinetoterapeut, profesorul de educaţie fizică, specializat în activităţi sportive ale copiilor cu dizabilităţi, antrenori.

Un rol important al activităţii fizice adaptate este implicarea în acţiuni şi grupuri sociale pentru adaptarea/integrarea în viaţa socială a celor cu dizabilităţi.

Înainte de a începe programul de activități fizice adaptate se vor urmări câteva *faze* (fig. 2-1):

- evaluarea individului;
- recuperarea (stabilirea programului de activități în funcție de dizabilități);
- testarea;
- notarea și aprecierea progreselor.

Activitățile fizice adaptate se adresează în special persoanelor cu: dizabilități, boli cronice, vârstnicilor.

În *procesul de evaluare* se urmărește:

- nivelul mortalității;
- nivelul de dezvoltare a percepției mișcărilor;
- nivelul de dezvoltare a aptitudinilor de adaptare;
- nivelul de dezvoltare a activităților de viața cotidiană.

În *procesul de recuperare* se au în vedere:

- starea afectivă a pacientului;
- nevoile pacientului;
- înțelegerea dintre pacient-kinetoterapeut;
- aplicarea planului de activități și comunicarea așteptărilor față de el;

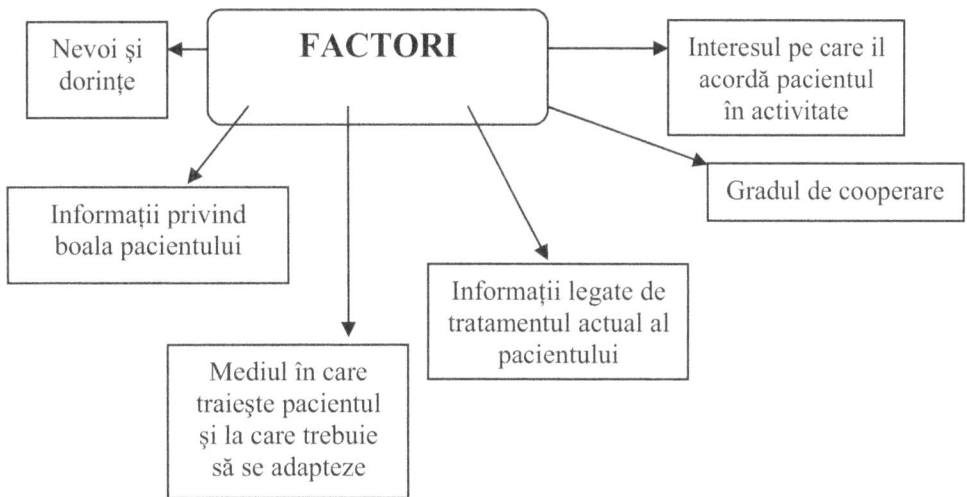

încheierea procesului.

Fig. 2-1 Factorii de care trebuie să se țină seama în stabilirea activităților fizice adaptate nevoilor individuale

Activitățile fizice adaptate au la bază:
- *Recreerea* - se vor efectua activități de grup și individuale pentru a se integra în societate;
- *Ludoterapia* - jocurile și sporturile competiționale constituie un mod de a-și descărca agresivitatea și ajuta la construirea de noi relații sociale;
- *Meloterapia* - folosirea muzicii în scop terapeutic prin care fiecare pacient își exprimă stările afective;
- *Sportul* - dezvoltă încrederea în sine;
  - dezvoltă spiritul competitiv;
  - dezvoltă spiritul de echipă;
  - dezvoltă calitățile motrice;
  - oferă încredere că și pacienții cu dizabilități pot fi sportivi de performanță.

MIJLOACE ASOCIATE KINETOTERAPIEI SAU NESPECIFICE

Factori naturali

Clima acționează permanent asupra tuturor formelor de viata.

Climatoterapia reprezintă tratarea unor boli cu ajutorul climei/terapiei prin climat.

Caracteristicile climatoterapiei:
- este folosită în scop profilactic sau curativ;
- este o metodă terapeutică ce utilizează factorii naturali ai mediului în menținerea sau ameliorarea stării de sănătate;
- în caz de neadaptare la frig-căldură, uscăciune-umiditate, vânt-căldură excesivă, corpul omenesc poate suferi o agresiune care poate fi de natură fizică, psihică sau fiziologică;
- pacienții ce fac recuperare cu ajutorul climatoterapiei sunt supuși tratamentului într-un mediu diferit de cel din care provine;

Cura pe zone de temperatură tratează următoarele maladii (tabelul 2-2):

Tabelul 2-2 Tabloul afecțiunilor care pot fi tratate în funcție de clima din diferite zone ale globului

ZONA CALDĂ	ZONA TEMPERATĂ	ZONA RECE
- slăbire generală; - cefalee; - astenie; - scăderea rezistenței la efort și infecții; - creșterea glicemiei; - tulburări respiratorii; - tulburări cardiace; - tulburări digestive: - scăderea termogenezei; - vasodilatație periferică; - tulburări hidroelectolice;	- datorită faptului că este o zonă cu anotimpuri bine diferențiate, cu relief și vegetație variate, această zonă este considerată optimă pentru viață, - zona care solicita cel mai puțin organismul;	- hipertiroidii; - hipotiroidii; - convalescență după boli infecto-contagioase; - astm bronșic; - tuse convulsivă; - anemii ușoare; afecțiuni ulceroase: - debilitate fizică; - astenie fizică; - obezitate; - rahitism: - nevroze.

Un alt factor important al climei este *radiația solară*:

- stimulează sistemul nervos;
- stimulează procesele metabolice;
- stimulează activitatea biologică a organismului.

Lipsa sau insuficiența acestor radiații duce la:

- rahitism, la copii;
- afecțiuni dentare, scăderea capacității de muncă, la adulți;
- în caz de boală, însănătoșire greoaie.

Sub acțiunea radiațiilor solare se formează în piele vitamina D, cu rol de asimilare a calciului și a fosforului, necesare organismului în creștere.

Pentru obținerea unui randament bun asupra stării de sănătate, orice persoană trebuie să știe că sunt necesare sfaturile medicului pentru a începe un tratament în funcție de climă.

Tipuri de bioclimă:

Bioclima sedativ indiferentă (pune în repaus funcţiile neuro-vegetative şi endocrine). Cuprinde regiunea de şes şi deal cu climă continental moderată şi temperată. Pacienţii se pot recupera după: stări de convalescenţă după boli ce au necesitat spitalizare; boli reumatismale; stări psiho-afective de graniţă, nevroză astenică; surmenaj,etc.; aclimatizarea se face cu uşurinţă, pe nesimţite;

Bioclima de stepa (solicită sistemul nervos central şi vegetativ; stimulează glandele cu secreţie internă; creşte termoliza în urma căreia se pierd lichide din organism):

- solicită sistemul nervos şi endocrin;
- stimulează procesele imunologice;
- produce vitamina D;
- stimulează echilibrarea metabolismului calciului.

Recomandări:

- reumatism;
- afecţiuni posttraumatice;
- rahitism;
- tulburări de creştere;
- afecţiuni neurologice;
- afecţiuni ginecologice;
- disfuncţii ovariene şi tiroidiene;
- acţiuni ORL şi respiratorii.

Contraindicaţii:

- bolnavilor cu afecţiuni cardio-vasculare;
- boli neurologice;
- boli psihiatrice;
- hipertiroidism;
- boli pulmonare în stadii avansate.

(Exemplu de staţiuni din România: Felix, Buziaş, Amara, Mangalia,etc.)

Bioclima de litoral maritim

- solicită sistemul nervos central şi vegetativ;
- stimulează glandele cu secreţie internă;
- stimulează procesele imunologice nespecifice;
- îmbunătăţeşte capacitatea de efort;
- are acţiuni benefice asupra durerii şi contracturii musculare prin terapiile specifice: balneoterapia, peloidoterapia, helioterapia etc.

Bioclima tonică stimulantă (echilibrează sistemul nervos central şi vegetativ; stimulează procesele imunologice).

Efecte biologice:

- reglarea metabolismului calciului;
- îmbunătăţeşte circulaţia cerebrală şi periferică;
- stimulează hematopoeza;
- creşterea ventilaţiei pulmonare;
- creşterea frecvenţei cardiace;
- mobilizarea rezervelor de sânge;
- creşte producţia de vitamina D;
- stimularea metabolismului.

Indicaţii:

- anemii;
- rahitism;
- astenie;
- tulburări de creştere;
- astm;
- reumatism; etc.

Salina este un factor terapeutic ferm în vindecarea afecţiunilor respiratorii şi nu numai (tabelul 2-3):

Tratament: de la câteva ore pe zi până la 16 ore pe zi, organismul adaptându-se şi răspunzând la tratament, acesta se poate prelungi până la o durată de 1-3 luni.

Tabel 2-3 Tabloul afecţiunilor care pot fi tratate prin expunerea la aerosolii din salină

Alergice	*Acute şi cronice infecţioase*	*Alte afecţiuni respiratorii*	*Alte afecţiuni*
• astm bronşic alergic; • rinite alergice;	• rinite; • sinuzite; • faringite; • rino-faringite; • bronşita cronică simplă; • amigdalite; • laringite; • traheite;	• astm bronşic non-alergic; • bronhopneumopatie obstructivă cronică(BPOC: bronşita cronică şi emfizem);	• alergii; • stări de epuizare; • stres; • insomnii; • imunodepresii.

Contraindicaţii:

- cancer bronho-pulmonar;
- micoze pulmonare;
- boli contagioase;

- epilepsie acută;
- reumatism cronic inflamator;
- vârstnici peste 60 de ani cu astm bronşic sau BPOC.

Ape minerale

Nu orice apă minerală este terapeutică.

Efecte biologice:

- se pot trata cei cu afecțiuni ale aparatului locomotor sau ale cailor respiratorii;

- bolnavii de reumatism sau cei care necesită recuperare după traumatisme sau intervenții chirurgicale.

Apa minerală se poate folosi pentru uz intern cât și pentru uz extern sub forma băilor.

Tipuri de ape minerale:

- bicarbonate (vindecarea bolilor ulceroase);

- clorurate (afecțiuni ale stomacului, afecțiuni hepatice, afecțiuni în diabet zaharat,etc.);

- sulfuroase (afecțiuni gastrice, ateroscleroză, gută, intoxicații cronice, etc.);

- carbogazoase (boli reumatismale, ateroscleroza, dislipidemii, gastrite,etc.);

- iodurate (boli reumatismale, afecțiuni ginecologice și dermatologice,etc.).

Tabelul 2-4 Efectele și acțiunea băilor generale carbogazoase și sulfuroase

Baia generală carbogazoasă	*Baia generală sulfuroasă*
• efecte locale asupra circulației cutanate, musculare și sistematice;	• crește fluxul sanguin cutanat și muscular;
• micromasaj;	
• afecțiuni cardio-vasculare;	• afecțiuni metabolice;
• afecțiuni neuropsihice;	• afecțiuni reumatismale;
• afecțiuni reumatismale;	• arteroscleroza;
• afecțiuni metabolice;	• afecțiuni inflamatorii;
• afecțiuni endocrine;	• afecțiuni neurologice periferice,etc.
• afecțiuni ginecologice;	
• arteroscleroza sistemică,etc.	

Tabelul 2-5 Efectele și acțiunea apelor alcalino-teroase mixte calcice

Uz intern	*Uz extern*
- efecte excito-secretorii digestive;	- afecțiuni ORL și bronhopulmonare(inhalații);
- afecțiuni neurovegetative și metabolice fosfo-calcice;	- afecțiuni ginecologice(irigații vaginale);
- efecte diuretice;	
- afecțiuni metabolice;	- afecțiuni dermatologice pruriginoase(comprese,băi).
- efect antiinflamator.	

Stațiuni din România: Slănic Moldova, Vatra Dornei, Vâlcele, Biborțeni, Harghita, etc.

Tabelul 2-6 Efectele şi acţiunea apelor sărate clorurate sodice

Indicaţii	Efecte
- afecţiuni digestive; - afecţiuni ale aparatului locomotor; - afecţiuni neurologice centrale şi periferice; - afecţiuni ginecologice; - afecţiuni circulatorii periferice veno-limfatice.	- stimulează secreţia gastrică; - antiinflamatoare; - stimulant-tonizante; - efect termic; - echilibrarea tulburărilor neuro-vegetative.

Staţiuni din România: Amara, Ocna Sibiului, litoral, etc.

Ape sulfuroase. Ajută la tratarea afecţiunilor aparatului locomotor; afecţiunilor neurologice periferice; bolilor ginecologice; afecţiunilor aparatului respirator.

Ape amare. Ionii de magneziu din compoziţia chimică a apei amare au rol vasodilatator.

Aerosoloterapia. Se referă la introducerea unui agent terapeutic pe cale respiratorie. Cavitatea nazală şi traseul până la bronhiolele terminale sunt acoperite de mucus. Acesta, captează particulele din aerul inspirat, astfel încât acestea nu ajung în alveole. Acest mucus, împreună cu particulele din aerul inspirat se deplasează spre faringe unde este fie înghiţit, fie eliminat prin tuse, la exterior.

Ajută la tratarea afecţiunilor otice nazale; faringelor; laringelor; rino-sinusurilor.

Băile cu ape sulfuroase au proprietatea de a vindeca multe boli; hidrogenul sulfurat din compoziţia chimică a apei sulfuroase se absoarbe în organism. Drumul străbătut de hidrogenul sulfurat începe de la piele, plămâni şi cale digestivă, şi se elimină prin piele, intestin şi rinichi.

Factorii igienici şi alimentaţia

Pentru o stare de sănătate relativ bună trebuie acordată o atenţie mărită igienei organismului şi alimentaţiei.

Exerciţiile fizice regulate şi alimentaţia sănătoasă duc la o stare mai bună de sănătate şi o capacitate de efort mărită. Activităţile fizice trebuie efectuate în condiţii igienice impecabile. Alimentația trebuie să fie echilibrată, conținând atât proteine cât și glucide și lipide.

Fitoterapia este accesibilă, trebuie bine cunoscută și înțeleasă pentru a nu avea efecte nocive (intoxicații, iritații, etc.).

Fitoterapia (*phyton*-planta; *therapea*-tratament)

Știința străveche care utilizează plantele în scop terapeutic. Plantele medicinale se pot administra sub formă de ceaiuri, tincturi, tablete, creme și prafuri.

Fitoterapia este utilizată ca *tratament* în următoarele boli:

- alergii, astm bronșic, boli de piele, reumatism;
- boli psihosomatice, insomnii, tulburări de memorie;
- infecții cronice, parazitoze;
- carente ale vitaminelor, stări de stres și epuizare;
- ulcer gastro-duodenal, colon iritabil, etc.

Iată câteva plante cu efect terapeutic din țara noastră:

- usturoi, ceapă, țelina, pătrunjel, afine, cătina, orz verde (frunze de orz). Pe lângă acestea, un efect terapeutic foarte bun îl au ouăle de prepeliță.

Atunci când urmăm un tratament cu plante, efectul apare în timp, ceea ce necesită o administrare prelungită în funcție de gravitatea bolii și de reacția organismului la tratament.

Apiterapia, dacă este aplicată corect nu are efecte adverse.

Apiterapia. Terapie tradițională prin care se utilizează mierea, polenul, lăptișorul de matcă, propolisul, veninul albinelor cât și a altor produse ce țin de alchimia stupului în scop terapeutic.

Tipuri de miere și efectele acesteia:

- miere de *salcâm*: efect calmant;
- miere de *castan*: efect de decongestionare a ficatului și prostatei; favorizează circulația sanguină;
- miere de *măr*: efect tonifiant și antidiareic;
- miere de *tei*: efect calmant și sedativ;
- miere de *păpădie*: efect depurativ și ușor laxativ;

- miere de *salcâm galben japonez*: efect antihemoragic, reglează menstruația, influențează funcțiile digestive, etc.

Alimentația vegetariană. Alimentația nu este privită doar ca o condiție esențială pentru existența vieții, ci este un factor important în ocrotirea și promovarea sănătății.

Alimentația vegetariană promovează evitarea oricărui tip de carne (carne de porc, vită, miel, fructe de mare bogate în colesterol).

Pe baza unor observații empirice s-a constatat că unele alimente au efect tămăduitor în diverse boli. Se cunosc cure cu lapte, ouă și carne crudă în tratarea tuberculozei; cura cu suc de urzici în tratarea anemiilor; cura cu struguri în tratarea bolilor de ficat și rinichi.etc.

Studii efectuate demonstrează că:

- vegetarienii au un risc cu 50% mai redus la boli cardiace, cancer și diabet;
- longevitatea la vegetarieni crește cu până la 8 ani față de cea a unui consumator de carne.

Din alimentația oricărui individ nu trebuie să lipsească legumele și fructele deoarece acestea conțin multe vitamine necesare corpului uman.

Efectele terapeutice ale fructelor și legumelor:

- tratarea enterocolitelor și a colitelor;
- rol depurativ;
- efect diuretic;
- cicatrizarea ulcerelor tubului digestiv;
- favorizarea eliminării bilei,etc.

În alimentația vegetariană *se recomandă*:

- cereale integrale: 6-11 porții/zi (pâine, cereale);
- legume: 3-5 porții/zi (verdețuri/legume crude, legume gătite);
- fructe: 2-4 porții/zi (fructe crude, compoturi, fructe uscate, suc proaspăt de fructe);
- lapte și derivate lactate: 2-3 porții/zi.

Tabelul 2-7 Indicații și contraindicații pentru mijloacele kinetoterapiei

MIJLOACELE KINETOTERAPIEI		INDICAȚII	CONTRAINDICAȚII
Mijloace fundamentale kinetoterapiei	• **exercițiul fizic**	- exercițiul trebuie executat lent, ritmic si fără bruscări; - să se acorde atenție progresivității exercițiilor - să fie asigurate poziții de lucru sigure și stabile.	- contuzii craniene; - artrite; - dislipidemiile.
	• **masajul**	- afecțuni ortopedice; - obezitatea; - afecțiuni reumatismale; - afecțiuni vasculare; - menținerea unei stări fiziologice normale; - ușurează stresul.	- boli infectocontagioase; - hemoragii cerebrale recente; - boli ale aparatului respirator; - boli de cord; - boli acute ale sistemului endocrin.
Mijloace ajutătoare kinetoterapiei	• **curentul diadinamic**	- bolile algice ale aparatului locomotor; - nevralgii, nevrite; - boli vasculare; - tulburări circulatorii periferice.	- în cazul fracturilor, nu se aplică pe regiunea precordială. - nu se aplică în stări hemoragice locale; - tromboze venoase superficiale și profunde; - în menstruație și uter gravid.
	• **curentul electric cu frecvență medie**	- afecțiuni reumatismale (artrite, artroze); - afecțiuni traumatice (redori, hidartroze, entorse) - afecțiuni neuro-musculare (nevralgii, nevrite, mialgii, hipotrofii, atrofii); -afecțiuni circulatorii periferice (arterite, sindrom Raynaud).	- se vor evita aplicațiile în regiunea precordială; - stările febrile; - neoplazii etc.

• **curentul electric de frecvență mare**	- ulcerații; - varice; - intervenții chirurgicale; - calculi renali; - fracturi rezultate din accidente de lucru; - boli cronice, etc.	- purtătorii de stimul cardiac.
• **ultrasunetele**		- modificări tegumentare; - diverse afecțiuni cutanate; - tulburări de sensibilitate cutanată; - tulburări de coagulare sangvină; - stări febrile; - reumatism articular acut; - insuficiență cardio – respiratorie.
• **fototerapia**	- dermatita atopică; - eczema dishidrotică; - morfee; - limfom cutanat.	- boli genetice caracterizate prin fotosensibilitate crescută - persoane cu numãr mare de nevi melanocitari; -antecedente heredocolaterale de cancer cutanat.
• **radiațiile infraroșii**		- hemoragii recente; - inflamații acute; - boli și stări febrile.
• **radiații ultraviolete**	- dermatologie; - pediatrie; - reumatologie.	- tuberculoza pulmonară activă; - neoplazii,; - cardiopatii necompensate; - insuficiență cardiacă; - stări hemoragice; - diabet zaharat; - hipertensiune arterială consecutivă, etc.
• **hidroterapia**	- se aplică pentru tratarea obezității; - aparatul cardiovascular; - excitarea sistemului nervos.	

Mijloace asociate kinetoterapiei	• bioclima sedativ indiferenta	- stări de convalescență după boli ce au necesitat perioade lungi de spitalizare; - stări psiho-afective de graniță; - boli reumatismale cu potențial evolutiv important; - boli în stadii ce presupun rezerve funcționale reduse cardio-vasculare.	
	• bioclima de stepa	- deficiențe funcționale locomotorii; - tulburări metabolice; - potențial alergic..	- afecțiuni cardio-vasculare și respiratorii; - afecțiuni reumatismale; - stări de hiperactivitate nervoasă; - afecțiuni digestive; - afecțiuni renale.
	• bioclima de litoral maritim	- profilaxie primară la adulți; - rahitism; - boli reumatismale; -afecțiuni ginecologice de tip inflamator cronic; - TBC genitală	- afecțiuni digestive; - boală ulceroasă; - boala Basedow; - boli cardio-vasculare; -tumori benigne cu potențial cancerigen.
	• bioclima tonica stimulanta	- tulburări de creștere la copil; -tulburări funcționale la pubertate; -stări de convalescentă;; TBC pulmonar și extrapulmonar stabilizat.	-bolile cardio-vasculare; - sarcină; - persoanele cu deficit important de termoreglare.
	• salina	- astmul bronsic; -rinite; -bronșită cronică simplă.	-vârstnicii peste 60-70 ani cu astm bronșic si bronșită cronică; -cordul pulmonar cronic decompensat și insuficiența cardiacă; -TBC pulmonar.

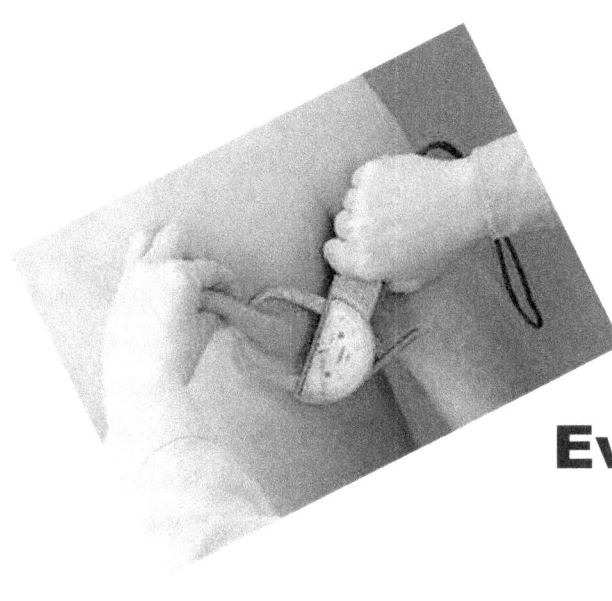

CAPITOLUL 3

Evaluarea creşterii şi dezvoltării fizice

OBIECTIVE

La sfârşitul parcurgerii acestui capitol cititorul ar trebui:

 Să cunoască şi să diferenţieze principalele metode de evaluare subiectivă şi obiectivă.

Să ştie principalele repere antropometrice.

Să ştie să diferenţieze dimensiunile longitudinile, transversale şi circulare.

Să ştie să determine plici în vederea aprecierii compoziţiei corporale.

CUVINTE CHEIE

Evaluare subiectivă, evaluare obiectivă măsurare, dimensiuni.

PROBLEME GENERALE

"Evaluarea este procesul de determinare a ariilor care ne permit sa judecăm dacă decizia a fost bine făcută ori nu, să realizăm selectarea si colectarea informațiilor necesare prin analiza şi subsumarea acestora, precum şi conceperea şi emiterea recomandărilor bazate pe analiza informațiilor respective" (Alkin).

Evaluarea în kinetologie este un aspect de o foarte mare importanță. Ea stă la baza alcătuirii programului de recuperare a pacienților şi cu acesta se începe în momentul întâlnirii kinetoterapeut-pacient. De fapt, evaluarea este primul şi ultimul act al kinetoterapeutului prin care, la început, acesta evaluează pacientul cu scopul de a repera deficitul funcțional pe care îl are pacientul iar la sfârşit evaluarea se transformă, de fapt în reevaluare şi dă informații cu privire la eficiența programului de recuperare (Fig. 3-1).

În cazul în care programul nu a fost destul de eficient în etapa reevaluării se pot face anumite corectări şi se poate recurge la alte metode, tehnici, mijloace terapeutice (Marcu, 2006, p.116).

Evaluarea pacientului se face foarte detaliat începând de la anamneza, evaluare analitică, evaluare globală, somatoscopică. De aceea, pentru a putea face aceasta evaluare, kinetoterapeutul trebuie :

- ✓ să fie bine antrenat în manevrele de evaluare;
- ✓ să aibă noţiuni de anatomie, fiziologie, psihologie;
- ✓ să aibă capacitatea de interpretare corectă a rezultatelor obţinute în urma evaluării.

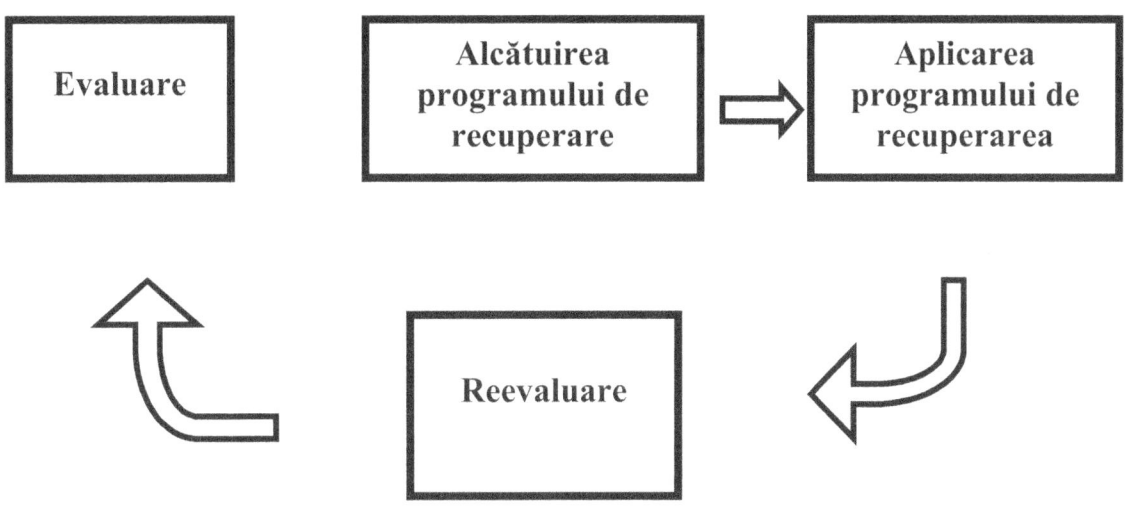

Fig. 3-1 Schema de lucru kinetotereut-pacient

Evaluarea are, după Tudor Virgil (*„Măsurare şi evaluare în cultură fizică şi sport”*), anumite caracteristici care ajuta la înţelegerea importanţei acesteia (fig.3-2):

Evaluarea omului trebuie realizata interdisciplinar: evaluare somato-funcţională si psihică.

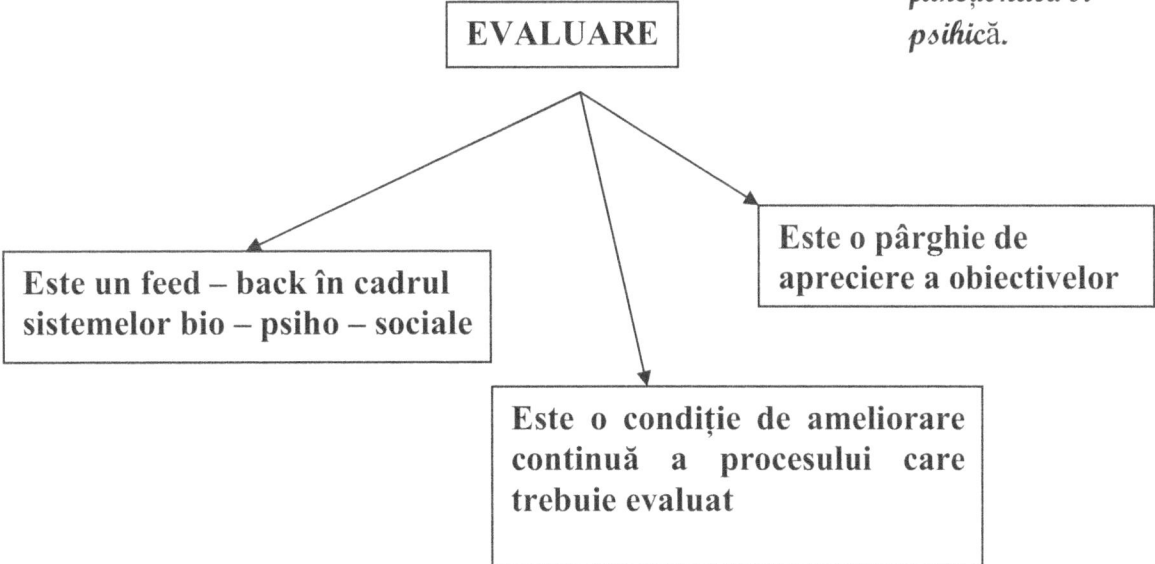

Fig. 3-2 Caracteristicile evaluării

Evaluarea în kinetologie se realizează pe următoarele direcţii:

1. *Evaluarea somato-funcţională* a aparatului locomotor:

   a. evaluarea creşterii şi dezvoltării fizice;

        b. evaluarea prehensiunii;

        c. evaluarea mersului;

        d. evaluarea amplitudinii articulare (bilanţ articular) şi a forţei musculare (bilanţ muscular).

2. *Evaluarea funcţională*:

        a. evaluarea cardio-respiratorie;

        b. evaluarea reactivităţii musculare.

3. *Evaluarea capacităţii de efort* se realizează prin:

        a. evaluarea creşterii şi dezvoltării fizice:

             i. gradul de dezvoltare fizică în raport cu sexul şi vârsta,

             ii. aprecierea vârstei fiziologice în raport cu gradul de dezvoltare fizică;

             iii. depistarea deficienţelor fizice şi indicarea mijloacelor de corectare;

             iv. urmărirea dezvoltării sub influenţa practicării sistematice a exerciţiilor fizice.

        b. metode subiective şi obiective.

Fara instrumente=subiectiv
Cu instrumente =obiectiv

IMPORTANTAŢA ANAMNEZEI ÎN EVALUARE

Anamneza este prima evaluare pe care o face kinetoterapeutul pacientului său. Este de fapt un dialog prin care aceasta obţine de la pacient informaţii despre: vârsta, sex, profesiune, istoricul bolii, antecedentele heredo-colaterale, antecedentele personale. (Marcu, 2006, p. 117)

Dialogul care are loc între examinator şi pacient poate îmbrăca 2 forme:

- ascultarea, în care examinatorul ascultă tot ce îi povesteşte pacientul;
- interogatoriul, formă în care examinatorul pune întrebări la care răspunde pacientul.

Cele două metode, se îmbină şi se completează, nefiind tehnici separate.

Prin anamneză se stabilesc principalele simptome, care reflectă tulburările morfo-funcţionale ale organismului sau ale aparatului bolnav. Pentru orice simptom descris de pacient, este necesară menţionarea unor aspecte cum ar fi:

✓ modul de instalare;

✓ intensitatea;

✓ durata;

✓ tipul;

✓ simptomele însoţite;

✓ factori de agravare.

La pacienţii care suferă cu disfuncţii ale aparatului locomotor, anamneza are o deosebită importanţă, deoarece se va stabili caracterul acut sau cronic, primar sau secundar al suferinţei.

Vârsta (Fig. 3-3): orientează kinetoterapeutul spre anumite afecţiuni specifice anumitor perioade din viaţă şi de asemenea evoluţia afecţiunilor este dependentă de vârsta pacientului:

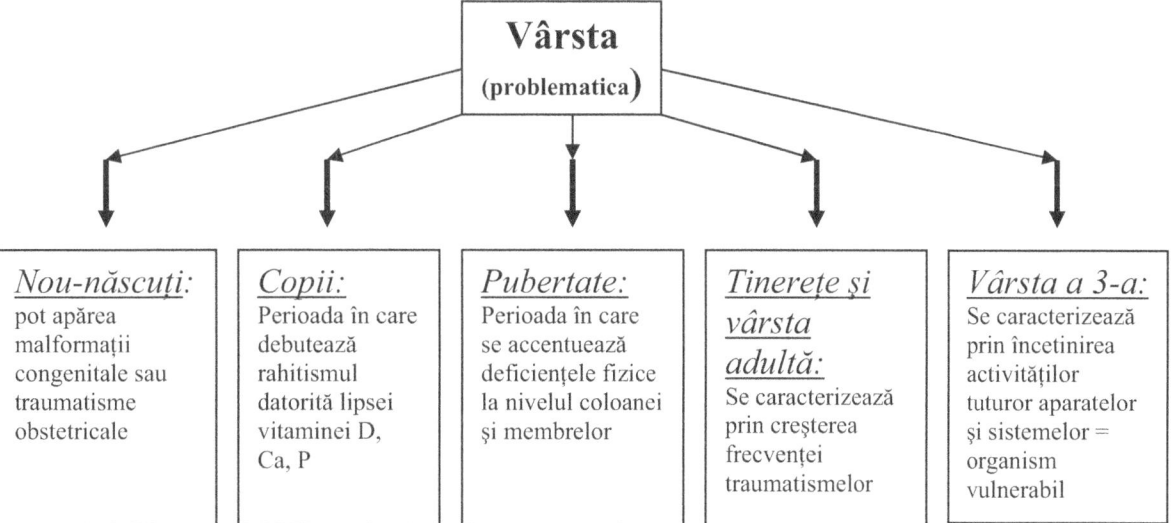

Fig. 3-3 Afecţiuni specifice diferitelor vârste

Sexul: este important pentru că există afecţiuni pentru un anumit sex:

✓ la bărbaţi: mai frecvente sunt infarctul miocardic, afecţiunile aparatului respirator, afecţiuni renale, tumori, spondilită, traumatisme.

✓ la femei: mai frecvente sunt afecţiunile endocrine, afecţiunile legate de perioada fertilă a femeii şi de asemenea cele legate de perioada menopauzei.

Profesiunea: condiţiile de la locul de muncă pot ajuta examinatorul să găsească explicaţia apariţiei deficienţelor fizice. De exemplu cifoze-daca munca este de birou, lordoze-în cazul ospătarilor, leziuni traumatice-muncitorii în construcţii, etc.

Antecedente heredo-colaterale: informaţiile pe care le oferă pacientul în legătură cu bolile pe care le au rudele sale :mamă, tată, bunici, copii, fraţi, surori. Aceste antecedente sunt importante de ştiut, deoarece unele boli se pot transmite ereditar.

Antecedente personale: informaţii referitoare la evoluţia şi dezvoltarea lui de la naştere şi până la examinare. Dacă au existat afecţiuni în trecut, se vor prezenta de către pacient şi se vor da detalii despre durată, tratamente medicamentoase, tratamente de recuperare, intervenţii chirurgicale. De asemenea se vor da informaţii cu privire la consumul de alcool şi tutun.

METODE DE EVALUARE SUBIECTIVE

Somatoscopia reprezintă examinarea vizuala a aliniamentului global si segmentar al corpului din fata, spate şi profil, in statica şi dinamica.

Somatoscopia (de la grecescul „soma" = corp; „scopein" =a privi)- este metoda de examinare ce permite aprecierea globală şi analitică a proceselor de creştere şi dezvoltare prin observarea corpului în întregime , a fiecărui segment în parte şi observarea eventualelor deficienţe fizice.

Metodele de evaluare subiective se referă la cele executate fără ajutorul instrumentelor de măsurare şi se clasifică în:

- somatoscopie generală;
- somatoscopie segmentară.

Poziţia ideala pentru evaluare este stand.

Somatoscopie generală şi segmentară

Somatoscopia generală apreciază:

⇒ *Statura:* care permite clasificarea subiecţilor în: substaturali, normostaturali şi hiperstaturali.

⇒ *Starea de nutriţie*: subiecţii pot fi clasificaţi în: hipoponderali mergând până la debili fizic, normoponderali şi hiperponderali mergând până la obezi.

⇒ *Atitudinea corpului* şi *starea psihică*: aprecierea atitudinii se face în raport cu coloana vertebrală (poziţia normală a acesteia). Atitudinile deficiente pot fi:
   - atitudine cifotică;
   - atitudine lordotică;
   - atitudine scoliotică;
   - atitudine plană, rigidă, asimetrică.

⇒ *Comportamentul motric*: atât static, cât şi dinamic se constată urmărind toate acţiunile pe care le face subiectul în timpul examenului somatoscopic. Astfel, unii subiecţi pot fi mobili, hipermobili, adaptabili, atoni sau instabili. Cei atoni sau instabil vor transpira în palmă în timpul examinării, vor fi emoţionaţi , cu extremităţi reci şi cianotice.

⇒ *Tipul constituţional*: cuprinde totalitatea caracterelor morfologice şi funcţionale ale corpului transmise pe cale ereditară sau formate sub influenţa factorilor de mediu şi a educaţiei. Este bine de ştiut că nu există tipuri constituţionale pure, există caracteristici predominante ale anumitor tipuri.

⇒ *Particularităţile tegumentelor*: se examinează existenţa unor cicatrici după arsuri, degerături, intervenţii chirurgicale. De asemenea existenţa unor extremităţi cianotice care sunt determinate de circulaţia periferică locală proastă. Se mai pot observa existenţa unor boli de piele .

Somatoscopia segmentară:

Somatoscopia segmentară se referă la evaluarea caracterelor morfologice şi funcţionale ale regiunilor, parţilor şi segmentelor corpului, în mod metodic, de sus în jos, în următoarea succesiune: cap, gât, torace, abdomen, membre superioare, spate, bazin, membre inferioare.

METODE DE EVALUARE OBIECTIVE

Metodele de evaluare obiective constau în: examinarea somatoscopică instrumentală a aliniamentului corpului, examen clinic general, examen radiologic si somatometrie.

1.Somatoscopia instrumentală
   - se poate realiza cu firul de plumb sau cu cadrul antropometric de simetrie (C.A.S.);
   - examinarea începe din spate→profil→faţă.

2.Examenul clinic general
   - precedat de examinarea medicala;
   - A.P.F.= antecedente personale fiziologice;
   - A.P.P.= antecedente personale patologice;
   - A.H.C.= antecedente heredo-colaterale;
   - efectuat de medic(inspectie, palpare, percuţii).

3.Examenul paraclinic- ex. radiologic
   - se pot depista aspecte morfologice si dimensionale legate de forma, dimensiunea oaselor, raporturile articulare;

- aspecte structurale ale osului.

4.Somatometria

  -ansamblu de masuratori antropometrice;

  -prin calcularea unor indici specifici se apreciază nivelul de creştere şi gradul de dezvoltare fizică.

În acest capitol vom discuta doar despre somatoscopia instrumentală şi somatometrie.

Somatoscopia instrumentală

Examinarea somatoscopică instrumentală se realizează cu:

- Firul cu plumb-raportări pe verticală;
- Cadrul antropometric de simetrie (CAS).

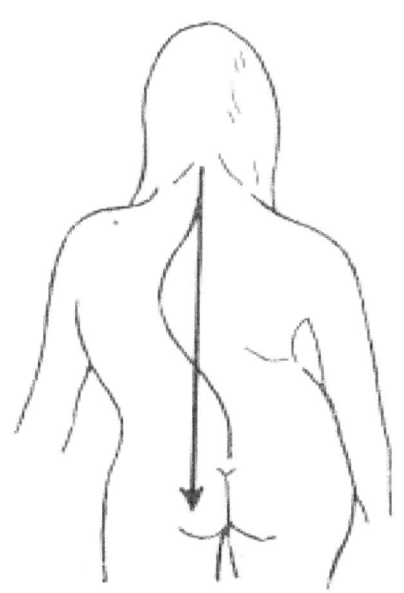

Examenul cu firul cu plumb: în mod normal, firul cu plumb atinge occipitalul (centrul protuberanţei occipitale externe), vârful apofizei vertebrei C7, după care coboară proiectându-se pe linia apofizelor spinoase şi cade la nivelul şanţului interfesier. Lordoza cervicală se găseşte la 2 cm faţă de firul cu plumb, iar cea lombară la 3 cm. Se înscrie cu un creion dermatograf proiecţia apofizelor spinoase pe tegumente şi se măsoară eventuala ei deviere sagitală de la firul cu plumb (o posibilă scolioză, fig. 3-4)

Fig. 3-4 Poziţionarea firului cu plumb

Cadrul antropometric de simetrie: CAS este o ramă (cadru) de lemn, prevăzută cu fire verticale şi orizontale din 5 în 5 cm sau din 10 în 10 cm. Examenul somatoscopic cu ajutorul CAS se face plasând subiectul în spatele lui şi se măsoară diferitele puncte antropometrice faţă de reperele (liniile verticale şi orizontale) cadrului şi eventual fotografierea subiectului.

Gradarea se face pe orizontală de la mijloc, deci de la punctul zero (0) spre dreapta şi stânga, din 10 în 10 cm, iar pe verticală de jos în sus, de la 0 până la 200 cm. Astfel, CAS este împărţit în pătrate cu latura de 10 cm. Verticala din mijloc de la punctele(00) se suprapune liniei mediane a corpului.

Examinarea somatoscopică instrumentală se realizează din faţă, spate şi profil:

Examinare din spate:

Linia mediană a CAS (verticala 00)- axa de simetrie a corpului care trece prin vertex, protuberanţa occipitală externă, apofize spinoase ale vertebrelor cervicale, toracale, lombare, pliul interfesier, printre epicondilii femurali interni, maleolele tibiale şi se proiectează în mijlocul bazei de susţinere

- Se proiectează la următoarele linii orizontale:

    a) Margine inferioară a lobilor urechilor;
    b) Biacromială;
    c) Bispinoasă- şi trece prin apofiza spinoasă a vertebrei T3;
    d) Vârfurile omoplaţilor- şi trece prin apofiza spinoasă a vertebrei T7;
    e) Bicretă;
    f) Bitrohanteriană;
    g) Bimaloeolară.

Toate aceste linii trebuie să fie perpendiculare pe verticala (00) şi paralele între ele cu orizontala.

Examinarea din profil:

Postura corectă ideală se realizează când verticala zero (00) a CAS-ului coincide cu axa de simetrie a corpului, care trece prin: vertex, lobul urechii, articulaţia umărului, marele trohanter al femurului, uşor anterior faţă de mediana genunchiului, uşor anterior faţă de maleola laterală, la nivelul proiecţiei cutanate a interliniei articulaţiei mediotarsiene.

Examinarea din faţă:

Aliniamentul corpului este ideal când verticala 00 a CAS trece prin: mijlocul frunţii, mijlocul nasului, mijlocul buzelor, bărbiei, sternului, ombilicului, simfiza pubiană, epicondilii femurali, interni şi maleolele pubiale şi se proiectează în mijlocul bazei de susţinere

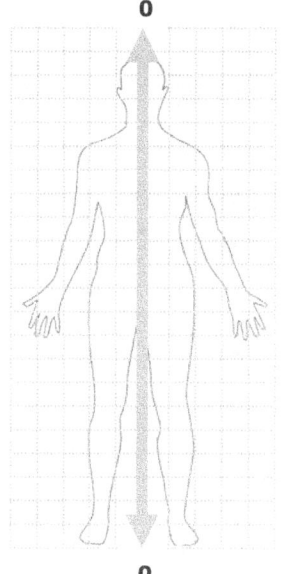

Toate aceste linii trebuie să fie perpendiculare pe verticala zero (00) şi paralele între ele şi cu orizontala cadrului antropometric de simetrie.

- Se proiectează la următoarele linii orizontale:
  a) Bisprâncenoasă;
  b) Biacromiala;
  c) Bicretă;
  d) Bispinoasă;
  e) Bitrohanteriană;
  f) Bimaleolară.

Fig. 3-5 Poziţionarea verticalei 00 a CAS-ului

Somatometria

Somatometria este o metodă obiectivă de evaluare a dezvoltării fizice, pe baza măsurătorilor cu ajutorul unor repere şi calculării indicilor antropometrici şi antropomorfi speciali.

Repere antropometrice

Cunoaşterea (fig. 3-6, 3-7) acestor repere antropometrice au o mare importanţă în evaluarea somatoscopică. Ele ajută la înţelegerea măsurărilor dimensiunilor transversale, longitudinale şi sagitale şi duce la o examinare cât mai precisă şi corectă. De aceea un bun kinetoterapeut trebuie să le stăpânească foarte bine (tabelul 3-1).

Tabel 3-1 – Repere antropometrice şi localizarea lor

DENUMIRE	LOCALIZARE
Vertex	- punctul cel mai înalt de pe craniu, subiectul fiind în ortostatism cu capul menţinut in rectitudine
Trichion	- punct de pe linia mediana aflat la intersecţia frunţii cu scalpul
Glabela	- proeminenţă plasată pe linia mediană a feţei situată între arcadele sprâncenoase.
Fosă temporală	- depresiune pe faţa laterală a capului situată extern de arcada sprâncenoasă
Zigion	- punct pe faţa laterală a feţei inferioare de fosa temporală- la nivelul arcadei zigomatice
Gnathion	- punctul situat pe linia mediană a marginii inferioare a mandibulei
Gonion	- punctul situat în vârful unghiului mandibulei-punct latero-inferior al mandibulei
Menton	- punct situat cel mai anterior pe corpul mandibulei
Opistocranian	- punct situat la nivelul protuberanţei occipitale
Suprasternal	- punct situat pe linia mediană la nivelul incizurii jugulare mai exact pe marginea superioară a manubriului sternal.
Mezosternal	- punct situat pe linia mediană la jumătatea distanţei dintre suprasternal şi xifoidian
Xifoidian	- punct situat pe linia mediană la nivelul apendicelui xifoid în zona în care se mai poate palpa
Epigastric	- punct situat la intersecţia dintre linia mediană şi orizontală care trece pe la nivelul marginilor inferioare ale coastelor
Omfalion	- situat la mijlocul ombilicului
Acromial	- extremitatea cea mai laterală a apofizei spinoase
Epicondiliar- humeral	- punct situat pe epicondilul lateral al humerusului
Radial	- punctul cel mai lateral al capului radial
Stilion	- punctul cel mai distal al procesului stiloidian al radiusului sau ulnei
Dactilian	- punct distal al degetului mijlociu
Metacarpian- radial	- punctul cel mai lateral al metacarpului
Metacarpian-ulnar	- punctul cel mai medial al metacarpului
Simfizar	- marginea superioară a simfizei pubiene
Sacral	- punct situat pe linia mediană a bazei osului sacru
Gluteal	- punct situat posterior la nivelul celei mai proeminente porţiuni a regiunii fesiere

DENUMIRE	LOCALIZARE
Iliospinal	- punct pe spina iliacă antero-superioară
Trohanterian	- punct supero-lateral situat pe trohanterul mare
Epicondiliar femoral	- unul medial şi altul lateral situat pe epifiza distală a femurului
Tibial	- proeminenţă supero-laterală si supero-medială ale epifizei proximale a tibiei
Sfirion tibial	- vârful distal al maleolei tibiale
Sfirion fibular	- vârful distal al maleolei fibulare
Pterion	- punct posterior al calcaneului - în ortostatism
Acropodion	- punct anterior al piciorului corespondent degetului I sau II –în ortostatism
Metatarsian tibial	- punctul cel mai medial al metatarsului I
Metatarsian fibular	- punctul cel mai lateral al metatarsului V

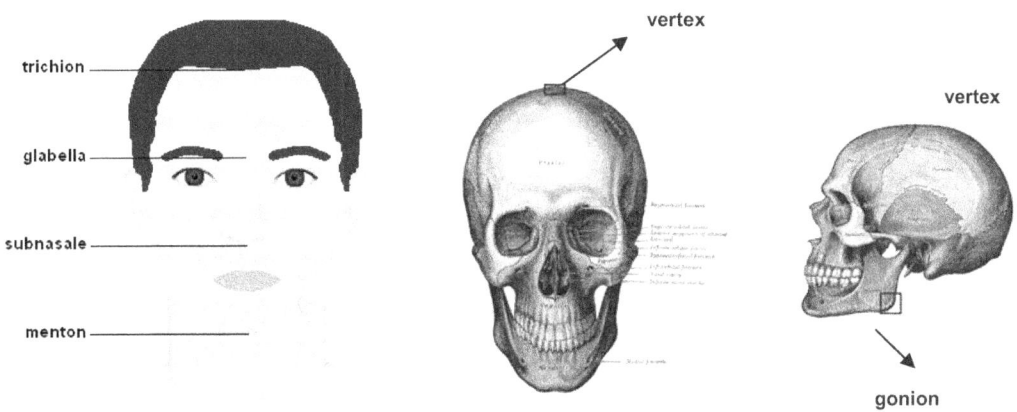

Fig. 3-6 Repere antropometrice ale capului

Dimensiuni longitudinale

Dimensiunile longitudinale sunt cele referitoare la înălţime, bust, lungimea gâtului, membrelor.

Înălţimea: Este distanţa dintre vertex şi tălpi şi se măsoară atunci când corpul este în ortostatism cu picioarele apropiate şi spatele drept cu ajutorul taliometrului. (fig. 3-8)

Subiecţii examinaţi pot fi:

o Suprastaturali (hiperstaturali) – dacă depăşesc înălţimea medie vârstei pe care o au.

Fig. 3-8 Taliometrul

o Normostaturali – daca se încadrează în medie

o Substaturali – cei care sunt sub medie

Bustul: Este distanţa de la vertex pană la linia bistriatică. Se măsoară când subiectul este aşezat pe scaun cu spatele la taliometru.

Lungimea gâtului: între menton şi punctul suprasternal.

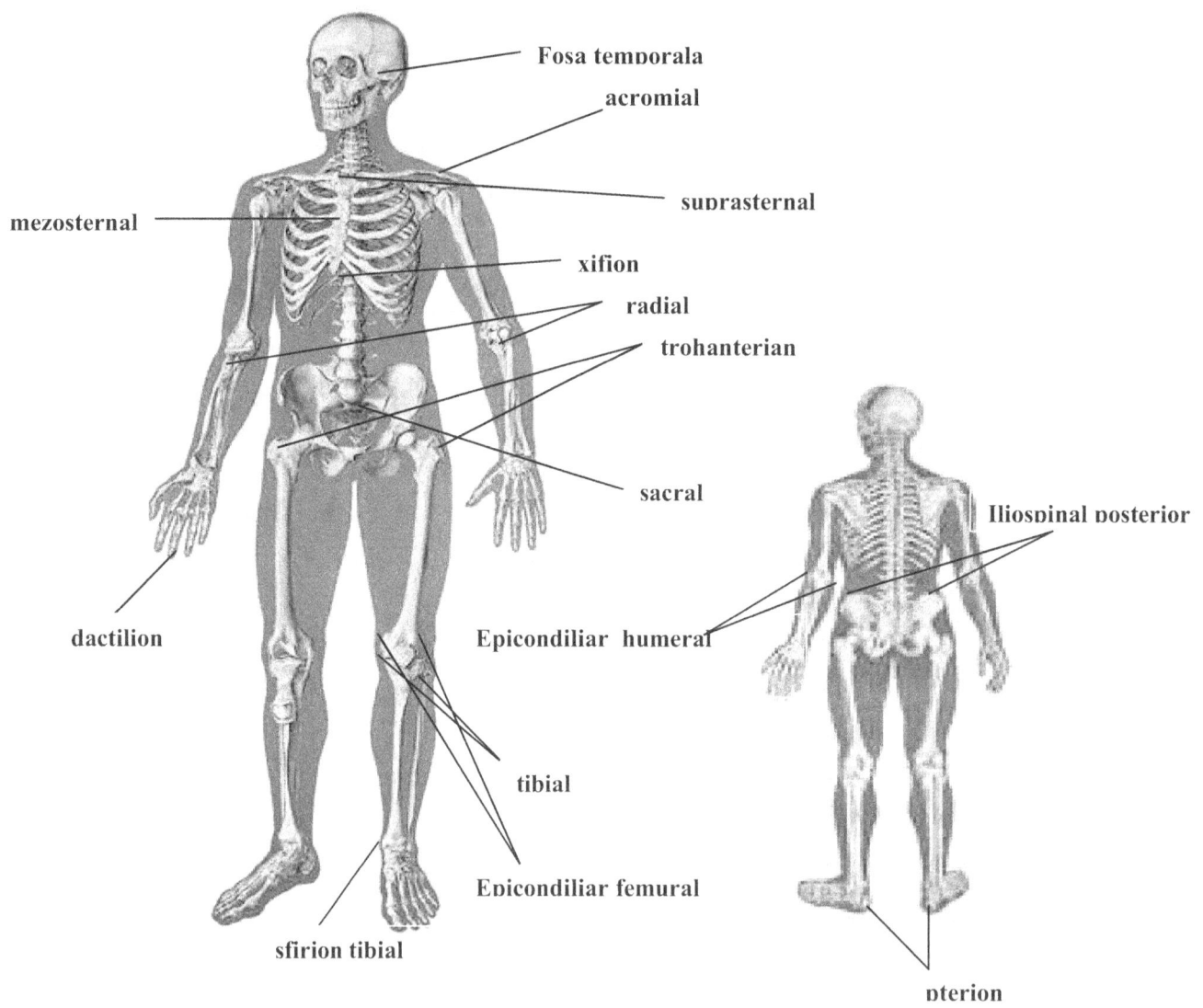

Fig. 3-7 Repere antropometrice ale corpului uman

Lungimea membrelor superioare: între punctul acromial şi dactilian când membrele superioare sunt pe lângă trunchi şi palmele în supinaţie.

- lungimea braţului - între punctul acromial şi radial.
- lungimea antebraţului - între punctul radial şi stiloidian.
- lungimea palmei - de la mijlocul pliului distal al încheieturii mâinii şi până la punctul dactilian.

Lungimea membrelor inferioare: între punctul iliospinal posterior şi sfirionul tibial. Subiectul este în poziţia stând sau decubit dorsal cu membrele inferioare în extensie.

- lungimea coapsei - între punctul trohanterian şi tibial lateral.
- lungimea gambei - între punctul tibial lateral şi sfirionul fibular.
- lungimea piciorului – între punctul pterion şi acropodion.

Dimensiuni transversale

Dimensiunile transversale sunt cele referitoare la lăţimile şi diametrele corpului (tabelul 3-2).

Tabel 3-2 – Dimensiuni transversale-descrierea modului de măsurare

DENUMIRE	*LOCALIZARE*
Anvergura	- se măsoară cu tija gradată rigidă între cele doua puncte dactilian. Subiectul este în poziţia stând cu membrele superioare în abducţie de 90
Lăţimea palmei	- între punctul metacarpian radial şi ulnar.
Diametrul bitemporal	- între fosele temporale
Lăţimea piciorului	- între punctul metatarsian tibial şi fibular
Diametrul biacromial	- între punctele acromiale. Subiectul este în poziţia stând cu membrele superioare pe lângă corp.
Diametrul toracic	- feţele laterale ale toracelui, la intersecţia linie medio-axilare cu punctul cel mai proeminent de pe coasta V în expir.
Diametrul bicret	- între porţiunile cele mai laterale ale crestelor iliace.
Diametrul bispinal	- între spinele iliace antero-superioare.
Diametrul bitrohanterian	- între punctele trohanteriaene, în poziţia stând cu călcâiele apropiate
Diametrul bistilodian	- între apofizele stiloide ale radiusului şi ulnei.

Dimensiuni circulare

Sunt cele referitoare la perimetrele corpului şi se măsoară cu banda metrică (tabelul 3-3 şi fig. 3-9) :

Tabel 3-3 – Dimensiuni circulare-modul de măsurare

DENUMIRE	LOCALIZARE
Perimetrul capului	- De la popistocranian pana la glabelă,fără a trece banda metrică peste urechi.
Perimetrul gâtului	- Porţiunea cea mai subţire,deasupra cartillajului tiroid,în partea anterioară a gâtului
Perimetrul toracelui	- Banda metrică sub axile posterior la baza omoplaţilor, anterior la baza apendicelui xifoid la bărbaţi şi la nivelul articulaţiei coastei IV cu sternul la femei
Perimetrul taliei	- În porţiunea mai subţire a trunchiului, deasupra ombilicului, mai jos de ultima coastă
Perimetrul abdomenului	- Banda metrică orizontal la nivelul omfalionului.
Perimetrul braţului(relaxat)	- La jumătatea distanţei dintre punctul acromial şi cel radial
Perimetrul braţului(în flexie)	- Braţul se află în flexie de 45°, antebraţul se află în supinaţie şi cotul în flexie de 90°.
Perimetrul antebraţului	- La nivelul cel mai proximal (fără a depăşi 6 cm de punctul radial),antebraţul în supinaţie
Perimetrul încheieturii mâinii	- La nivelul proceselor stiloide ale radiusului şi ulnei
Perimetrul gluteal	- Punctul gluteal (posterior) iar anterior la nivelul simfizei pubiene
Perimetrul coapsei	- Banda metrică orizontal sub fese, corpul în ortostatism
Perimetrul gambei	- Se măsoară în zona cea mai proeminentă. Subiectul se afla pe vârfuri
Perimetrul genunchiului	- Banda se aplică la nivelul rotulei
Perimetrul maleolar al gleznei	- Se măsoară în partea cea mai îngustă a gambei, deasupra sfirionului tibial

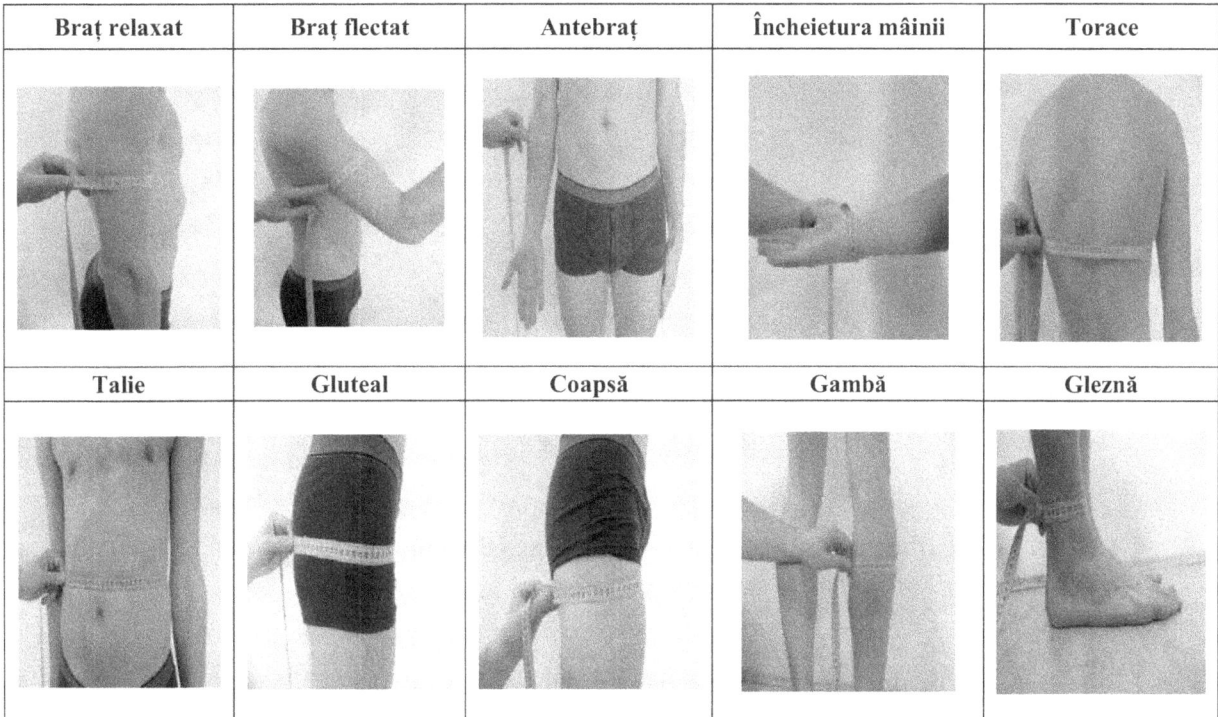

Fig. 3-9 Măsurarea perimetrelor

Dimensiuni sagitale

Sunt cele referitoare la diametrele antero-posterioare (tabelul 3-4).

Tabel 3-4 – Dimensiuni sagitale

DENUMIRE	LOCALIZARE
Diametrul antero-posterior al capului	- între glabela şi opistocranian
Diametrul antero-posterior al toracelui	- punctul mezosternal si apofiza spinoasă vertebrală corespunzătoare planului orizontal al compasului
Diametrul sacro-pubian	- punctul simfizar si cel sacral

Măsurarea plicilor

Determinarea plicilor (tabelul 3-4) se face pentru aprecierea compoziţiei corporale. Plica se formează prin *Plica cuprinde un dublu strat: al pielii şi al ţesutului adipos subcutanat (nu şi al muschiului !!).* ciupire între police şi index, se strânge ferm şi se menţine până se măsoară.

Măsurarea se face cu caliperul (fig.3-10) care se plasează la 1 cm de priză. (fig. 3-11)

Fig. 3-10 Caliperul

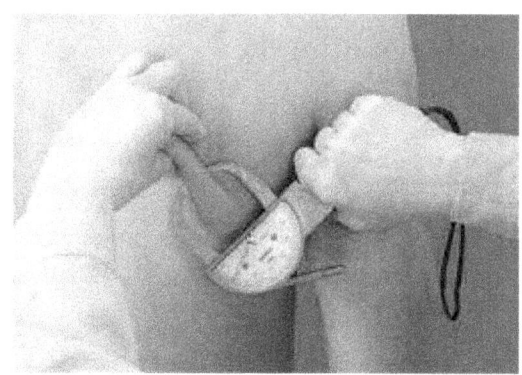

Fig. 3-11 Modul de plasare al caliperului

Tabel 3-4 – Denumirile plicilor şi reperele de prindere

DENUMIRE	LOCALIZARE
Plica tricepsului	- posterior, braţul la jumătatea distanţei dintre punctul acromial şi radial.
Plica bicepsului	- aceeaşi ca la plica tricepsului doar că se face anterior.
Plica subscapulară	- oblic în jos şi lateral faţă de unghiul inferior al scapulei.
Plica iliocresta	- pe linia medio-axilară, deasupra crestei iliace.
Plica supraspinală	- la 7 cm deasupra spinei iliace.
Plica coapsei	- pe linia mediană a feţei anterioare a coapsei, la jumătatea distanţei dintre inghinal şi marginea superioară a patelei.

Dimensiunile masei somatice

Masa corporală se înregistrează dimineaţa pe nemâncate, având apoi la dispoziţie câteva formule de calcul, în vederea încadrării pacienţilor într-una din tipologiile cunoscute.

1. **Formula lui PROCA:**

G = statura (cm) – 100 ; la barbati

G = statura (cm) – 105; la femei

2. **Formula lui BRUSH:**

G = statura (cm)– 100 ; pentru indivizii ce au înălţimea până la 165 cm

G = statura (cm) – 105 ; pentru indivizii între 165 şi 175cm

G = statura (cm) – 110; pentru indivizii peste 175 cm

3. **Indicele de masa corporala QUETELED** – reperezintă numarul de grame care revine unui cm în înălţime:

$$IQ=G(gr)/T(cm)$$

Valorile normale sunt între 300 şi 500 grame / cm, fiind apreciaţi ca subnutriţi pacienţii cu sub 300 gr/cm şi supraponderali cei cu mai mult de 500 gr/cm.

4. **Ţesutul adipos** (TA %)

$$TA \% = Suma \ plicilor \ (mm) \times 0,15 + 5,8 + SC \ (suprafata \ corporala \ in \ mm^2)$$

SC = statura / greutate

Suma plicilor= abdomen+flanc+supraspinala+subscapulara+tricepsului+coapsei

CAPITOLUL 4

Bilanțul articular și muscular

OBIECTIVE

La sfârșitul parcurgerii acestui capitol cititorul ar trebui:

 *Să cunoască principalele reguli de realizare ale bilanțului.*

 *Să cunoască mișcările posibile pentru fiecare articulație, cât și numărul maxim de grade pe care îl permite fiecare dintre acestea.*

CUVINTE CHEIE

Bilanț, articulație, mușchi, mișcare în articulație.

BILANŢUL ARTICULAR

Definirea mişcărilor

▪ *Flexia* - este definită ca mişcarea care apropie extremităţile sau care adună segmentele corpului unul peste altul

▪ *Extensia* - mişcarea inversă flexiei, mişcare ce depărtează extremităţile şi dă corpului cel mai mare volum posibil.

▪ *Hiperextensia* - reprezintă o mişcare anormală pe care o întâlnim la cot şi la genunchi (mişcarea opusă unei flexii din poziţia 0).

▪ *Abducţia* - mişcarea care depărtează un membru de axul de simetrie.

▪ *Adducţia* - mişcarea ce apropie segmentele de axul de simetrie.

▪ *Rotaţia axială* (longitudinală) mişcarea care învârte un membru în jurul axului.

▪ *Circumducţia* - mişcarea ce combină flexia-extensia şi abducţia – adductia la amplitudine maximă.

Bilanţ = termen care indică o suma, o diferenţă sau un inventar de factori într-o anumită situaţie.
(http://dexonline.ro/)

Bilanţul articular reprezintă măsurarea amplitudinii de mişcare în articulaţii

Reguli ale bilanţului articular

1. Pacientul care este verificat trebuie să fie aşezat într-o poziţie cât mai confortabilă pentru el, să nu fie încordat şi să fie pregătit de către kinetoterapeut asupra mişcărilor care vor avea loc.

2. Porţiunea sau segmentul pentru a putea fi testat, trebuie aşezată în aşa fel încât să se poată aplica goniometrul, să se poată executa mişcarea.

Acuratetea masuratorilor este in functie de obiectivul lor.

3. Pentru măsurarea unei articulaţii, aplicăm goniometrul în partea laterală a se aplica uşor, fără a periclita mişcarea.

4. Braţele goniometrului trebuie aşezate paralel cu axele longitudinale ale segmentelor ce formează articulaţia.

5. Amplitudinea mişcării articulaţiei este egală cu valoarea unghiului maxim măsurat, în cazul în care se pleacă de la poziţia 0.

6. Poziţia de extensie maximă a genunchiului şi cotului este considerată 0 deoarece nu au mişcarea de extensie.

7. Cu goniometre speciale putem măsura mobilitatea coloanei vertebrale iar cu goniometre mici putem măsura mobilitatea degetelor.

8. Poziţia kinetoterapeutului va fi una relaxată.

9. Testările se realizează prin mişcări active sau pasive.

GONIOMETRU =
instrument pentru măsurarea unghiurilor formate între diferite direcţii de vizare,. [cf. fr. goniomètre, cf. gr. gonia – unghi, metron – măsură].
(http://dexonline.ro/)

Prin masurare se mai poate aprecia: miscarea anormala , temperatura crescuta, cresterea in volum.

Pentru a realiza bilanţul articular *trebuie:*

- să se măsoare amplitudinea mişcărilor normale;

- să se depisteze mişcările care nu sunt normale;

- să se pună în evidenţă aspectele clinice evaluate;

- să se studieze radiografia articulaţiei;

- să se facă sinteza tuturor datelor obţinute.

În urma efectuării bilanţului articular se constată mişcări anormale, temperatura crescută, creşterea de volum, etc.

Modalităţi de măsurare a amplitudinii de mişcare

În ceea ce priveşte modalităţile de măsurare a amplitudinii de mişcare există câteva posibilităţi de apreciere:

1. Evaluare directă, subiectivă „din ochi";

2. Măsurarea unghiului de mişcare cu goniometrul;

3. Măsurarea distanţei dintre două puncte notate pe cele două segmente care compun unghiul de mişcare;

4. Măsurători cu ajutorul pendulului sau firul de plumb.
5. Executarea a două radiografii la nivelul poziţiei iniţiale şi la nivelul poziţiei maxime de amplitudine a mişcării.

Inregistrarea valorilor

Valoarea unghiului de mişcare poate fi apreciata în comparaţie cu unghiul aceleiaşi mişcări a segmentului opus sau cu valoarea standard a amplitudinii maxime de mişcare. (tabelul 4-1)

Tabelul 4-1 Înregistrarea valorilor după Rocher

Articulaţia	Mişcarea	Sectorul de mişcare măsurat în grade	Coeficientul
Umăr	Flexie	0-90	0,4
		90-130	0,2
		130-170	0,1
	Abducţie	0-45	0,3
		45-90	0,2
		90-180	0,1
	Rotaţie interna, externa Retroductie	Indiferent de sector	0,1
Cot	Flexie	0-20	0,4
		20-80	0,6
		80-100	0,9
		Peste 100	0,4
	Supinaţie	0-30	0,4
		30-90	0,2
	Pronaţie	0-30	0,4
		30-60	0,2
		60-90	0,1
Articulaţia pumnului	Flexie	0-30	0,7
		30-75	0,4
		Peste 75	0,2
	Extensie	0-30	0,9
		30-80	0,5
		Peste 80	0,1
	Abducţie şi adducţie	Indiferent de sector	0,2
Şold	Flexie	0-45	0,6
		45-90	0,4
		90-150	0,1
	Abductie	0-15	0,6
		15-30	0,4
		30-60	0,1

Articulația	Mișcarea	Sectorul de mișcare măsurat în grade	Coeficientul
	Rotație externa	0-30 30-80	0,3 0,1
	Abducție	0-15 15-30 30-60	0,6 0,4 0,1
	Rotație externa	0-30 30-80	0,3 0,1
	Adductie, extensie, rotație interna		0,2
Genunchi	Flexie	0-45 45-90 90-160	0,9 0,7 0,4
Gleznă	Flexie dorsala	0-20 20-40	2 0,5
	Flexie plantara	0-20 20-70	2 0,2

Calcularea coeficientului de mobilitate (CM)

CM = nr. grade măsurat x coeficientul corespunzător sectorului de mișcare

Exemplu:

1. flexie șold (dacă se pornește de la 0): CM=50 x 0,6=30
2. flexie șold de la 35° la 50°:   CM=50x0,4

BILANȚUL ARTICULAR AL TORACELUI

- Morfologia toracelui condiționează pe cele ale trunchiului și centurii scapulare.
- Dimensiunile și mobilitatea lui influențează atât mobilitatea membrului superior cât și dinamica ventilatorie.

Bilanţul articular al toracelui se apreciază în mod indirect, prin măsurarea perimetrului toracelui, completată dacă este cazul, de măsurători spirografice şi studiu radiologie al dinamicii costale.

- Bilanţul toracelui se aplică mai ales în malformaţii: torace „în carenă" sau „în pâlnie", precum şi în deformaţiile secundare deviaţiilor vertebrale în plan sagital (mai ales cifoze), frontal sau tridimensionale, respectiv scolioze cu gibozităţi costale.

BILANŢUL ARTICULAR AL MEMBRULUI SUPERIOR

Articulaţia umărului

Articulaţiile sternoclaviculară, acromioclaviculară şi scapulotoracică formează centura scapulară, care contribuie în mod decisiv la marea mobilitate a braţului. Centura scapulară are ea însăşi o mişcare în raport cu toracele, realizînd mişcările proprii ale umărului, care sunt:

Principalele mişcări ale articulaţiei umărului se realizează de membrul brahial în raport cu toracele, ceea ce înseamnă că unghiurile făcute de aceste mişcări se vor măsura prin poziţia braţului faţă de trunchi.

- Mişcări de proiecţie anterioară (antepulsie) şi posterioară (retropulsie), care realizează deplasări de 10—12 cm (aceste mişcări nu se pot măsura în grade). În această mişcare scapula se translatează, îndepărtându-se sau apropiindu-se de coloană vertebrală şi în acelaşi timp basculează cu 40—45°. Aceste mişcări ale umărului vor însoţi mişcările de flexie extensie ale braţului.

- Mişcări de ridicare şi coborâre a centurii pe o distanţă de 12— 13 cm (3 cm pentru ridicare şi 9—10 cm pentru coborâre). Scapula joacă şi aici rolul principal, prin deplasare verticală şi rotare. Mâna este orientată cu palma către exterior (supinaţie).

Poziţia zero, poziţia de start, va fi cu membrul superior de-a lungul trunchiului, mâna în supinaţie — palma „priveşte" înainte.

Se pleacă de la poziţia de start, membrul superior în prelungirea corpului.

a) Mişcări în plan frontal şi ax sagital (fig. 4-1)

Abducţia - mişcare în plan frontal a humerusului care se realizează în plan frontal între 0°-180°, prin ridicarea braţului în lateral, până acesta ajunge paralel cu urechea. Această mişcare poate fi testată din ortostatism, din şezând, decubit ventral sau dorsal. Braţul fix al goniometrului se orientează pe linia axilară anterioară/posterioară iar braţul mobil se orientează pe linia mediană a feţei anterioare/posterioare a braţului, spre olecran (tabelul 4-2).

Abducţia umărului 180°	
90°	Articulaţia scapulo-humerală
60°	Bascularea scapulei
30°	Înclinarea laterala a coloanei vertebrale dorso-lombare

Tabelul 4-2 Articulaţiile implicate în mişcarea de abducţie a umărului

Atenţie!
- Să se evite înclinarea laterală a trunchiului!
- Să se evite flexia sau extensia umărului!
- Să se evite ridicarea centurii scapulare!

Adducţia reprezintă mişcarea opusă abducţiei respectiv apropierea braţului de trunchi între 0°-45 °.

Se poate măsura o adducţie adevărată (apropierea spre linia mediană a unui segment, pornind de la poziţia anatomică 0°) numai dacă se combină cu flexia sau extensia braţului. În primul caz, cu cât flexia va fi mai mare (spre 90°), cu atât se va putea crește adducția. Adducția cu extensie este însă foarte limitată, pentru că însăși extensia este o mișcare de mică amplitudine. Abducția și adducția sunt mișcări care se execută în jurul unei axe antero-posterioare, deci în plan frontal.

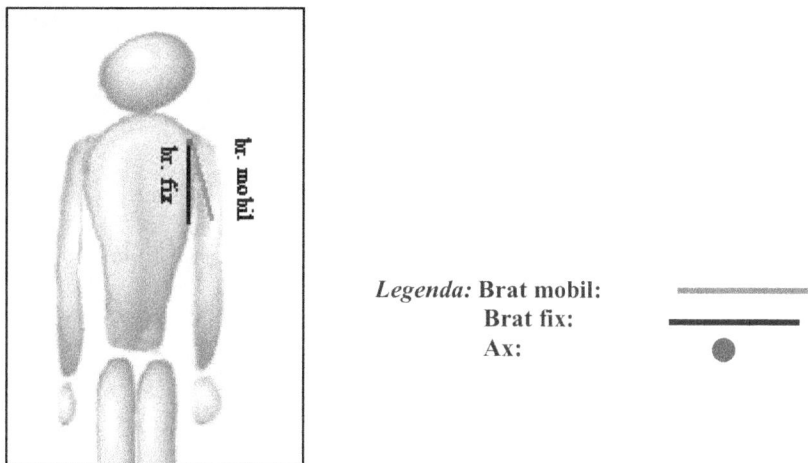

Legenda: **Brat mobil:**
Brat fix:
Ax:

Fig 4-1 Abducția și adducția brațului

Poziția subiectului: stând sau așezat.

Poziția zero (0):

- membrul superior pe lângă trunchi;

- mâna în supinație.

Goniometrul se plasează astfel:

- axul - pe proiecția cutanată a axului biomecanic al mișcării.

- brațul fix- pe linia axilară anterioară (când examinarea se realizează din fată) sau posterioară (când examinarea se realizează din spate);

- brațul mobil- pe linia mediană a feței anterioare a brațului (când examinarea se face din fată) sau a feței posterioare (când examinarea se face din spate).

b) Mișcări în plan sagital și ax frontal (fig. 4-2)

Flexia (tabelul 4-3) numită și anteducție, antepulsie sau proiecție anterioară – reprezintă mișcarea anterioară a umărului care se execută prin ridicarea brațului la verticală până în momentul când acesta ajunge paralel cu capul. Este o mișcare în plan sagital cuprinsă între 0-180°. Poziția preferabilă de start în goniometrie o constituie decubitul dorsal sau posturile de ortostatism și șezând. Brațul fix al goniometrului se fixează pe trunchi, pe linia medioaxilară, spre marele trohanter, iar cel mobil, pe linia mediană a feţei laterale a braţului, spre condilul lateral, până spre 150—165°, după care se orientează spre olecran, deoarece humerusul se rotează în ax pentru a se flecta în continuare.

Flexia umărului (antepulsie) 180°	
90°	Articulatia scapulo-humerala
60°	Articulaţia scapulo-toracica
30°	Hiperlordozarea lombara

Tabelul 4-3 Articulaţiile implicate în mişcarea de flexie a umărului

---

Atenţie!
- Să se evite extensia trunchiului!
- Să se evite abducţia umărului!
- Să se evite ridicarea umărului!
- Să nu-şi schimbe poziţia braţul goniometrului fixat la trunchi!

Asocierea unei rotaţii interne măreşte extensia braţului (relaxează ligamentul glenohumeral).

Extensia denumită şi retroducţie, retropulsie sau proiecţie posterioară. Mişcarea posterioară a humerusului cuprinsă între 0-60° care se realizează în plan sagital. Are o amplitudine limitată de ligamentele coraco şi glenohumerale. Mişcarea activă măsoară 50—60°, iar cea pasivă, cu oarecare forţare, poate atinge 90° prin accentuarea basculării scapulei spre coloană şi a retropulsiei centurii scapulare. De elecţie, poziţia de start pentru măsurătoare este reprezentată de decubitul ventral, de ortostatism sau de postură şezând. Plasarea goniometrului este aceeaşi ca la măsurarea flexiei.

Flexia şi extensia se realizează în plan sagital şi ax transversal.

Atenţie!
- Să se evite flexia anterioară a trunchiului (din poziţiile de ortostatism sau şezând)!
- Să se evite abducţia umărului!
- Să nu se schimbe poziţia palmei, care trebuie să „privească" mereu înainte!
- Măsurătoarea se pot face cu cotul flectat sau nu, remăsurătorile trebuie făcute în acelaşi fel!

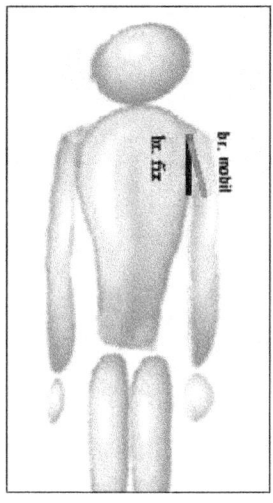

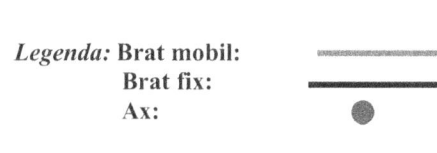

Legenda: **Brat mobil:**
Brat fix:
Ax:

Fig. 4-2 Flexia și Extensia brațului.

Poziția subiectului: stand sau așezat.

Poziția zero (0):

- membrul superior pe lângă trunchi;
- mâna în supinație.

Goniometrul se plasează astfel:

- axul - pe proiecția cutanată a axului biomecanic al mișcării;
- brațul fix- paralel cu linia medio-axilara, orientat spre tuberculul mare;
- brațul mobil - pe linia mediană a feței laterale a brațului, orientat spre olecran.

c) Mișcări în plan orizontal și ax vertical (fig. 4-3)

Rotația internă sau rotația medială reprezintă mișcarea humerusului pe direcție medială, cuprinsă între 0°-90°. Se testează din decubit dorsal, la marginea unei mese cu brațul flectat la 90°(sprijin pe masă), și cotul flectat tot la 90 °(în afara mesei). Brațul fix al goniometrului se orientează parale cu solul iar brațul mobil, pe linia mediană a feței posterioare a antebrațului.

Atenție!
■ Se vor evita schimbările de poziție ale umărului, mai ales căderea lui pe planul mesei (retropulsie), motiv pentru care se așează sub umăr o pernă mică!
■ Abducția brațului trebuie să fie bine fixată la 90°!

Rotația externă (tabelul 4-4) sau rotația laterală-mișcarea inversă rotației interne cuprinsă între 0°-90°. Măsurarea se face din aceeași poziție și prin aceeași plasare a goniometrului ca la rotația internă, dar antebrațul este orientat cranial, și nu caudal.

Mișcările de rotație se pot aprecia și din alte poziții ale brațului decât în abducția de 90° sau la 0°. Din flexia de 90 sau 180° rotația internă va fi de 135°, iar cea externă de 0°. În general, aceste poziții de start nu se utilizează.

Rotație externă	
65°	Articulația scapulo-humerala
20-25°	Retropulsia scapulo-toracică

Tabelul 4-4 Articulațiile implicate în mișcarea de rotație externă a umărului

Circumducția – este mișcarea complexă pe care articulația umărului o realizează datorită tuturor celor 3 grade de libertate pe care le are. Ea descrie un con deformat.

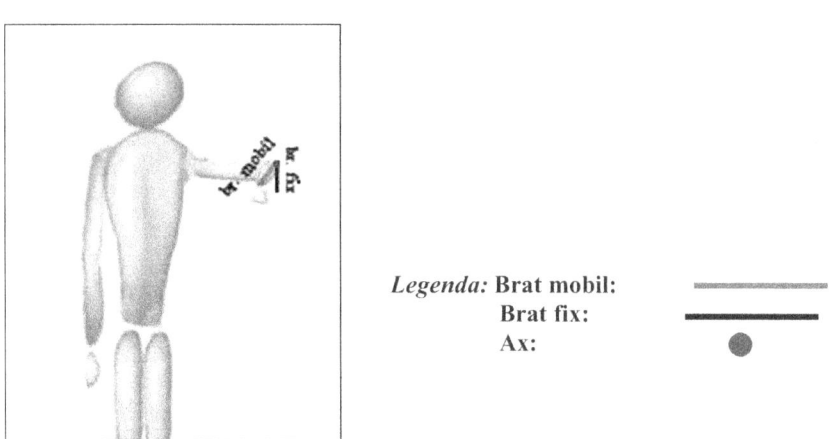

Legenda: **Brat mobil:**
Brat fix:
Ax:

Fig. 4-3 Rotația interna, rotația externa și circumducția brațului.

Poziția subiectului: stand, așezat sau decubit dorsal cu membrul superior în afara suprafeței de sprijin.

Poziția zero (0):

- antebrat în flexie pe brat în unghi de 90 grade;
- brat abdus la 90 grade, la nivelul liniei umerilor;
- palma în pronosupinație.

Goniometrul se plaseaza astfel:

- axul – pe olecran;
- brațul fix- perpendicular sau paralel pe/sau cu solul;
- brațul mobil- pe linia medianș a feței posterioare a antebrațului, între procesele stiloide.

Articulația cotului

a) Mișcări în plan sagital și ax frontal (fig. 4-4)

Flexia - reprezintă mișcarea anterioară a antebrațului pe braț în plan sagital, cuprinsă între 0°-150°. Se testează de preferat din decubit dorsal sau ortostatism. Brațul fix al goniometrului se plasează pe linia mediană a feței laterale a brațului, spre acromion iar brațul mobil pe linia mediană a feței radiale a antebrațului.

Extensia - mișcarea opusă flexiei cuprinsă între 0°și 145 °–160 °, poziționarea goniometrului ca și la flexie.

Flexia cotului ajunge la maxim 160° - 150 activ sau 160 pasiv.

În cazuri speciale de hiper-laxitate se produce o hiperextensie de 5-10°.

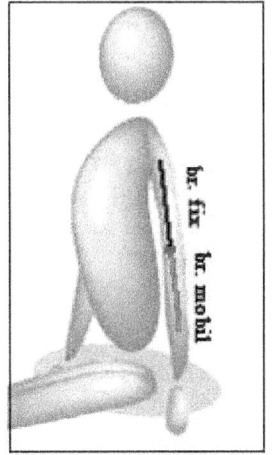

Legenda: Brat mobil:
Brat fix:
Ax:

Fig. 4-4 Flexia și extensia cotului

Poziția subiectului: stand sau așezat, cu membrul superior pe lângă trunchi.

Poziția zero (0):

- cotul în extensie maximă;

- mâna în supinaţie.

Goniometrul se plasează astfel:

- axul – pe proiecţia cutanată a axului biomecanic al cotului;
- braţul fix – pe linia mediană a feţei laterale a braţului;
- braţul mobil pe linia mediana a fetei laterale a antebraţului.

Articulaţia antebraţului

a)   Mişcări în axul longitudinal al antebraţului şi mâinii (fig. 4-5)

Pronaţia reprezintă rotaţia antebraţului lateral, cuprinsă între 0°-90 °, prin orientarea palmei în jos, spre interior. Braţul fix al goniometrului se plasează pe faţă dorsală a pumnului iar braţul mobil de-a lungul proceselor stiloidiene. Se testează din ortostatism sau din şezând cu cotul flectat la 90°.

Supinaţia reprezintă rotaţia antebraţului medial, cuprinsă între 0°-90°.Se testează ca la pronaţie însă diferenţa constă în faptul că braţele goniometrului, de data aceasta se fixează pe faţa volară a mâinii. Această mişcare orientează palma în sus.

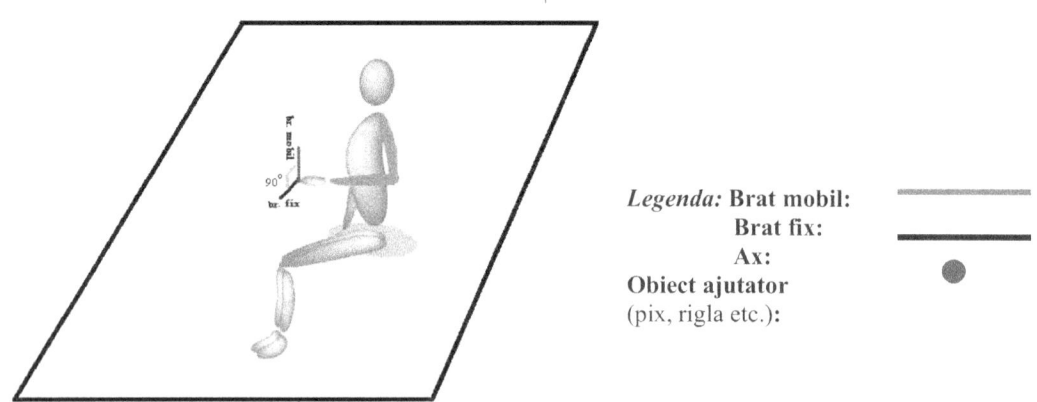

Legenda: Brat mobil:
Brat fix:
Ax:
Obiect ajutator
(pix, rigla etc.):

Fig. 4-5 Pronaţia şi supinaţia antebraţului

Poziţia subiectului: stând sau aşezat.

Poziţia zero (0):

- cotul la 90 grade, fixat de trunchi;
- mâna în poziţie intermediară, de pronosupinaţie;

Goniometrul se plasează astfel:

- axul poziţional pe degetul 3;
- braţul fix pe faţa dorsală a pumnului, paralel cu solul;
- braţul mobil de-a lungul stiloidelor.

Articulaţia pumnului

a) Mişcări în plan sagital şi ax frontal (fig. 4-6)

Flexia – reprezintă mişcarea mâinii în plan sagital şi sens volar, antebraţul în flexie pe braţ în unghi drept cu mâna în pronaţie. Braţul fix al goniometrului se orientează pe linia mediană a feţei ulnare a antebraţului iar braţul mobil paralel cu metacarpianul V. Poziţia subiectului poate fi aşezat, decubit dorsal, lateral, stând, etc.

Extensia - reprezintă mişcarea mâinii în sens dorsal şi plan sagital. Se realizează că şi la flexie. Aceste mişcări se realizează în plan sagital.

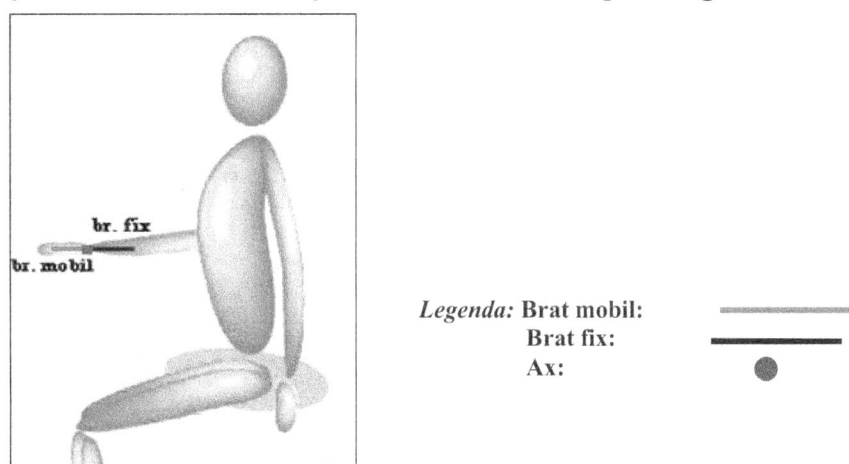

Fig. 4-6 Flexia şi extensia pumnului.

Poziţia subiectului: poate fi oricare: aşezat, decubit dorsal, lateral, stând, etc.
Poziţia zero (0):

- antebraţul în flexie pe braţ, în unghi de 90 grade;
- mâna în pronaţie;

Goniometrul se plasează astfel:

- axul – în dreptul proiecţiei cutanate a axului biomecanic al mişcării;

- brațul fix – pe linia mediană a feței mediale a antebrațului;

- brațul mobil – paralel cu metacarpianul V.

b) Mișcări în plan frontal și ax sagital (fig. 4-7)

Adducția –goniometrul se fixează pe fața dorsală a mâinii, brațul fix pe linia mediană a antebrațului iar brațul mobil în prelungirea metacarpianului III.

Abducția – ca și la adducție.

Circumductia - mișcare ce combină, mișcările descrise anterior.

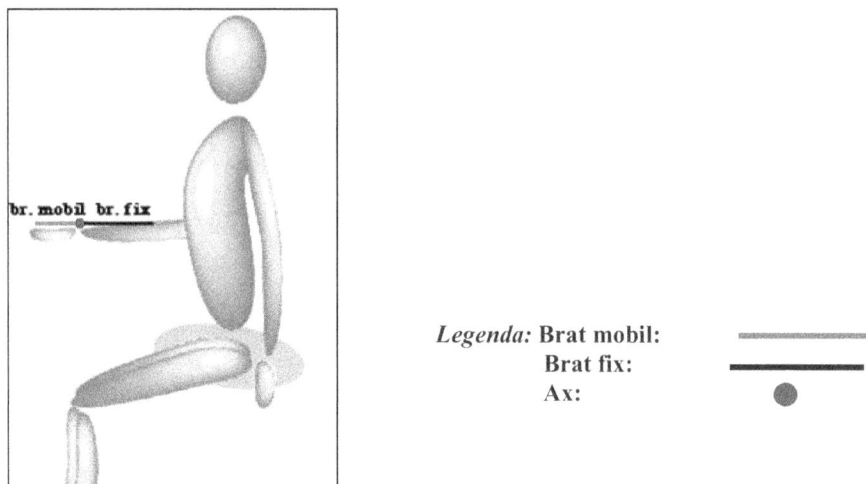

Legenda: **Brat mobil:**
Brat fix:
Ax:

Fig. 4-7 Abducția, adducția și circumducția pumnului

Poziția zero (0):

- antebrațul în flexie la 90 grade pe braț;

- mâna în supinație;

Din aceasta poziție de elecție, valorile obținute sunt cele mai mari. Măsurătorile se pot realiza și din pronosupinatie sau pronație, în eventualitatea în care amplitudinile sunt mai mici.

Goniometrul se plasează astfel:

- axul – în dreptul proiecției cutanate a axului biomecanic al articulației radiocarpiene;

- brațul fix – pe linia mediană a feței anterioare a antebrațului;

- brațul mobil – paralel cu metacarpianul III.

Articulația mâinii

Abducția degetelor reprezintă mișcarea de îndepărtare a indexului, inelarului și degetului mic în plan frontal. Brațul fix al goniometrului se poziționează pe fața dorsală a degetului de testat iar brațul mobil pe falanga feței dorsale a degetului de testat. Amplitudinea este cuprinsă între 0° și 20°-30°.

Adducția degetelor-mișcarea de apropierea a indexului. Inelarul și degetul mic de axa mediană în plan frontal. Goniometrul se poziționează ca și la abducția degetelor.

Flexia- reprezintă mișcarea în care pumnul și degetele sunt întinse

Extensia- mișcarea în care degetele sunt apropiate de podul palmei. În unele cazuri se ajunge și la hiperextensie.

Circumducția- se desfășoară cu ușurință mai ales la index.

> **Mâna:**
>
> - mișcare în articulația carpo-metacarpiană;
> - creează căușul mâinii;
> - realizează mișcarea de apucare a unui mâner de clanță;
> - se datorează opozabilității primului si celui de al cincelea metacarp;
> - se apreciază în cadrul studierii prizelor sau tipurilor de prehensiune.

BILANȚUL ARTICULAR AL MEMBRULUI INFERIOR

Articulația șoldului (coxofemurală)

a) Mișcări în plan sagital și ax frontal (fig.4-8)

Flexia reprezintă mișcarea anterioară a coapsei în plan sagital. Brațul fix al goniometrului se poziționează pe linia mediană și axilară a trunchiului iar brațul mobil pe linia mediană spre partea laterală a coapsei. Amplitudinea mișcării este cuprinsă între 0°și 115°-125°. Se testează din decubit lateral.

Extensia – reprezintă mişcarea posterioară a coapsei în plan sagital. Goniometrul se poziţionează ca şi la flexie.

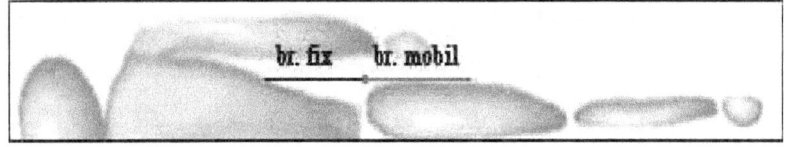

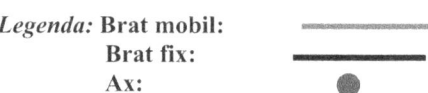

Legenda: **Brat mobil:**
            Brat fix:
            Ax:

Fig. 4-8 Flexia şi extensia coapsei pe trunchi

Poziţia zero (0): decubit lateral, cu partea de testat deasupra;
Goniometrul se plaseaza astfel:

    - axul – pe marele tronhanter;

    - braţul mobil – pe linia mediană a feţei laterale a coapsei (spre epicondilul femural lateral)

    - braţul fix – în prelungirea liniei medio-axilare a trunchiului.

b) Mişcări în plan frontal şi ax sagital (fig. 4-9)

Abducţia – mişcare laterală a coapsei în plan frontal spre linia medială. Se testează din decubit dorsal. Braţul fix se poziţionează orizontal pe linia ce uneşte spinele iliace antero-posterioare, iar braţul mobil paralel cu linia de mijloc a femurului sau pe linia mediană a feţei anterioare a coapsei. Amplitudinea mişcării cuprinsă între 0°-45°.

Adducţia - mişcarea medială a coapsei în plan frontal. Poziţionarea goniometrului ca şi la abducţie. Amplitudinea mişcării între 45° şi 0°.

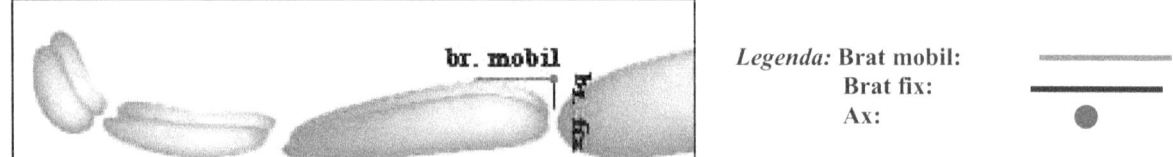

Legenda: **Brat mobil:**
            Brat fix:
            Ax:

Fig. 4-9 Abducţia şi adducţia membrului inferior

Poziţia zero (0): decubit dorsal cu membrele inferioare unul lângă celălalt;
Goniometrul se plasează astfel:

    - axul - în plica inghinală, la 1cm în afara arterei femurale, reperată prin palpare;

    - braţul mobil - pe linia mediana a fetei anterioare a copasei;

- braţul fix- situate orizontal, paralel cu linia care uneşte spinele iliace antero-posterioare;

b) Mişcări în plan transversal şi ax vertical (fig. 4-10)

Rotaţia externa - mişcare laterală a femurului în ax longitudinal. Braţul fix paralel cu linia ce uneşte cele două rotule iar braţul mobil paralel cu linia de mijloc a gambei în prelungirea axului tibiei. Amplitudinea mişcării –45°.Se testează din decubit dorsal cu genunchii la marginea mesei de testat.

Rotaţia interna - mişcarea medială a femurului în ax longitudinal. Se testează ca şi mai sus, amplitudinea fiind ca la rotaţia externă.

Circumducţia – reprezintă unirea tuturor mişcărilor descrise anterior.

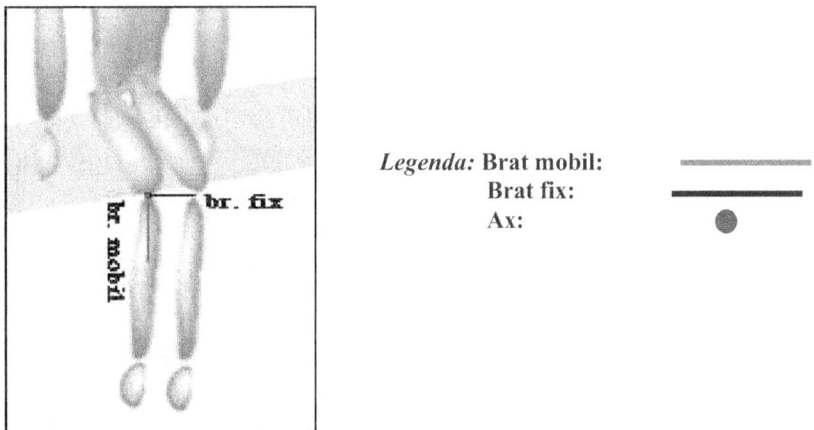

Legenda: **Brat mobil:**
Brat fix:
Ax:

Fig. 4-10 Rotaţia interna, rotaţia externa, circumducţia membrului inferior

Poziţia zero (0): aşezat sau decubit dorsal cu genunchii la marginea mesei de testat, flectaţi la 90°.

Goniometrul se plasează astfel:
- axul - pe vârful rotulei;
- braţul fix - paralel cu linia ce uneşte vârful celor doua rotule;
- braţul mobil - pe linia mediana a fetei anterioare a gambei, în direcţia spaţiului interdigital II.

Articulaţia genunchiului

a) Mişcări în plan sagital şi ax frontal (fig. 4-11)

Flexia- mişcare posterioară a gambei în plan sagital şi ax frontal. Se testează din decubit ventral, aşezat cu

Miscari patologice la genunchi: "mişcarea de sertar" şi mişcarea de lateralitate.

genunchii îndoiți. Brațul fix în partea laterală a liniei mediene a coapsei, între marele trohanter și condilul lateral iar brațul mobil pe linia mediană a feței laterale a gambei spre maleola externă. Amplitudinea mișcării 120°-130°.

Extensia - mișcarea inversă flexie. Se testează ca mai sus.

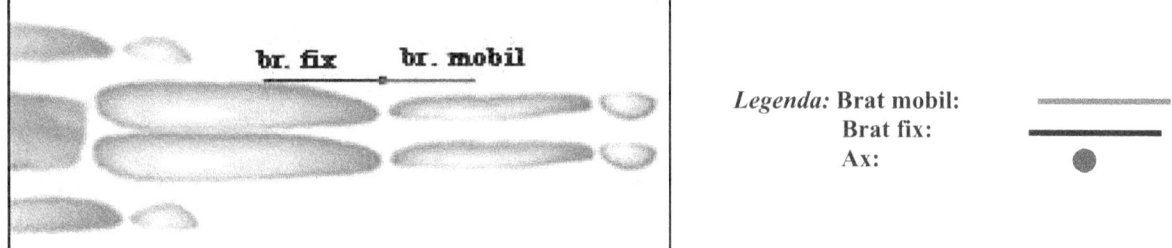

Fig. 4-11 Flexia și extensia genunchiului

Poziția zero (0): decubit lateral cu partea de testat deasupra.
Goniometrul se plasează astfel:

    - axul - în dreptul axului biomecanic al articulației, mai precis pe proiecția cutanată a axei mișcării, la 1,5 cm. deasupra interliniei articulației;

    - brațul mobil - pe linia mediană a feței laterale a gambei;

    -brațul fix - pe linia mediană a feței laterale a coapsei.

Rotația internă- mișcare ce apare în timpul flexiei observându-se rotația internă a piciorului.

Rotația externă- mișcare ce apare în timpul extensiei genunchiului, cu orientarea piciorului în afară.

Articulația gleznei

a) Mișcări în plan sagital și **ax frontal** (fig. 4-12)
Flexia plantară - mișcarea posterioară a piciorului în plan sagital și ax frontal. Brațul fix se orientează pe linia mediană a feței laterale a gambei, în prelungirea osului peroneu iar brațul mobil paralel cu al V-lea metatarsian. Amplitudinea mișcării este cuprinsă între 0°și 40°-45 °. Se testează din decubit dorsal, așezat.

Flexia dorsală-mișcarea anterioară a piciorului în plan sagital și ax frontal. Se testează ca mai sus însă amplitudinea mișcării este cuprinsă între 0°-20°.

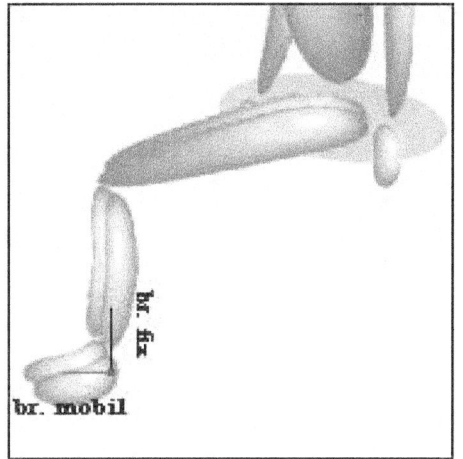

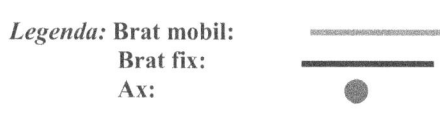

Legenda: Brat mobil:
Brat fix:
Ax:

Fig. 4-12 Flexia și extensia gleznei

Poziția zero (0): oricare, cu respectarea unui unghi de 90 grade între gambă și picior.

Goniometrul se plasează astfel:

    - axul - sub vârful maleolei externe;

    - brațul fix - pe linia mediană a feței laterale a gambei;

    - brațul mobil - paralel cu metatarsul V.

Articulația piciorului

*Miscarile elementare se însumeaza rezultând mișcări complexe: inversie (planta privește spre linia median*ă *) și eversie (planta privește spre lateral) Miscarile elementare și cele complexe se estimeaza prin palpare.*

Flexie, extensie, supinatie-pronatie 25-30°.

Abducția 40-50° și *adducția* 35-40° se realizează în plan frontal.

Inversia piciorului – mișcare prin care se aduce talpa ca fața medială a piciorului. Se testează din șezut sau decubit dorsal cu genunchiul flectat. Brațul fix pe linia mijlocie a gambei între calcaneu și metatarsianul 2 și 3. Amplitudinea 0°-35°.

Eversia – mișcare prin care se aduce talpa ca față laterală a piciorului. Amplitudinea mișcării este de 0°-15°.

COLOANA VERTEBRALĂ

1. Coloana cervicală –poziţia pentru testare este în ortostatism sau şezând.

Flexia - se apreciază fie după distanţa menton-stern (gura fiind închisă), fie cu goniometrul luând ca reper linia dintre lobul urechii şi comisura gurii.

Extensia - se măsoară în acelaşi mod ca la felxie.

Lateritatea - se măsoară prin unghiul format de lina arcadelor cu linia umerilor.

Rotaţia - se apreciază prin unghiul format de linia care trece prin cele două conducte auditive externe.

Circumducţia - reprezintă mişcarea combinată a celor patru mişcări.

2. Coloana dorsolombară:

Flexia - se apreciază:

> - Măsurând distanţa degete-sol: pacientul în ortostatism cu picioarele apropiate.

> - Măsurând distanţa degetului trei-haluce: pacientul în decubit dorsal cu genunchii în extensie.

> - Măsurând cu un metru-panglica distanţa dintre C7 şi S1

> - Cu goniometrul, pacientul în ortostatism; braţul fix este plasat la nivelul crestei iliace, paralel cu podeaua, iar braţul mobil pe linia medioaxialara.

Extensia – măsurarea cu goniometrul se face prin aceeaşi metodă descrisă la flexie.

Lateralitate - se testează din ortostatism astfel:

> - Cu goniometrul: braţul fix, vertical, pe linia spinelor orientat între S1 şi C7, braţul mobil urmează linia S1 –C7.

Rotaţia - se apreciază prin unghiul format între linia umerilor şi linia pelvisului.

3. Coloana toracolombară:

Flexia poate ajunge până la 90°, dintre care 50 din coloana toracală şi 40 din cea lombară. Se apreciază măsurând distanţa degete sol atunci când picioarele sunt apropiate;

Extensia este limitată până la 20-30° și este aproape imposibil de măsurat clinic.

Înclinarea laterală poate atinge 20-35° și se măsoară prin punctul cel mai inferior de pe fața laterală a membrului inferior pe care îl atinge vârful degetului III;

Rotația măsoară 30-45 de grade și se apreciază prin unghiul format de linia umerilor cu linia bicretă a bazinului.

BILANȚUL MUSCULAR

Generalități

Bilanțul muscular reprezintă un sistem de tehnici de examen manual pentru evaluarea forței fiecărui mușchi sau grupe musculare.

Evaluare cu ajutorul oricarui aparat mecanic, electric, nu mai face parte din bilantul muscular.

Scopul bilanțului muscular constă în:
- elaborarea diagnosticului complet funcțional;
- alcătuirea programului de recuperare și stabilirea eficacității acestuia;
- conturarea prognosticului funcțional al pacientului.

Condiții pentru realizarea bilanțului:
- kinetoterapeut experimentat;
- colaborarea pacientului;
- să nu obosească bolnavul;
- retestările să fie executate de același kinetoteraput.

Cotarea bilanțului muscular

Forța 5: **f5** este considerată **NORMALĂ**, având următoarele caracteristici:
- mușchiul poate executa mișcarea pe toată amplitudinea contra unei forțe externe;
- se compară forța segmentului afectat cu cea a segmentului sănătos;

- la afecțiunile bilaterale, comparația se face pe baza experienței kinetoterapeutului, în funcție de vârsta, sexul și masa musculară a pacientului;

- testarea este irelevantă când apare durerea.

Forța 4: **f4** este considerată **BUNĂ**, datorită capacității mușchiului de a deplasa antigravitațional complet segmentul, contra unei rezistențe medii.

Forța 3: **f3** este considerată **ACCEPTABILĂ**, având următoarele caracteristici:

- se mobilizează segmentul contra gravitației, fără contrarezistență;
- indică minima capacitate funcțională pentru întreținere.

Forța 2: **f2** este considerată **MEDIOCRĂ** daca mușchiul mobilizează segmentul prin eliminarea gravitației (!! poziționarea pacientului).

Forța 1: **f1** este considerată **SCHIȚATĂ** daca are următoarele caracteristici:

- sesizarea contracției prin palparea mușchiului, a tendonului;
- observarea unei tremurături;
- incapabilitatea de a mobiliza segmentul;
- nu pot fi evaluați decât mușchii superficiali, care se pot palpa.

Forța 0: **f0** este considerată **ZERO** daca mușchiul nu realizează contracție. La mușchii profunzi nu se poate face diferența între f0 și f1.

> *Observam ca din 6 trepte, 3 se realizeaza antigravitational si 3 cu eliminarea gravitatiei.*

BILANȚUL MUSCULAR AL MEMBRULUI SUPERIOR

Bilanțul muscular al umărului

1. *Ridicarea umărului* este realizată de mușchiul trapez superior, ridicător al scapulei și al mușchiului romboid.

Mușchiul trapez superior

Acțiuni:

- ridică umărul în adducție;

- în contracţie unilaterală, înclină coloana cervicală de aceeaşi parte şi roteşte capul de partea opusă.

Poziţie:

- pentru f0 – f2 decubit ventral cu fruntea sprijinită de planul mesei.

- pentru f0 – f1 se palpează fibrele trapezului superior la nivelul părţilor laterale ale gâtului şi umărului.

- pentru f2 se indică subiectului să apropie umărul de cap, mişcare efectuată în amplitudine completă, omoplaţii sunt fixaţi de examinator.

Poziţie:

- pentru f3 – f5 aşezat, cu braţul de-a lungul corpului.

- pentru f3 subiectul execută în plan vertical ridicarea umărului.

- pentru f4 – f5 mişcarea se efectuează în amplitudine completă, împotriva unei rezistenţe crescânde, aplicată pe acromion.

Muşchii romboizi şi ridicătorul scapulei

Acţiuni:

- sunt în general similare, dar pot fi şi individualizate după cum urmează:

Romboizii

- ridică unghiul supero-intern al omoplatului;

- realizează adducţia omoplatului, imprimată printr-o mişcare de rotaţie, astfel încât unghiul supero-intern al scapulei să se apropie de coloană vertebrală;

- participă la rotaţia externă şi adducţia braţului;

- participă la extensia coloanei dorsale superioare.

Ridicătorul scapulei, numit şi angular:

- ridică întregul omoplat;

- produce extensia şi înclinarea laterală a coloanei cervicale (omoplatul este punct fix).

Evaluare globală

Poziţie:

- pentru f0 – f1 decubit ventral, cu braţul în uşoară extensie, cotul flectat.

☞ Se indică subiectului să execute adducţia braţului în extensie.

☞ Palparea romboidului se realizează în unghiul format de trapez și marginea medială a omoplatului, la nivelul coastei 8.

Poziție:

- pentru f2 subiectul așezat, cu membrul superior poziționat ca pentru testarea precedentă.
- se execută aceeași mișcare ca și pentru f0 – f1 în amplitudine completă.
- omoplatul trebuie să se ridice iar unghiul inferior să se apropie de coloana vertebrală,
- dacă marginea medială a omoplatului rămâne paralelă cu coloana, predomină acțiunea trapezului mijlociu.

Poziție:

- pentru f3 – f5 decubit ventral cu brațul în ușoara extensie, cotul flectat.
- pentru f3 se indică subiectului să execute în amplitudine completă adducția brațului în extensie, încât mâna să se îndrepte către fesa opusă.
- pentru f4 – f5 mișcarea - se execută împotriva unei rezistențe crescânde, contrare.

2. Coborârea umărului este realizată de mușchii: trapez inferior, mic pectoral, subclavicular și dorsal mare.

Mușchiul trapez inferior

Acțiuni:

- coboara, adduce și rotează simultan omoplatul.

Poziție:

- pentru f0 – f5 decubit ventral, brațul abdus la 180°, cotul flectat,
- pentru f0 – f1 se susține membrul superior de examinator.

☞ Se indică subiectului să execute coborarea în adducție a omoplatului.

☞ Mușchiul se palpează în spațiul inter-scapulovertebral, la nivelul vertebrelor toracale-T5-Tl0

- pentru f2 se indică subiectului să execute în amplitudine completă aceeași mișcare, ca și pentru f0 – f1 cu membrul superior susținut de kinetoterapeut.

- pentru f3 se execută mişcarea, cu amplitudine completă, fără susţinerea membrului superior,

- pentru f4 – f5 se execută mişcarea în amplitudine completă, împotriva unei rezistenţe crescânde, cu sens contrar mişcării.

Muşchiul pectoral mic

Acţiuni:

- coboară şi proiectează anterior umărul, prin bascularea anterioară şi externă a omoplatului.

- inspirator accesor.

Poziţie:

- pentru f0 – f1 aşezat.

☞ Se indică subiectului să coboare omoplatul, proiectând anterior umărul.

☞ Palparea se face foarte greu, medial de apofiza coracoidă a omoplatului.

Poziţie:

- pentru f2, aşezat, braţul pe lângă trunchi, cotul flectat şi susţinut de kinetoterapeut.

☞ Subiectul va executa, în amplitudine completă, următoarea mişcare: coborârea în adducţie a omoplatului, concomitent cu proiecţia anterioară a umărului. Toracele trebuie să rămână fix.

Poziţie:

- pentru f3 – f5 decubit dorsal, braţul de-a lungul trunchiului, cotul flectat în sprijin pe masă.

- pentru f3 se indică subiectului să execute, în amplitudine completă, mişcarea f0– f1.

- pentru f4 – f5 mişcarea se execută împotriva unei rezistenţe crescânde, aplicată pe faţa anterioară a umărului.

3. *Adducţia* este realizată de trapezul mijlociu şi romboizi.

Muşchiul trapez mijlociu

Acţiuni:

Porţiunea superioară:

- când ia punct fix pe coloana cervicală produce ridicarea şi proiecţia posterioară a umărului;

- când ia punct fix pe umăr realizează extensia coloanei cervicale.

Porţiunea inferioară produce:

- adducţia omoplatului;

- fixarea omoplatului în timpul mişcărilor umărului.

Evaluare globală pentru cele două porţiuni:

Poziţie:

- pentru f0 – f2 decubit ventral sau aşezat, cu braţul abdus la 90°, cotul flectat, antebraţul în afara mesei de testat, susţinut de kinetoterapeut; .

- pentru f0 – f1 se indică subiectului să execute ridicarea umărului cu adductia omoplatului.

☞ Se palpează muşchiul în spaţiul interscapulovertebral, la nivelul fosei supraspinoase;

- pentru f2 mişcarea se execută în amplitudine completă.

Poziţie:

- pentru – f3 – f5 , aşezat, cu segmentele membrului superior în aceeaşi poziţie; se fixează regiunea occipitală şi coloana cervicală.

- pentru f3 se indică subiectului să execute, în amplitudine completă, ridicarea umărului cu adductia omoplatului.

- pentru f4 – f5 se indică subiectului să execute în amplitudine completă mişcarea de adducţie pură a omoplaţilor împotriva unei rezistenţe crescânde, aplicată pe marginea medială a scapulei.

4. Abducţia umărului este realizată de muşchiul dinţat mare.

Muşchiul dinţat mare

Acţiuni:

- proiectează omoplatlul anterior, lateral şi uşor în sus;

- apropie faţa anterioară a scapulei de grilajul costal, permiţând abducţia omoplatului şi umărului deasupra orizontalei (elevaţia);

- inspirator accesor.

Poziţie:

- pentru f0 – f1 aşezat, cu braţul în flexie, cotul flectat, susţinut de kinetoterapeut.

- pentru f0 - f2 se indică subiectului să progreseze în realizarea mişcării de flexie a braţului, executând practic abducţia omoplatului.

☞ Muşchiul se palpează pe faţa antero-externa a toracelui, între coastele 7-10.

Poziţie:

- pentru f2, aşezat, cu braţul în flexie de 90°, cotul flectat, mâna pe umăr.

☞ Se indică subiectului să execute flexia braţului; kinetoterapeutul prinde cu o mână omoplatul pentru a controla abducţia lui în amplitudine completă.

Poziţie:

- pentru f3 – f5 decubit dorsal, cu braţul în flexie de 90°, cotul flectat, mâna pe umăr.

- pentru f3 se fixează hemitoracele homolateral.

☞ Se controlează prin palpare abducţia omoplatului în amplitudine completă.

- pentru f4 – f5 se execută flexia braţului în amplitudine completa împotriva unei rezistenţe crescânde, aplicată pe cot.

Bilanţul muscular al articulaţiei scapulo-humerale

1. Flexia este realizată în principal de muşchii deltoid anterior şi coracobrahial.

Acţiuni:

Deltoidul anterior realizează:

- flexia braţului în uşoara abducţie;

- participă direct, împreună cu deltoidul mijlociu, la mişcarea de abducţie a braţului;

- uşoara rotaţie internă a braţului.

Coracobrahialul produce:

- susţinerea capului humeral în timpul mişcării de adducţie;

- flexia braţului în uşoara adducţie.

☞ Evaluarea deltoidului anterior se realizează în uşoara abducţie, iar a coracobrahialului în uşoara adducţie.

Poziţie:

- pentru f0 – f1 decubit dorsal sau aşezat, cu cotul uşor flectat, antebraţul susţinut de kinetoterapeut.

☞ Se indică pacientului să execute flexia braţului.

☞ Deltoidul anterior se palpează pe faţa anterioară, partea supero-externă a braţului, iar coracobrahialul pe faţa internă, tot în partea superioară a braţului (partea scurtei porţiuni a bicepsului).

Poziţie:

- pentru f2 decubit lateral, cu cotul flectat, antebraţul susţinut de kinetoterapeut, cu cealaltă mână se fixează în priză lumbricală clavicula şi acromionul, pensa acromio-claviculară, astfel: cu degetele II-V clavicula, iar cu policele acromionul.

☞ Se indică subiectului să execute în amplitudine completă flexia braţului.

☞ Se va evita compensarea mişcării prin fasciculul clavicular al pectoralului mare.

Poziţie:

- pentru f3 – f5 aşezat, cu cotul uşor flectat, fără susţinerea antebraţului, cu fixarea umărului ca în testarea precedentă.

- pentru f3 se indică subiectului să execute în amplitudine completă flexia braţului, evitând compensarea mişcării prin fasciculul clavicular al pectoralului mare.

- pentru f4 – f5 mişcarea de flexie a braţului în amplitudine completă se execută împotriva unei rezistenţe crescânde, plasată pe 1/3 inferioară a feţei anterioare a braţului.

2. Extensia este realizată în principal de deltoidul posterior.

Mușchiul deltoid posterior

Acțiuni:

- principalul extensor;
- participă la abducție, iar la aproximativ 50° devine adductor;
- slab rotator extern.

Poziție:

- pentru f0 – f2 așezat pe un taburet, cu brațul în abducție de 50°, cotul flectat și antebrațul sprijinit pe masa de examinat.
- pentru f0 – f1 se indică subiectului să execute extensia brațului în abducție.
  - ☞ Mușchiul se palpează între spina scapulei și buza inferioară a V-ului deltoidian (în partea posterioară a umărului).
- pentru f2 se fixează umărul în pensa acromio-claviculară, se plasează brațul în abducție și flexie,
  - ☞ Se indică subiectului să execute, în amplitudine completă, extensia brațului în abducție.

Poziție:

- pentru f3 – f5 decubit ventral, membrul superior cu cotul flectat în afara mesei de testat.
  - ☞ Se menține pensa acromio-claviculara cu o mână, iar cu cealaltă se fixează hemitoracele homolateral.
- pentru f3 se indică subiectului să execute, în amplitudine completă, extensia brațului în abducție.
- pentru f4 – f5 mișcarea se va executa împotriva unei rezistențe crescânde, plasată în 1/3 inferioară a feței posterioare a brațului.

3. Adducția este realizată de următorii mușchi: dorsal mare, rotund mare, pectoral mare.

Mușchiul marele dorsal

Acțiuni:

- când ia punct fix pe bazin:

o fibrele superioare produc: extensia, adducția și rotația internă a brațului;

o fibrele inferioare coboară umărul și înclină lateral trunchiul.

- când ia punct fix pe humerus: ridică bazinul de aceeași parte.
- în contracție bilaterală realizează extensia coloanei, favorizând astfel inspirul.

☞ Marele dorsal este implicat în: urcat, mers cu cârjele, precum și în sporturi ca: gimnastică (ridicarea corpului deasupra barelor paralele), înot, vâslit etc.

Poziție:

- pentru f0 – f1 decubit ventral, cu membrul superior ușor abdus și rotat intern, susținut de examinator.

☞ Se indică pacientului să ducă mâna către fesa opusă, realizând astfel extensia și adducția a brațului, cu coborârea umărului și pronația antebrațului. Mușchiul se palpează pe partea laterală a toracelui.

Poziție:

- pentru f2 decubit lateral, cu membrul superior în flexie, abducție și rotație internă susținut de examinator.

☞ Se indică pacientului să execute, în amplitudine completă, apropierea mâinii de fesa opusă.

Poziție:

- pentru f3 – f5 decubit ventral.

☞ Poziția de start și menținerea sunt aceleași ca pentru cotația 2, fără susținerea membrului superior de către examinatori.

- pentru f3 mișcarea se va executa în amplitudine completă.
- pentru f4 – f5 mișcarea se va executa împotriva unei rezistențe crescânde, aplicată în 1/3 inferioară a feței interne a brațului, contrară mișcărilor de adducție și extensie.

Mușchiul rotund mare

Acțiuni:

- Când ia punct fix pe omoplat produce:

o extensia brațului;

o adductia brațului, posibilă prin fixarea omoplatului;

o rotaţia internă a braţului.

- Când ia punct fix pe humerus, trage unghiul inferior al omoplatului, extern şi anterior.

Poziţie:

- pentru f0 – f1 decubit ventral, cu membrul superior în uşoara abducţie şi rotaţie internă.

 ☞ Se indică subiectului să execute apropierea mâinii de fesa de aceeaşi parte.

 ☞ Muşchiul se palpează pe faţa posterioară a omoplatului, marginea laterală, inferior.

Poziţie:

- pentru f2 decubit ventral.

 ☞ Kinetoterapeutul fixează cu o mână umărul, în pensa acromio-claviculară, iar cu cealaltă susţine cotul, braţul fiind, în abducţie de 80°.

 ☞ Se indică subiectului să execute în amplitudine completă, aceeaşi mişcare ca pentru f0- f1 fără coborârea umărului.

Poziţie:

- pentru f3 –f5, idem precedentă, fără susţinere şi fixare, cu membrul superior în rotaţie internă.

- pentru f3 se indică să execute în amplitudine completă mişcarea de apropiere a mâinii de fesa de aceeaşi parte.

- pentru f4 – f5 mişcarea se va executa împotriva unei rezistenţe crescânde, plasată deasupra cotului.

Muşchiul pectoral mare

Acţiuni;

- Când ia punct fix pe torace produce:

 o adducţia braţului astfel:

 o prin fasciculul clavicular orientează braţul către umărul opus;

 o prin fasciculul mijlociu realizează adducţia în plan orizontal, numită şi directă;

 o prin fasciculul inferior orientează braţul către şoldul opus;

 o rotaţia internă a braţului.

- Când ia punct fix pe humerus:

 o intervine în căţărare, fiind un muşchi ridicător al trunchiului:

o coboară umărul;

o inspirator accesor.

Poziție:

- pentru f0 – f1, decubit dorsal, cu membrul superior de testat în abducție, se indică subiectului să execute adducția brațului în rotație internă. Tendonul se palpează aproape de șanțul deltopectoral.

De altfel, se poate palpa și fiecare capăt al pectoralului după cum urmează:

- fasciculul clavicular, inferior de jumătatea claviculei, când subiectul execută adductia brațului către umărul opus;

- fasciculul mijlociu, între manubriul sternal și tendonul terminal, când subiectul execută adducția directă, în plan orizontal;

- fasciculul inferior, între stern și tendonul terminal, când subiectul execută adducția către șoldul opus.

Poziție:

- pentru f2 așezat pe un taburet, cu membrul superior de testat în abducție, susținut de kinetoterapeut, care cu cealaltă mână fixează umărul în pensa acromio-claviculara.

☞ Se indică pacientului să execute în amplitudine maximă adducția brațului în rotație internă. Se va evita rotația de aceeași parte a trunchiului.

Poziție:

- pentru f3 – f5 decubit dorsal, din care se realizează testarea pentru fiecare dintre cele trei capete, după cum urmează:

o pentru f3- fascicolul clavicular: membrul superior se poziționează în abducție de 70° și rotație internă.

☞ Se indică subiectului să execute, în amplitudine completă adducția brațului în rotație internă către umărul opus. Când membrul superior ajunge la verticală, kinetoterapeutul susține antebrațul cu o mână, iar cu cealaltă aplică o ușoară rezistență pe fața anterioară a brațului.

☞ Se evită ridicarea homolaterală a trunchiului.

o fasciculul mijlociu: membrul superior se poziționează în abducție de 90° și rotație internă.

☞ Se indică subiectului să execute, în amplitudine completă adducția propriu-zisă (directă) în rotație internă.

☞ Când membrul superior ajunge la verticală, se susține antebrațul și se aplică o rezistența pe fața anterioară a brațului.

☞ Se evită aceeași compensare.

o fasciculul inferior: membrul superior se poziționează în abducție de 120° și rotație internă.

☞ Se indică subiectului să execute, în amplitudine completă, adducția în rotație internă a brațului, către șoldul opus.

☞ Când membrul superior ajunge la verticală, se susține antebrațul și se aplică o ușoară rezistență pe fața anterioară a brațului.

☞ Se evită compensarea.

- pentru f4 – f5 se execută aceleași mișcări contra unei rezistențe crescânde, aplicată în 1/3 inferioară a feței anterioare a brațului.

Precauții suplimentare:

o pentru fasciculul clavicular și mijlociu se fixează umărul opus;

o pentru fasciculul inferior se fixează creasta iliacă opusă.

4. Abducția este realizată în principal de deltoidul mijlociu și supraspinos alături de deltoidul anterior și posterior.

Acțiuni:

- abductori ai brațului, a căror acțiune sinergică produce abducția orizontală (directă); supraspinosul are rol coaptant.

Poziție:

- pentru f0 – f2 decubit dorsal, cu membrul superior extins pe lângă trunchi.

- pentru f0 – f1 se indică subiectului să execute abducția brațului.

☞ Deltoidul mijlociu se palpează pe fața postero-externă a umărului.

☞ Pentru supraspinos, capul se înclină de aceeași parte, kinetoterapeutul palpează fibrele în 2/3 interne ale fosei supraspinoase.

☞ Kinetoterapeutul fixează cu o mână umărul, în pensa acromio-claviculară, iar cu cealaltă susține cotul.

☞ Se indică subiectului să execute, în amplitudine completă, abducția brațului până la 80°.

Poziție:

- pentru f3 – f5, așezat pe un taburet, cu membrul superior extins pe lângă trunchi.

  ☞ Kinetoterapeutul fixează umărul în pensa acromio-claviculară.

- pentru f3 se indică subiectului să execute, în amplitudine completa abducția brațului.

- pentru f4 – f5 mișcarea se execută împotriva unei rezistențe crescânde, aplicată pe fața laterală a brațului, în 1/3 inferioară.

5. *Rotația externă* este realizată de mușchii subspinos și rotundul mic inseparabili în privința acțiunii.

Acțiuni:

- rotația externă a brațului

- acționează sinergic cu supinatorii antebrațului;

- intervin în scris, mișcând umărul anterior și lateral;

- mențin capul humeral în cavitatea glenoidă.

Poziție:

- pentru f0 – f1 decubit ventral, cu brațul în abducție, cotul flectat sprijinit pe o pernuță, antebrațul la marginea mesei de testat. Kinetoterapeutul fixează scapula.

  ☞ Se indica subiectului să execute rotația externă a brațului, prin care antebrațul este orientat de jos în sus, spre verticală.

  ☞ Subspinosul se palpează în fosa cu același nume a scapulei, iar micul rotund în partea superioară a marginii axilare a omoplatului, sub marele rotund.

  ☞ Dacă scapula nu este fixată, mișcarea poate fi compensată de trapez și romboid.

Poziție:

- pentru f2 decubit ventral, cu membrul superior în afara mesei de testat, brațul în rotație internă, fața lui anterioară orientată spre interior, cotul extins, umărul fixat în pensa acromioclaviculară.

  ☞ Se indică subiectului să execute rotația externă în amplitudine completă.

- pentru f3 mişcarea de rotaţie externă se execută în amplitudine completă, cu fixarea scapulei şi a umărului în pensa acromioclaviculară.

☞ Mişcarea de rotaţie externă a braţului poate fi compensată prin ridicarea şi rotaţia hemitoracelui de aceeaşi parte.

Poziţie:

- pentru f4 – f5 decubit ventral, cu braţul în abducţie, cotul flectat, antebraţul în afara mesei de testat.

☞ Se execută mişcarea de rotaţie externă, prin care antrebraţul este orientat de jos în sus, împotriva unei rezistenţe crescânde opusă de kinetoterapeut în 1/3 inferioară a antebraţului, faţa laterală.

6. Rotaţia internă este realizată de următorii muşchi: infrascapular, rotund mare, pectoral mare, marele dorsal.

Muşchiul infrascapular

Acţiune:

- cel mai pur rotator intern;
- sinergic al rotatorilor antebraţului, realizează pronaţia, utilă gesticii cotidiene;
- contribuie la coaptarea articulară, în articulaţia scapulo-humerală.

Poziţie:

- pentru f0 – f1 decubit ventral, membrul superior în afara mesei de examinat.

☞ Se indică subiectului să execute rotaţia internă a braţului.

☞ Muşchiul este abordat prin axilă şi se palpează pe faţa anterioară a omoplatului.

Poziţie:

- pentru f2 decubit ventral, cu membrul superior în rotaţie externă, în afara mesei de examinare.

☞ Kinetoterapeutul fixează umărul în pensa acromio-claviculară.

☞ Se indică subiectului să execute rotaţia internă în amplitudine maximă orientând faţa anterioară a braţului din exterior spre interior.

Poziție:

- pentru f3 – f5 decubit ventral, cu brațul în abducție, cotul flectat se sprijină pe o pernuță, antebrațul în afara mesei de examinat.

  ☞ Kinetoterapeutul fixează umărul în pensa acromio-claviculară.

- pentru f3 indică subiectului să execute în amplitudine completă, mișcarea de rotație internă, prin care antebrațul este orientat de sus în jos.

- pentru f4 – f5 mișcarea se execută împotriva unei rezistențe plasate în 1/3 inferioară a antebrațului, fața medială.

Bilanțul muscular al cotului

1. Flexia este realizată de mușchii: biceps brahial, brahial anterior și brahioradial.

Mușchiul biceps brachial

Acțiuni:

- flexia antebrațului pe braț;

- supinația antebrațului: este realizată în paralizia scurtului supinator; acțiunea crește când cotul este flectat la 90°;

- coaptația capului humeral, prin lunga porțiune.

Poziție:

- pentru f0 – f1 decubit dorsal sau așezat, membrul superior cu cotul în ușoară flexie, antebrațul în supinație, susținut de kinetoterapeut.

  ☞ Se indică subiectului să execute flexia antebrațului pe braț. Se poate palpa atât tendonul, la nivelul plicii cotului, cât și corpul muscular, pe fața anterioară a brațului.

Poziție:

- pentru f2 așezat, cu brațul în flexie și ușoară abducție, cotul sprijinit pe planul mesei de testat, antebrațul în supinație, pumnul relaxat. Se fixează paleta humerală.

☞ Se indică subiectului să execute, în amplitudine completă, flexia antebraţului pe braţ, menţinând supinaţia.

Poziţie:

- pentru f3 – f5 aşezat, cu braţul pe lângă trunchi, antebraţul în supinaţie. Se fixează umărul în pensa acromio-claviculară şi paleta humerală.

- pentru f3 se indică subiectului să execute în amplitudine completă, flexia antebraţului pe braţ, cu antebraţul în supinaţie, menţinând pumnul relaxat în timpul mişcării.

- pentru f4 – f5 mişcarea se execută împotriva unei rezistenţe crescânde, aplicată în 1/3 inferioară a feţei anterioare a antebraţului.

Muşchiul brahial anterior

Acţiuni:

- flexia antebraţului pe braţ; nu intervine în mişcările de pronosupinaţie; eficienţa maximă se situează în jurul amplitudinii de 135°.

- tensor al capsulei articulaţiei cotului.

Poziţie

- pentru f0 – f1 decubit dorsal sau aşezat, cu antebraţul în pronaţie.

  ☞ Se indică subiectului să execute flexia antebraţului pe braţ, evitând supinaţia.

  ☞ Palparea tendonului se realizează la nivelul feţei mediale a braţului, sub biceps.

Poziţie:

- pentru f2 aşezat, cu braţul în flexie şi uşoară abducţie, sprijinit pe planul mesei de testat, cotul în extensie şi antebraţul în pronaţie. Kinetoterapeutul fixează paleta humerală.

  ☞ Se indică subiectului să execute, în amplitudine completă, flexia antebraţului pe braţ, menţinând pronaţia şi pumnul relaxat.

Poziţie:

- pentru f3 – f5 aşezat, braţul pe lângă trunchi, cotul în extensie, antebraţul în pronaţie.

  ☞ Kinetoterapeutul fixează atât umărul în pensa acromio-claviculară, cât şi paleta humerală.

- pentru f3 se indică subiectului să execute, în amplitudine completă, flexia în pronație a antebrațului pe braț.
- pentru f4 – f5 mișcarea se execută împotriva unei rezistențe crescânde, aplicată în 1/3 inferioară a feței antero-laterale a antebrațului.

Mușchiul brahioradial

Acțiuni:

- flexia antebrațului pe braț din poziție intermediară de prono-supinație, cu amplitudine maximă în jurul valorii de 100-110°.
- în pronație maximă devine supinator și invers;
- rol static, fiind considerat stabilizator al cotului.

Poziție:

- pentru f0 – f1 decubit dorsal sau așezat, cu brațul pe lângă trunchi, cotul în ușoara flexie, antebrațul în poziție intermediară de pronosupinație.
  - ☞ Se indică subiectului să execute flexia antebrațului pe braț. Se palpează mușchiul pe fața laterală a antebrațului.

Poziție:

- pentru f2 așezat cu brațul în flexie și ușoară abducție, sprijinit pe planul mesei de testat, antebrațul în poziție intermediară;
  - ☞ Se fixează paleta humerală;
  - ☞ Se indică subiectului să execute în amplitudine completă flexia antebrațului pe braț, menținându-se pronosupinația.

Poziție;

- pentru f3 – f5 așezat, cu cotul orientat către trunchi antebrațul în poziție intermediară.
  - ☞ Kinetoterapeutul fixează umărul, (în pensa acromio-claviculară) cât și paleta humerală pentru ca subiectul să execute în amplitudine completă flexia antebrațului pe braț, cu menținerea pronosupinației.
- pentru f4 - f5 mișcarea se execută împotriva unei rezistențe crescânde, aplicată în 1/3 inferioară a feței laterale a antebrațului.

2. _Extensia_ este realizată de muşchii triceps brahial şi anconeu.

Muşchiul triceps brahial

Acţiuni:

- extensia antebraţului pe braţ;
- participă la extensia braţului;
- flexia braţului favorizează acţiunea tricepsului, esenţială în folosirea cârjelor;
- intervine în mişcările de împingere.

Poziţie:

- pentru f0 – f1 decubit ventral sau aşezat, braţul în abducţie, cu pernuţa în 1/3 inferioară, cotul uşor flectat, în afara mesei de examinat.
  - ☞ Se indică subiectului să execute extensia antebraţului pe braţ. Tendonul tricepsului se palpează în partea superioară a olecranului iar anconeul tot pe olecran, lateral de tendonul tricepsului.

Poziţie:

- pentru f2 decubit lateral, cu braţul şi cotul în flexie, susţinute de kinetoterapeut, poziţie care uşurează acţiunea lungii porţiuni a tricepsului.
  - ☞ Se indică subiectului să execute, în amplitudine completă, extensia antebraţului pe braţ.

Poziţie;

- pentru f3 - f5 decubit ventral, cu braţul în abducţie, cotul flectat, antebraţul în afara mesei de testat.
  - ☞ Kinetoterapeutul susţine braţul în 1/3 inferioară.
- pentru f3 se indică subiectului să execute, în amplitudine completă, extensia antebraţului pe braţ, cu menţinerea antebraţului în poziţie intermediară.
- pentru f4 – f5 mişcarea se execută împotriva unei rezistenţe crescânde, aplicată în 1/3 inferioară a antebraţului, faţa posterioară.

Bilanțul muscular al antebrațului

1. Supinația este realizată de mușchii scurt supinator și biceps brahial.

Mușchiul scurt supinator

Acțiuni:

- supinația - realizată cu participarea bicepsului brahial, în cazul unor eforturi ușoare;
- supinația - realizată cu participarea mușchilor adductori și rotatori externi ai umărului, în cazul unor eforturi intense.

Poziție:

- pentru f0 – f1 scurtul supinator nu se palpează, deoarece este situat profund.

Poziție:

- pentru f2 decubit ventral, cu brațul în abducție, fixat în 1/3 inferioară a feței posterioare, cotul în flexie, sprijinit pe o pernuță, antebrațul în pronație, în afara mesei de examinat.

   ☞ Se indică subiectului să execute în amplitudine completă, supinația.

Poziție:

- pentru f3 – f5 așezat, cu brațul lângă corp, cotul flectat la 90°, antebrațul în pronație. Kinetoterapeutul fixează paleta humerală.
- pentru f3 subiectul execută mișcarea de supinație împotriva unei rezistențe, aplicată în 1/3 inferioară a antebrațului, pe fața postero-laterală.
- pentru f4 – f5 valoarea rezistenței, opusă mișcării, crește progresiv.

2. Pronația este realizată de mușchii rotund și pătrat pronator.

Mușchiul rotund pronator și *mușchiul pătrat pronator*

Acțiuni:

- pronația antebrațului;
- flexia cotului prin rotundul pronator.

Poziție:

- pentru f0 – f1 așezat, cu cotul flectat la 90°, antebrațul și mâna în supinație, sprijinite pe masa de examinat.

  ☞ Se indică subiectului să execute pronația, în timpul căreia se poate palpa numai rotundul pronator, la nivelul feței anterioare a antebrațului, 1/3 superioară, partea medială.

  ☞ Pătratul pronator nu se poate palpa.

Poziție:

- pentru f2 decubit ventral, brațul în abducție sprijinit pe o pernuță, fixat de kinetoterapeut în 1/3 inferioară, antebrațul în supinație, în afara mesei de examinat.

  ☞ Se indică subiectului să execute, în amplitudine completă, mișcarea de pronație.

Poziție:

- pentru f3 – f5 așezat sau decubit dorsal, brațul pe lângă trunchi, paleta humerală fixată de kinetoterapeut, cotul flectat la 90°, antebrațul în supinație.

- pentru f3 se execută mișcarea de pronație împotriva unei rezistențe aplicată în 1/3 inferioară a antebrațului, fața antero-laterală.

- pentru f5 – f5 valoarea rezistenței, opuse mișcării, crește progresiv.

BILANȚUL MUSCULAR AL MEMBRULUI INFERIOR

Bilanțul muscular al șoldului

1. *Flexia* este realizată de mușchiul: iliopsoas

   ☞ Se stabilizează pelvisul.

Poziția FG (fără gravitație): decubit heterolateral, cu coapsa de testat pe o placă sau susținută de kinetoterapeut, cu genunchiul extins:

- pentru f1 palparea nu este posibilă;

- pentru f2 se realizează flexia coapsei cu genunchiul extins.

Poziția AG (antigravitațională):

a) – DD (decubit dorsal) cu șoldul și genunchiul extinse

b) – șezând cu gamba atârnată

- pentru f3: din poziția a) se ridică membrul inferior cu genunchiul extins

- pentru f4, f5 din poziția a) sau b) se aplică rezistența pe fața anterioară a coapsei

    ☞ Substituție din FG: mușchii abdominali.

    ☞ Croitorul, mușchi flexor accesor, suplinește deficitul iliopsoasului.

- pentru f1 fibrele croitorului se palpează sub spina iliacă antero-superioară, pe fața anterioară a coapsei, iar tendonul pe fața medială a genunchiului (tendonul croitorului formează împreună cu cele ale dreptului intern și semitendinos "labă de gâscă".

- pentru f2 din DD se fixează creasta iliacă și se indică subiectului să execute alunecarea călcâiului (nu toată planta) pe fața internă a gambei opuse, realizând astfel flexia șoldului în ABD (abducție) și RE (rotație externă).

Poziția AG: stând sau DD pe un plan înclinat iar rezistența se aplică pe 1/3 inferioară a feței externe a coapsei și pe 1/3 inferioară a gambei.

    ☞ TFL (tensorul fasciei lată) și el flexor accesor va rota intern și va abduce coapsă.

- pentru f1 din DD cu membrele inferioare extinse se cere subiectului să execute ABD în RI (rotație internă) a coapsei pe bazin și se va palpa mușchiul pe spina iliacă antero-superioară.

- pentru f2 se cere subiectului să execute în amplitudine completă ABD cu RI a coapsei pe bazin.

Poziția AG: DL (decubit lateral):

- pentru f3 se va cere subiectului să execute ABD coapsei pe bazin asociată cu F (flexia) și RI menținând genunchiul extins.

- pentru f4, f5 se aplică rezistența pe 1/3 inferioară a feței externe a coapsei.

2. *Extensia* este realizată de mușchiul fesierul mare.

    ☞ se stabilizează pelvisul și coloana lombară

Poziţia FG: decubit heterolateral cu susţinerea coapsei de testat şi genunchiul flectat la 90°:
- pentru f1 se palpează muşchiul în centrul fesei;
- pentru f2 se execută extensia coapsei.

Poziţia AG: DV (decubit ventral) cu genunchiul flecat la 90° (pentru a scoate din acţiune ischiogambieri):
- pentru f3 se face extensia coapsei;
- pentru f4, f5 se aplică rezistenţă pe 1/3 inferioară a feţei posterioare a coapsei;
  - ☞ Substituţie prin extensia coloanei lombare.

3. *Abducţia* este realizată de muşchii: fesierul mijlociu şi mic şi de tensorul fasciei lata (TFL).
  - ☞ Se stabilizează pelvisul.

Poziţia FG: DD cu genunchiul extins:
- pentru f1 se palpează cei 2 fesieri lateral de articulaţia coxofemurală, sub creasta iliacă; TFL se palpează caudal de spina iliacă antero-superioară,
- pentru f2 se execută ABD şoldului cu genunchiul extins, alunecând pe plan sau susţinut de kinetoterapeut.

Poziţia AG: decubit heterolateral, şoldul şi genunchiul de sprijin flectate iar cele de testat extinse:
- pentru f3 se ridică membrul inferior complet întins
- pentru f4, f5 se va aplica rezistenţă pe faţa laterală a treimii inferioare a coapsei.
  - ☞ Substituţie: - prin flexia laterală a trunchiului sau prin RE cu F şoldului.

4. *Adducţia* este realizată de muşchii: marele, scurtul şi lungul adductor.
  - ☞ Se stabilizează pelvisul.

Poziţia FG: DD cu ambele membre inferioare în ABD, şoldurile şi genunchii extinşi:
- pentru f1 se palpează mai ales adductorul lung pe faţa medială a coapsei,
- pentru f2 se adduce membrul inferior prin alunecare pe plan sau susţinut.

Poziția AG: decubit homolateral cu membrul de deasupra susținut în ABD de către testator; șoldul și genunchiul în extensie:
- pentru f3 se adduce membrul inferior depășind linia de simetrie;
- pentru f4, f5 se aplică rezistență pe fața medială a coapsei.
    ☞ Substituție: în DD prin RI a șoldului și în DL prin RE și F șoldului.

5. *Rotația internă* este realizată de mușchii: fesierii mijlociu și mic și de tensorul fasciei lata.
    ☞ Se stabilizează femurul deasupra genunchiului.

Poziția FG: DD cu șoldul flectat la 90°, genunchiul flectat la 90°, membrul inferior netestat extins:
- pentru f1 se palpează cei 2 fesieri lateral de articulația coxofemurală, sub creasta iliacă; TFL se palpează caudal de spina iliacă antero-superioară;
- pentru f2 se rotează intern coapsa, orientând gamba și piciorul spre exterior.

Poziția AG: șezând cu gamba atârnată la marginea mesei:
- pentru f3 se mișcă gamba spre lateral;
- pentru f4, f5 se aplică rezistența în 1/3 inferioară a feței laterale a gambei.
    ☞ Substituție: ADD cu F.

6. *Rotația externă* este realizată de mușchii: obturator intern și extern, de gemenii superior și inferior și de piramidalul, pătratul femural, fesierul mare
    ☞ Stabilizare: femurul deasupra genunchiului.

Pozițiile: ca la RI, mișcările în sens invers:
- pentru f1 palparea se face în bloc, posterior de marele trohanter.
    ☞ Substituție prin ABD cu F șoldului.

Bilanțul muscular al genunchiului

1. *Flexia* este realizată de mușchii: ischiogambierii: semitendinos, semimembranos și biceps femural.
    ☞ Se va stabiliza coapsa.

Poziția FG: decubit heterolateral, cu membrul inferior testat susținut de kinetoteraput sau pe placă:

- pentru f1 se va palpa:
  - o Tendonul bicepsului pe marginea laterală a spațiului popliteu;
  - o Semitendinosul pe marginea medială a spațiului popliteu.
- pentru f2 se flectează gamba.

Poziția AG: DV cu șoldurile și genunchi extinși:

- pentru f3 se ridică gamba,
- pentru f4, f5 se va aplica rezistența pe fața posterioară în 1/3 distală a gambei.
  - ☞ Pentru întărirea forței bicepsului se rotează lateral piciorul, iar pentru întărirea celorlalți 2 mușchi se rotează medial glezna.
  - ☞ Substituție: în DV prin gravitație peste 90°.

2. ***Extensia*** este realizată de mușchii cvadriceps: dreptul femural, vastul intermediar, vastul medial, vastul lateral.
  - ☞ Se va stabiliza coapsa.

Poziția FG: decubit heterolateral, cu membrul inferior testat susținut și gamba flectată la 90°:

- pentru f1 palparea se face pe fața anterioară a coapsei (cu excepția vastului intermediar),
- pentru f2 se extinde complet gamba.

Poziția AG: șezând cu gamba atârnată la marginea patului, sub coapsă o pernă mică:

- pentru f3 se extinde gamba până la orizontală,
- pentru f4, f5 se aplică rezistență pe fața anterioară a gambei în 1/3 inferioară.
  - ☞ Substituție nu există.

Bilanțul muscular al piciorului

1. ***Flexia (dorsiflexia)*** este realizată de mușchii: tibial anterior și de extensorul lung al degetelor și al halucelui.
  - ☞ Se stabilizează gamba.

Poziția FG: decubit heterolateral, cu susținerea gambei care este flectată, piciorul în poziție neutră.

- pentru f1 se palpează:
  o Tibialul anterior imediat lateral de creasta tibială, iar tendonul lui pe fața anterioară, medial de tendonul lung al halucelui.
  o Tendonul extensorului degetelor este pe marginea laterală a gleznei.
- pentru f2 se execută flexia piciorului.

Poziția AG: șezând cu gamba atârnând, piciorul în poziție neutră.

- pentru f3 piciorul este flectat fără deviere în inversie sau eversie,
- pentru f4, f5 se aplică rezistență distal, pe fața anterioară a piciorului.
  ☞ Nu există substituție.

2. *Extensia (flexia plantară)* este realizată de mușchii: triceps sural: gemenii și solear

☞ Stabilizare: gamba.

Poziția FG: decubit heterolateral cu gamba și piciorul de testat susținute, gleznă în poziție neutră:

- pentru f1 se palpează:
  o solearul în porțiunea distală posterioară a gambei (genunchiul flectat pentru scoaterea din acțiune a gemenilor),
  o gemenii la inserția pe femur a celor 2 capete.
- pentru f2 se execută extensia.

Poziția AG: DV cu genunchiul flectat la 90°, talpa spre tavan:

- pentru f3 se face extensia ridicând degetele spre zenit
- pentru f4 rezistența pe plantă
- pentru f5 în ortostatism se face ridicare pe vârful piciorului
  ☞ Substituție: - flexorii extrinseci ai degetelor
  ☞ Gravitație în decubit.

3. *Inversia* este realizată de mușchiul tibial posterior.

☞ Stabilizare: gamba distal.

Poziția FG: DD cu șoldul și genunchiul flectate la 90°, piciorul în poziție neutră:

- pentru f1 se palpează muşchiul pe şi deasupra maleolei interne,
- pentru f2 se face inversie, planta privind medial.

Poziţia AG: şezând, gamba atârnată, piciorul în poziţie neutră:

- pentru f3 se face inversia,
- pentru f4, f5 se aplică rezistenţa pe marginea medială a antepiciorului, prinzând metatarsianul 1.

☞ Substituţie: flexorii extrinseci ai degetelor; RE a şoldului din decubit când şoldul şi genunchiul sunt extinse.

4. *Eversia* este realizată de muşchii: lungul şi scurtul peronier.

Poziţiile: ca la Inversie, mişcările în sens invers:

- pentru f1 palparea muşchilor se face înapoia maleolei externe.

☞ Substituţie: RI a şoldului în decubit cu şoldul şi genunchiul extinse, lungul extensor al degetelor.

5. *Flexia degetelor din MTF (metatarsofalangiene)* este realizată de muşchii: lumbricali şi de scurtul flexor al halucelui.

☞ Se va stabiliza piciorul anterior,

☞ Se testează fiecare deget.

6. *Flexia degetelor din IF (interfalangiene)* este realizată de muşchii: lungul flexor al degetelor, scurtul flexor plantar şi de lungul flexor al halucelui.

☞ Se stabilizează antepiciorul şi prima falangă,

☞ se testează fiecare deget.

7. *Extensia degetelor în MTF şi IF* este realizată de muşchii: extensorul comun al degetelor, pediosul, extensorul propriu al halucelui.

☞ Se stabilizează antepiciorul,

☞ Se testează fiecare deget.

CAPITOLUL 5

Kinetoterapia – ştiinţă interdisciplinară

OBIECTIVE

La sfârşitul parcurgerii acestui capitol cititorul ar trebui:

■ *Să cunoască principalele elemente de anatomie, biomecanică, fizică şi fiziologia contracţiei musculare, atât de importante în kinetoterapie.*
■ *Să aibă capacitatea de a gândi aceste elemente în contextul general al funcţionării organismului uman.*

CUVINTE CHEIE

Oase, muşchi, articulaţii, nervi, control neuro-muscular.

Introducere

Kinetologia înseamnă mişcare iar mişcarea înseamnă mecanică. Schimbările succesive ale poziţiei corpului sau unor segmente ale acestuia faţă de alte corpuri de referinţă, ţin tot de mecanica mişcării, adică de kinetologie. Achinezia, repausul, imobilizarea fac parte tot din kinetologie.

Pentru a putea analiza „mişcarea" vom analiza pe scurt principalele aparate şi sisteme care contribuie la realizarea ei. Acestea sunt: sistemul osos, sistemul articular, sistemul muscular, SNC.

SISTEMUL OSOS ŞI MECANICA MIŞCĂRII

Osteologia este partea anatomiei care are ca obiect studiul oaselor. Oasele sunt organe dure, rezistente, de culoare alb-gălbuie. Ansamblul lor constituie scheletul. La om oasele sunt situate în interiorul părţilor moi, cărora le servesc drept sprijin; uneori ele formează cavităţi pentru adăpostirea unor organe delicate; ele servesc la inserţiile musculare devenind astfel pârghii acţionate de diverse forţe musculare (componenta pasivă a aparatului locomotor).

Scheletul uman este format din 208 oase, dintre care 33-34 alcătuiesc coloana vertebrală, iar restul de 174 se grupează în jurul acesteia.

Scheletul este alcătuit din oase grupate pe regiuni, formând elementele de susţinere şi de protecţie ale diverselor aparate. Acesta se împarte în patru părţi:

1. oasele capului;
2. coloana vertebrală;
3. toracele osos;
4. oasele membrelor.

1. Scheletul craniului este format din 22 de oase (pneumatice şi neregulate sau plane) dintre care numai unul este mobil (mandibula), restul fiind fixe. Acesta se împarte în *neurocraniu* şi *viscerocraniu*.

Neurocraniul este format din 8 oase care împreună formează bolta craniului (calvaria) şi baza craniului, adăpostind encefalul.

Viscerocraniul este alcătuit din 14 oase (oasele feţei). Acestea se grupează formând cele două maxilare: maxilarul superior (13 oase) şi maxilarul inferior (1 os - mandibula).

2. Coloana vertebrală este formată prin suprapunerea a 33-34 vertebre ce sunt situate în porţiunea posterioară: a gâtului (7 vertebre), toracelui (12 vertebre), regiunii lombare (5 vertebre) şi a pelvisului (5 vertebre sacrate şi 4-5 coccigiene). Lungimea coloanei vertebrale este de 73 cm la bărbat şi 63 cm la femeie reprezentând 40% din lungimea totală a corpului.

Coloana vertebrală nu este rectilinie. Prezintă două feluri de curburi: în plan sagital şi în plan frontal (fig.5-1).

Curburile în plan sagital:

- *Curbura cervicală (lordoză cervicală)*
    -concavitatea orientată posterior
- *Curbura toracală (cifoză toracală)*
    -convexitatea orientată posterior
- *Curbura lombară (lordoză lombară)*
    -concavitatea orientată posterior
- *Curbura sacro-coccigiană*
    -convexitatea orientată posterior

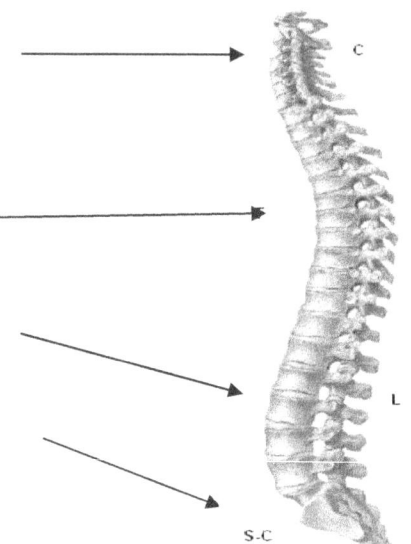

Fig. 5-1 Coloana vertebrală vedere laterala

Curburile în plan frontal:

- *curbura cervicală* cu convexitatea la stânga;
- *curbura toracală* cu convexitatea la dreapta;
- *curbura lombară* cu convexitatea la stânga.

Curburile în plan frontal sunt mai puţin pronunţate decât cele în plan sagital. Cea mai importantă curbură este cea toracală, determinată de tracţiunea muşchilor mai dezvoltaţi ai membrului superior drept (la stângaci e invers). Celelalte două curburi frontale au rolul de a o compensa în vederea menţinerii echilibrului corporal.

Coloana vertebrală este importantă din punct de vedere funcţional prin rolurile pe care le îndeplineşte prin protejarea măduvei spinării şi prin susţinerea capului, membrelor şi trunchiului în poziţia verticală. Prin intermediul curburilor sale dă o mobilitate sporită corpului, mărindu-i în acelaşi timp rezistenţa la presiune, tracţiune şi amortizând şocurile.

3. Toracele osos este o cavitate delimitată de coloana vertebrală toracală, coaste cu cartilaje costale şi stern. Acesta conţine organe importante: inima, plămânii, vasele mari.

Sternul este un os lat, nepereche, situat în partea anterioară a toracelui. Primele şapte perechi de coaste se numesc adevărate deoarece se articulează, prin intermediul cartilajului propriu, cu sternul. Perechile de coaste VIII, IX, X sunt coaste *false* deoarece se articulează cu sternul prin intermediul coastei a VII-a. Ultimele două coaste se numesc *flotante* (libere) fiindcă nu au cartilaj şi nu ajung la stern.

4. Scheletul membrului superior este alcătuit din următoarele patru segmente: centura scapulară, braţul, antebraţul, mâna.

Centura membrului superior (centura scapulară) formează scheletul umărului şi este formată din *claviculă* şi *scapulă*.

Scheletului braţului este format din humerus singurul os care intră în alcătuirea sa.

Scheletul antebraţului este format din două oase lungi, paralele: *radius* şi *cubitus* (*ulna*).

Scheletul mâinii este alcătuit din 27 de oase ce se împart în trei grupe: carp, metacarp, oasele degetelor (falange).

- carpul este format din opt oase aşezate pe două rânduri;
- metacarpul formează scheletul mâinii fiind alcătuit din 5 oase lungi, perechi, numite oase metacarpiene;
- oasele degetelor sunt în număr de cinci şi se numerotează latero-medial de la I la V. Fiecare are un nume, acestea fiind în ordine: police, indice, mediu, inelar şi degetul mic. Oasele care formează degetele se numesc falange. Acestea au caracteristicile unui os lung şi sunt 14 la număr. Fiecare deget are câte trei falange cu excepţia policelui care are două.

5. Scheletul membrului inferior este alcătuit din următoarele patru segmente: centura pelviană, coapsa, gamba, piciorul.

Scheletul centurii pelvine (bazinului) este alcătuit din cele două oase coxale. Coxalul este un os voluminos, neregulat, torsionat ca o elice, format din trei piese: *ilion, ischion, pube.*

Scheletul coapsei este alcătuit din două oase: *femurul şi patela*

Scheletul gambei este format din două oase, *tibia şi peroneul (fibula).*

Oasele piciorului (26) sunt împărţite în trei grupe: tars, metatars, oasele degetelor.

Sistemul osos îndeplineşte trei **funcţii principale**:

1. mecanică;
2. metabolică;
3. hematopoietică.

Funcţia mecanică a sistemului osos se reflectă prin rolul important pe care îl joacă oasele în mişcările corpului, ca organe pasive ale acestora. Ele servesc ca puncte de inserţie ale muşchilor, jucând rolul de pârghii. După raportul dintre punctul de aplicare al forţei, reprezentată prin muşchi, al rezistenţei, reprezentată prin greutatea deplasată şi al punctului de sprijin, pârghiile osoase se pot grupa în trei categorii.

Pârghia de gradul I (fig.5-2) – punctul de sprijin se găseşte între punctul de aplicare a forţei şi a rezistenţei, greutatea în acest caz (R-S-F).

Exemplu: Menţinerea capului în echilibru pe coloana vertebrală:

- punctul de sprijin-articulaţia capului cu coloana vertebrală;
- forţa-muşchii cefei;
- rezistenţa-greutatea feţei.

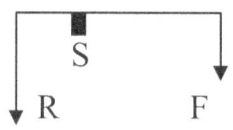

Fig. 5-2 Pârghie de gradul I

Tot pârghii de gradul I pot fi considerate şi oricare din articulaţiile dintre corpurile vertebrale (punctele de sprijin), braţele pârghiei fiind orientate sagital. Având în vedere că braţul inferior este mai mic, muşchii şanţurilor vertebrale asigură echilibrarea pârghiilor în condiţiile poziţiei verticale.

Pârghia de gradul II (fig.5-3) – rezistenţa se află între punctul de aplicare a forţei şi punctul de spijin (S-R-F), iar F acţionează în sens contrar lui G.

Exemplu: Ridicarea corpului pe vârfurile picioarelor:

- punctul de sprijin-vârful piciorului;
- forţa-muşchiul triceps-sural aplicat pe osul călcâiului;
- rezistenţa-articulaţia oaselor gambei cu oasele tarsiene.

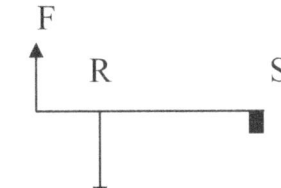

Fig. 5-3 Pârghie de gradul II

Pârghia de gradul III (fig.5-4) – forţa se află între punctul de sprijin şi rezistenţă (S-F-R).

Exemplu: Ridicarea unei greutăţi aflate în palmă prin flexia antebraţului:

- punctul de spijin-articulaţia cotului;
- forţa-muşchiul biceps aplicat pe oasele antebraţului;
- rezistenţa-în palmă (Petricu, 1967, p.120).

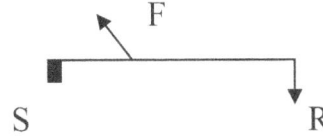

Fig. 5-4 Pârghie de gradul III

În organismul uman cele mai multe pârghii sunt cele de gradul III, acestea fiind conforme cu capacitatea omului de a executa mişcări de mare amplitudine şi precizie. Aici se aplică legea de aur a mecanicii prin care ceea ce se pierde prin forţă se câştigă în amplitudine. Mai exact, cu cât forţa (muşchiul) acţionează un braţ al pârghiei mai mic, cu atât pierderea de forţă va fi mai importantă, aceasta fiind compensată printr-o deplasare mai mare şi invers.

Cea mai importantă particularitate biomecanică este aceea că în corpul omenesc există pârghii de gradul III acţionate de mai multe forţe, dar şi pârghii acţionate de o singură forţă:

- mişcarea de abducţie a braţului este asigurată de o singură forţă, muşchiul deltoid, cu punct de inserţie pe humerus;

- mişcarea de adducţie a braţului este asigurată de mai multe forţe: muşchii deltoid şi marele pectoral cu punct de inserţie în treimea superioară a humerusului şi bicepsul humeral cu inserţie pe apofiza bicipitală a radiusului.

Funcţia metabolică a sistemului osos este asigurată prin rolul de depozit de calciu şi fosfor, elemente ce pot fi eliberate în sânge în funcţie de necesităţile organismului.

Funcţia hematopoietică. Sistemul hematopoietic al adultului realizează un echilibru perfect între rata de pierdere a celulelor sanguine mature (eritrocite, granulocite, monocite, limfatice, trombocite) şi ritmul de eliberare în circulaţie a celulelor nou formate. După naştere, măduva osoasă reprezintă organul principal al hematopoiezei la indivizii sănătoşi.

Noţiuni elementare de biomecanică

Mecanica este acea parte a fizicii care se ocupă cu studiul legilor mişcării.

Biomecanica este ştiinţa care studiază aplicarea legilor mecanice la specificul fiinţelor vii. „Aceasta abordează cauzele mecanice şi biologice ale formării mişcărilor şi particularităţile execuţiei lor, mijloacele şi condiţiile optime pentru îndeplinirea acţiunilor motrice" (Ifrim, 1978, p.11). Această ştiinţă îşi reflectă importanţa în viaţa zilnică dar mai ales în cea a unui sportiv prin încercarea de a îmbunătăţii tehnicile unei anumite discipline sportive, de a creşte randamentul şi de a elimina greşelile care ar putea duce la scăderea performanţei.

Repausul = considerat in fizica un caz particular al miscarii, un corp ramane in aceleasi raporturi cu corpurile din jur. Pentru ca un corp să fie scos din repaus este necesar ca o forta sa fie aplicata pe acesta.

În încercarea de a explica modul în care se produce variaţia mişcărilor corpurilor şi de a stabili raporturile dintre corpurile aflate în mişcare Newton a enunţat cele trei legi fundamentale ale mecanicii:

Legea I – orice corp îşi menţine starea de repaus sau de mişcare dacă nu este obligat de forţe aplicate asupra lui să şi-o modifice.

Legea II – forţa care acţionează asupra unui corp este egală cu produsul dintre acceleraţia imprimată prin aplicarea forţei respective şi masa corpului.

Legea III – acţiunile reciproce a două corpuri sunt întotdeauna egale ca mărime şi de sens contrar.

Pentru o înţelegere mai bună a acestei ştiinţe vom defini elementele anatomice care o deservesc, din punct de vedere biomecanic, precum şi o serie de noţiuni caracteristice:

- Oasele – pârghii rezistente, dure, cu rol important în efectuarea mişcărilor;
- Articulaţiile – structuri care realizează legătura mecanică dintre pârghiile osoase;
- Cuplu cinematic – două segmente osoase articulate mobil (ex. braţ-antebraţ);
- Lanţ cinematic – mai mult de două segmente osoase ce se articulează mobil (ex. braţ-antebraţ-mână). Acesta poate fi deschis, când se termină liber şi închis când ambele capete sunt fixate. Un exemplu de lanţ cinematic închis este cel braţ-antebraţ-mână sprijinit pe un perete;
- Muşchii – reprezintă structura care constituie forţa ce asigură mişcările şi poziţiile corpului;
- Grupele musculare – reprezintă felul în care se grupează muşchii în jurul articulaţiilor;
- Lanţurile musculare – sunt ansambluri de grupe musculare care, mobilizând un lanţ cinematic, execută mişcări complexe.

În cadrul biomecanicii se realizează două feluri de activităţi:

Statică - asigurarea poziţiei corpului;

Dinamică - efectuarea mişcărilor.

STATICA

Activitatea statică se realizează prin contracţii izometrice ale grupelor şi lanţurilor musculare însă fără a avea ca efect deplasarea corpului sau a segmentelor sale. În funcţie de condiţiile de echilibru activitatea statică se împarte în activitate statică de menţinere, de consolidare şi de fixare.

Activitatea statică de menţinere este reprezentată printr-o contracţie izometrică a musculaturii prin care se asigură o anumită poziţie acţionând asupra forţei de greutate. Exemplu al acestei activităţi este menţinerea poziţiei „cumpăna cu braţele lateral". Această poziţie se menţine cu ajutorul muşchilor abductori ai braţelor, muşchii şanţurilor vertebrale şi lanţul triplei extensii de la piciorul de sprijin. Este importantă cunoaşterea grupelor de muşchi implicate în menţinerea diverselor poziţii, acestea putând fi antrenate selectiv.

Activitatea statică de consolidare este depusă de musculatura corpului în condiţiile în care acesta sau segmentele sale se găsesc în poziţia de echilibru stabil. Putem spune despre un corp că se găseşte în poziţia de echilibru stabil atunci când centrul său de greutate se află sub baza de sprijin. Activitatea statică realizată de grupele şi lanţurile musculare antagoniste protejează articulaţiile implicate consolidându-le. Această poziţie poate fi folosită pentru creşterea globală a forţei musculaturii, fără ca solicitarea să fie mare. Un exemplu de echilibru stabil poate fi poziţia „atârnat".

Activitatea statică de fixare (de echilibrare) este regăsită în momentul în care corpul sau segmentele sale se găsesc în poziţia de echilibru instabil. Putem spune despre un corp că se află în echilibru instabil atunci când centrul său general de greutate se află deasupra bazei de spijin. Astfel, se execută o activitate statică pentru a echilibra corpul, activitate ce împiedică producerea căderii. Un exemplu de activitate de fixare este poziţia „stând". Exerciţiile din cadrul acestei activităţi duc la întărirea reflexelor de echilibrare a corpului.

DINAMICA

Activitatea dinamică se realizează prin contracţii izotone a grupelor şi lanţurilor musculare. Contracţiile izotone pot fi de învingere (mişcarea se produce prin scurtarea muşchilor) şi de cedare (mişcarea se produce prin alungirea muşchilor). Aceste două mişcări au loc în acelaşi timp fiind realizate de muşchi antagonici. Un exemplu ar fi flexia antebraţului pe braţ prin scurtarea fibrelor muşchiului biceps brahial (contracţie-învingere) şi alungirea fibrelor muşchiului triceps brahial (relaxare-cedare). Prin scurtarea muşchilor şi acţiunea acestora pe pârghiile osoase se face deplasarea corpului şi a segmentelor sale. Forţa muşchilor este direct proporţională cu numărul de fibre musculare.

Dinamica membrelor superioare

Lanţurile musculare ale membrelor superioare realizează, la om, mişcări de mare complexitate. Cele mai importante dintre acestea sunt:

- *mişcarea de prindere* (apucare) este mişcarea de apropiere a membrelor superioare de trunchi. Aceasta se realizează printr-un lanţ muscular format din flexorii degetelor, flexorii cotului, pronatori ai antebraţului şi adductorii braţului. Exemplu al unei astfel de mişcări este prinderea adversarului la lupte;

- *mişcarea de împingere* se realizează prin implicarea lanţului muscular ce asigură ridicarea înaltă a braţului (elevaţia). Aceştia sunt muşchii ce basculează lateral scapula, abductorii în articulaţia scapulo-humerală şi extensorii cotului. Alţi muşchi care participă în realizarea acestei mişcări sunt cei ai trunchiului, care o amplifică şi cei ai membrelor inferioare, care fixează corpul pe sol. Această mişcare serveşte la ridicarea halterei sau la aruncări;

- *mişcarea de lovire* se asociază de obicei cu mişcările de răsucire a trunchiului, regăsindu-se în sporturi cum ar fi boxul sau tenisul. Această mişcare se realizează printr-un lanţ muscular format din muşchii ce basculează lateral scapula, anteductorii centurii scapulare şi ai braţului, extensorii cotului, flexorii carpului şi ai degetelor;

- *mişcarea de aruncare* se realizează prin participarea aceloraşi lanţuri musculare ca cele care asigură mişcările de împingere, diferenţa fiind că în cazul celei de faţă contracţia musculară are un caracter balistic. La aruncări participă şi lanţurile musculare ale trunchiului şi ale membrelor inferioare.

Dinamica membrelor inferioare

Lanţurile musculare ale membrelor inferioare realizează funcţii statice, dar şi mişcări:

- *mişcarea de impulsie* se realizează prin împingerea de la sol a corpului prin intermediul lanţului muscular al triplei extensii. Aceasta este mişcarea principală din cadrul mersului, alergării sau săriturilor;

- *amortizarea* este o activitate prin care se frânează o anumită mişcare. În funcţie de activitatea realizată lanţurile musculare participante sunt diferite. Astfel, în cazul mersului sau alergării, amortizarea se face printr-un lanţ muscular alcătuit din flexorii coapsei pe bazin, extensorii genunchiului şi flexorii dorsali ai labei piciorului. În cazul săriturilor amortizarea se face prin lanţul triplei extensii. Aceste mişcări se încadrează la activităţi dinamice de cedare.

- *mişcarea de lovire* se face pe mai multe direcţii şi se realizează cu ajutorul flexorilor coapsei pe bazin, extensorilor gambei şi flexorilor dorsali ai labei piciorului. Această mişcare este caracteristică fotbalului.

- *asigurarea staţiunii* se realizează prin contracţia statică a musculaturii, rolul determinant fiind al lanţului triplei flexii. Fixarea corpului pe sol se realizează şi prin lanţul muşchilor adductori ai coapsei, acesta acţionând asupra lanţului cinematic închis format de cele două membre inferioare şi bazin.

În cadrul dinamicii membrelor inferioare vom discuta mai larg despre mers şi alergare.

De reţinut!

■ Dacă o singură forţă acţionează asupra unui corp, va imprima acelui corp o mişcare în aceeaşi direcţie.

■ Dacă acţionează două forţe concomitent în direcţii diferite, mişcarea este o rezultantă a acestor forţe, a mărimii, a direcţiei, etc.

■ Suma a doi vectori este dată de diagonala paralelogramului construit cu cei doi vectori, aceasta indicând direcţia mişcării.

■ Dacă două forţe acţionează în aceeaşi direcţie şi sens, ele se adună mărind valoarea forţei rezultante.

■ Dacă cele două forţe acţionează în sens opus, ele se scad, rezultanta având sensul celei mai mari.

Elemente fizice aplicate în kinetoterapie

■ Mărimea vectorului forţă este proporţională cu produsul dintre masă şi acceleraţie:

$$F = m \times a = 1 \text{ kg} \times 1 \text{ m/sec}^2 = 1 \text{ Newton(N)}$$

m = masa

a = acceleraţia

■ O forţă care acţionează asupra unui corp pe care îl deplasează realizeaza Lucru mecanic (Lm):

$$Lm = F \times d(distanta) - Jouli$$

$$1J = 1N * 1 \text{ m}$$

- Energia biologică consumată de om în timpul kinetoterapiei este în funcţie de Lm;
- Energia este o mărime fizică ce caracterizează capacitatea unui corp de a efectua Lm;
- Lm nu este suficient pentru a caracteriza complet activitatea omului;
- La parametrii de forţă şi distanţă trebuie adăugat timpul;
- Timpul =caracterizează viteza cu care se execută Lm, timpul în care o forţă efectueaza Lm;
- Efortul în kinetologie e calculat în Waţi (W) şi reprezintă elementul decisiv de apreciere a capacităţii funcţionale a organismului:

$$W\text{-Watt}\ \ 1W=1J/1\ sec$$

- Greutatea = forţa cu care un corp apasă pe un plan orizontal:

$$G=m \times a$$

- Forta gravitaţională G are importanţă în kinetologie, necesitând forţe musculare suplimentare reacţionale pentru a fi învinsă în funcţie de direcţia mişcării;
- Centrul de greutate (CG) la om se află în apropierea corpului vertebrei 2 sacrate;
- Un corp este în echilibru cu atât mai stabil, cu cât CG este mai coborât, linia CG cade mai aproape de centrul poligonului de susţinere;
- Echilibrul devine instabil când CG urcă sau linia nu se mai proiectează în poligon.

SISTEMUL ARTICULAR

Generalităţi

Articulaţiile reprezintă un ansamblu de elemente (fibroase, ligamentare) prin care se unesc oasele între ele. Proprietatea cea mai importantă a unei articulaţii este mobilitatea ei, trăsătură de bază pentru determinarea funcţiei şi structurii acesteia.

Toate structurile articulare şi periarticulare pot sta la baza acestor două tulburari functionale: stabilitatea si mobilitatea.

Clasificarea articulaţiilor

Astfel, articulaţiile se împart în funcţie de gradul lor de mobilitate în:

1. Articulaţii fixe (sinartroze)

Articulaţii ce permit mişcări foarte reduse, unite prin ţesut fibros dens (ex. oasele cutiei craniene, oasele cutiei toracice). În funcţie de tipul ţesutului interpus între cele două oase acest tip de articulaţie se împarte la rândul lui în:

- *sincondroze*: oasele se leagă prin ţesut cartilaginos;
- *sindesmoze*: oasele se leagă prin ţesut conjunctiv fibros;
- *sinostoze*: oasele se leagă prin ţesut osos.

2. Amfiartrozele

Articulaţii cu mişcări semimobile caracteristice coloanei vertebrale. Realizarea articulării a două vertebre alăturate se face prin intermediul unui disc fibrocartilaginos. Acesta prezintă în centru nucleul pulpos, o substanţă gelatinoasă care permite prin structura ei realizarea unor mişcări ce necesită o elasticitate mai mare. Deşi privite individual articulaţiile intervertebrale nu pot realiza mişcări ample, coloana vertebrală în întregime prezintă o flexibilitate destul de accentuată. Exerciţiile fizice care supun coloana la mişcări de tracţiune, răsucire sau presiune conduc la creşterea elasticităţii acesteia.

3. Diartrozele

Articulaţiile mobile cu cea mai mare răspândire în organism. Sunt articulaţii complexe capabile de mişcări variate ce au în alcătuire următoarele elemente: suprafeţe articulare, capsula articulară, membrana sinovială, cavitatea articulară, ligamente articulare.

Toate aceste articulaţii au o caracteristică generală, şi anume prezenţa unei mici cantităţi de *lichid sinovial* în cavitatea articulară, element de mobilitate al diartrozelor.

Suprafeţele articulare sunt acoperite de un cartilaj hialin, ţesut important prin rolul pe care îl joacă în alunecarea oaselor în timpul mişcării şi prin rezistenţa la presiunea exercitată de greutatea corpului. Cartilajul hialin nu are vase de sânge şi se hrăneşte prin inbibiţie din lichidul sinovial. Suprafeţele articulare pot avea diferite forme: *sferice* (femur), *concave* (cavitatea acetabulară a coxalului), *plane* (platoul tibial), *cilindrice*.

Capsula articulară este structura care acoperă şi protejează suprafeţele articulare ale oaselor. Aceasta este alcătuită dint-un strat intern (membrana sinovială) şi un strat extern fibros (continuare a periostului oaselor). Aceasta este mai groasă în articulaţiile cu mobilitate mai redusă şi mai subţire şi mai puţin rezistentă în articulaţiile cu mobilitate mai mare.

Membrana sinovială este o membrană vasculonervoasă ce secretă lichidul sinovial. Aceasta căptuşeşte suprafaţa internă a capsulei articulare prezentând prelungiri externe sub formă de burse sinoviale sau funduri de sac, precum şi prelungiri interne cum ar fi plicile sinoviale. Aceste elemente au rol de a uşura alunecarea tendoanelor care trec prin apropierea articulaţiei. Membrana sinovială are şi rolul de acoperi anumite formaţiuni intracapsulare cum ar fi ligamente, tendoane sau discuri intraarticulare. Lichidul sinovial este un lichid vâscos, gălbui, cu rol de lubrefiere, nutriţie şi curăţire, important în biomecanica articulară.

Cavitatea articulară este un spaţiu capilar în care se găseşte lichidul sinovial. Acest spaţiu este delimitat de capetele oaselor din articulaţie şi capsula articulară. Datorită presiunii atmosferice şi tonusului muscular suprafeţele articulare se află în mod normal în contact.

Ligamentele articulare sunt benzi fibroase ce se inseră pe cele două oase ale unei articulaţii având ca sarcină menţinerea contactului dintre suprafeţele articulare. Acestea se împart în ligamente intracapsulare şi extracapsulare.

Uneori există nevoia prezenţei unor formaţiuni care să asigure concordanţa dintre suprafeţele articulare:

- cadrul articular este o formaţiune întâlnită de exemplu în cadrul articulaţiilor şoldului sau umărului care măreşte cavitatea articulară realizând o concordanţă mai bună între o suprafaţă articulară sferică şi o cavitate articulară mai puţin adâncă;

- discurile şi meniscurile sunt formaţiuni care apar atunci când între suprafeţele articulare există nepotriviri, rolul lor fiind de a realiza o cât mai buna concordanţă a acestora (ex. meniscul articular din articulaţia genunchiului).

Articulaţia este elementul mecanic, efector al mişcării ce stă la baza definirii aparatului NMAK (neuro-mio-arto-kinetic). Tulburările acesteia duc la pierderea stabilităţii şi a gradului de mobilitate a celor două segmente adiacente.

Din punct de vedere fiziopatologic aceste tulburări pot fi cauzate de:

- durere;
- inflamarea ţesutului;
- deficit mecanic;
- pierderea funcţiei musculare adiacente.

Efectele acestor mecanisme pot duce la: redoare, anchiloza articulară, dificultăţi de menţinere a unor posturi, dificultăţi de mers, de a executa unele gesturi.

Redorile sunt limitări patologice ale mişcării articulare, care pot fi: congenitale sau dobândite.

Anchiloze sunt pierderi definitive ale mişcării, un stadiu final al procesului care a determinat redoarea. În aceste cazuri kinetoterapia este ineficientă.

Mobilitate articulară exagerată este inversul redorilor ce pot duce la elongaţii tendinoase. Kinetoterapia acţionează pe elemente musculare, tonifică şi creşte stabilitatea activă articulară. Chirurgical se rezolvă stabilitatea pasivă a articulaţiei.

SISTEMUL MUSCULAR

Muşchii reprezintă o componentă importantă a organismului, reprezentând aproximativ 40-45% din greutatea totală a corpului. Muşchii reprezintă un ţesut înalt specializat, având ca principală funcţie realizarea mişcării. Corpul uman conţine peste 650 de muşchi. Toate celulele musculare se contracta prin convertirea energiei chimice în energie mecanică, utilizată pentru a realiza mişcarea. Din punct de vedere structural, există

„Muşchii sunt formaţi din corpul muscular, ce constituie porţiunea principală contractilă şi din tendoane, prin care forţa musculară se transmite oaselor" *(Sechel, 2002, p.54).*

următoarele tipuri de muşchi: scheletici sau striaţi, muşchi netezi sau viscerali şi muşchiul cardiac.

Muşchii au proprietatea de a realiza contracţia, funcţie prin care îşi micşorează lungimea realizând astfel mişcări. Aceştia reprezintă componenta activă a aparatului locomotor, oasele şi articulaţiile formând componenta pasivă.

Muşchiul striat (scheletic) constituie cea mai mare parte din masa musculară a corpului. Aceştia se contractă voluntar cu viteză şi forţă mare dar obosesc repede. Ei sunt alcătuiţi, în mare, din fibre musculare striate şi ţesut conectiv. Sunt muşchi voluntari, care se insera pe oase şi care realizează mişcarea corpului. Aceste fibre musculare au un aspect striat, văzute la microscop. Acest aspect este dat de distribuţia miofibrilelor (filamentele de actina şi miozina) din structura fibrei musculare, dispuse astfel încât, între unităţile funcţionale ale celulei musculare (sarcomere) apar benzi întunecate. Din acest motiv muşchiul pare a avea striaţii.

Majoritatea muşchilor scheletici se ataşează la doua oase, între care există o articulaţie. Unul dintre oase este mai fix iar inserţia muşchiului pe acest os poarta numele de **origine.** Capătul muşchiului scheletic aflat pe osul mai mobil poartă numele de **inserţie**.

Funcţiile muşchilor scheletici:

• mişcarea;

• menţinerea posturii (tonusul muscular); tonusul muscular se refera la starea de contracţie parţială prezentă în muşchi, în repaus. Tonusul menţine postura corpului şi asigură capacitatea organismului de a răspunde rapid la un stimul extern;

• producerea de căldură; căldura se obţine în urma reacţiei de scindare a ATP, alături de energia necesară contracţiei.

Muşchiul neted se găseşte la nivelul pereţilor organelor interne şi a vaselor de sânge (fig. 5-5). Aceştia dezvoltă o contracţie involuntară cu viteză scăzută şi forţă mare, avantajul fiind că obosesc mult mai greu decât cei striaţi. Muşchii netezi nu prezintă

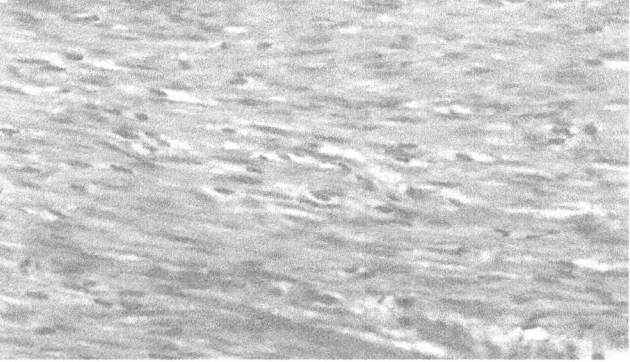

Fig. 5-5 Structura muschiului neted

striaţii, nu sunt ataşaţi de oase, acţionează mai lent decât muşchii striaţi şi pot rămâne contractaţi pentru o perioadă mai lungă de timp. Activitatea lor este controlată de sistemul nervos autonom. Muşchii netezi intră în structura organelor interne: stomac, intestine, vase de sânge, etc. Îndeplinesc multiple roluri, precum: deplasarea alimentelor ingerate de-a lungul tubului digestiv, contracţia uterului, dilatarea şi contractarea vaselor sangvine, etc.

Muşchiul cardiac (miocardul) este un muşchi similar, în ceea ce priveşte structura, muşchiului striat şi în ceea ce priveşte funcţia, muşchiului neted. Ceea ce-l diferenţiază de amândouă tipurile de muşchi e faptul că se poate contracta automat datorită unui sistem nervos special situat în grosimea sa.

Structura microscopica a fibrei musculare

Ţesutul muscular este alcătuit din celule contractile specializate (fibre musculare), grupate într-un mod bine organizat(fig. 5-6). Fiecare fibră musculară

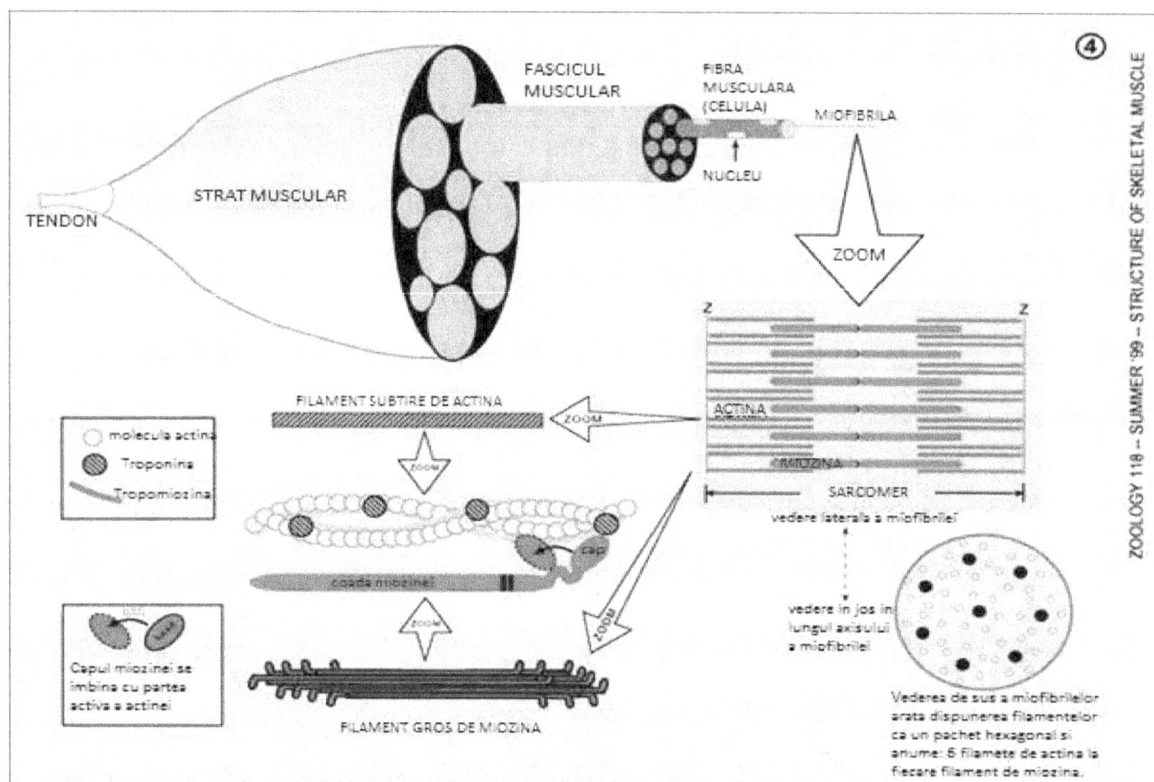

Fig. 5-6 Structura macroscopică si microscopică a muşchiului striat

conţine două tipuri de structuri denumite miofilamente: unele groase (filamentele de miozină) şi unele subţiri (filamentele de actină). Văzute la microscop, fibrele musculare conţin numeroase aranjamente de miofilamente, paralele între ele şi despărţite de o bandă întunecată, denumită banda Z. Porţiunea de miofibrile cuprinsă între două benzi Z reprezintă un sarcomer. Sarcomerul este unitatea funcţională a muşchiului scheletic, fiind unitatea contractilă a acestuia. În timpul contracţiei, cele doua tipuri de miofilamente alunecă unele către celelalte, sarcomerul se scurtează şi astfel are loc contracţia musculară. În timpul relaxării, sarcomerul revine la lungimea iniţială. Pentru ca acest proces să se desfăşoare normal este nevoie de prezenţa calciului. Calciul este eliberat din reticulul endoplasmatic în citoplasmă atunci când muşchiul trebuie să se contracte. Pe lângă ionii de calciu, muşchiul mai are nevoie de energie pentru a se contracta. Aceasta este obţinută prin scindarea moleculelor ATP.

Placa motorie

Placa motorie reprezintă "sinapsa" dintre terminaţiile axonale ale neuronilor motori şi membrana fibrei musculare (fig. 5-6). Mediatorul chimic caracteristic plăcii motorii este acetilcolina. În sarcolemă există receptori de acetilcolină (canale de sodiu) care vor iniţia depolarizarea membranei şi declanşarea potenţialului de acţiune. Potenţialul de acţiune difuzează prin membrană, prin tubulii T şi activează canalele de Ca^{2+} din RE. În prezenţa ionilor de CA2+ este iniţiată contracţia musculara.

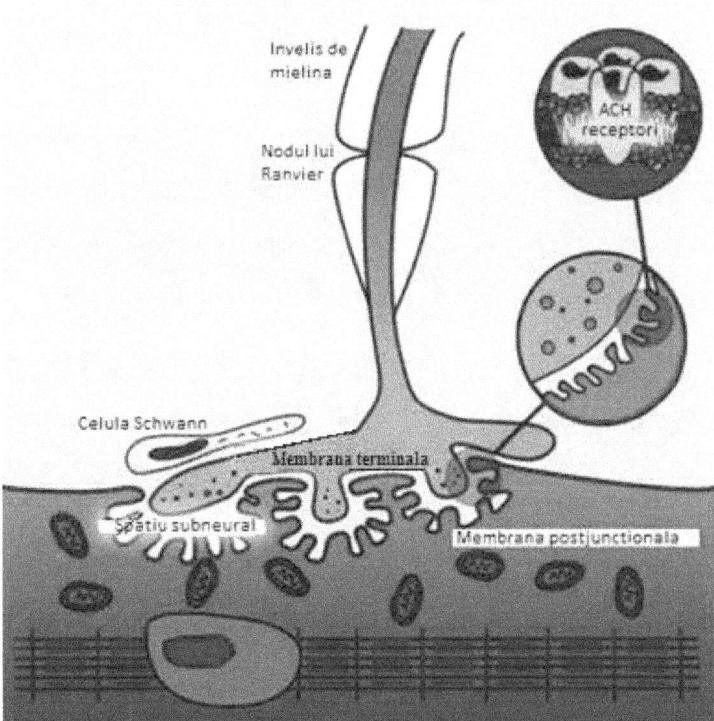

Fig. 5-7 Placa motorie

Principalii muşchi şi mişcările lor caracteristice

Muşchii şi mişcările membrului superior (Cioroiu, 2006, p.88 - 90):

Mişcarea	Muşchii
• abducţie braţ	➤ deltoid
• adducţie braţ	➤ pectoral mare
	➤ dorsal mare
	➤ subscapular
• anteducţie braţ	➤ dinţat mare
	➤ pectoral mare
	➤ biceps brahial
• retroducţie braţ	➤ rotund mare
	➤ dorsal mare
	➤ triceps brahial
• bascula medială	➤ romboizi
	➤ pectoral mic
	➤ ridicător al scapulei
• bascula laterală	➤ trapez
	➤ dinţat mare
• flexie cot	➤ biceps brahial
• extensie cot	➤ triceps brahial
• flexie degete	➤ flexori degete
• extensie degete	➤ extensori degete

Muşchii membrului inferior (Cioroiu, 2006, p.88 - 90)

Muşchii triplei extensii:

Tripla extensie	Muşchii	
• Coapsa pe bazin	➤ gluteu mare	
	➤ ischiogambieri	- semimembranos
		- semitendinos
		- biceps femural
• Gamba pe coapsă	➤ cvadriceps	- drept femural
		- vast intern
		- vast extern
		- vast profund
• Flexie plantară	➤ triceps sural	- gastrocnemian
		- solear
	➤ flexori ai degetelor	

Muşchii triplei flexii

Tripla flexie	Muşchii

- Coapsa pe bazin
  - ➢ drept femural
  - ➢ iliopsoas
  - ➢ croitor
- Gamba pe coapsă
  - ➢ ischiogambieri
  - ➢ gastrocnemian
- Flexia dorsală a labei piciorului
  - ➢ tibial anterior
  - ➢ doi extensori   -   ext. lung al degetelor
    - ext. lung haluce

Abducţia coapsei   ➢ gluteu mare   -

Adducţia coapsei   ➢ adductori   - adductor mare
  - adductor lung
  - adductor scurt
  - pectineu

Tulburările complexului nervi-muşchi

Spasticitatea este o afecţiune piramidală ce constă în rezistenţa excesivă a unui muşchi la întindere pasivă. Apare la întinderea rapidă. Poate fi vindecată prin kinetoterapie şi tehnici speciale de FNP.

Rigiditatea este o afecţiune extrapiramidală ce constă în hipertonie musculară.

Hipotoniile musculare sunt boli neurologice.

Atrofia musculară de imobilizare (fig. 5-8):

   - secundară unei intervenţii centrale la nivelul nervului sau plăcii motorii a influxului nervos

   - atrofii de denevrare ce constau în lipsa legăturii dintre nervi şi muşchi

   - atrofii de imobilizare propriu-zisă în care muşchii îşi păstrează inervaţia dar sunt în imposibilitatea de a mai funcţiona.

La un muşchi atrofic scade mărimea, puterea şi mobilitatea.

Atentie!
- Un muşchi care nu funcţionează pierde 3% din volum + forţă/zi.
- Muşchiul atrofic pierde 50% din greutatea sa.
- Structura musculară este aproape perfect conservată.

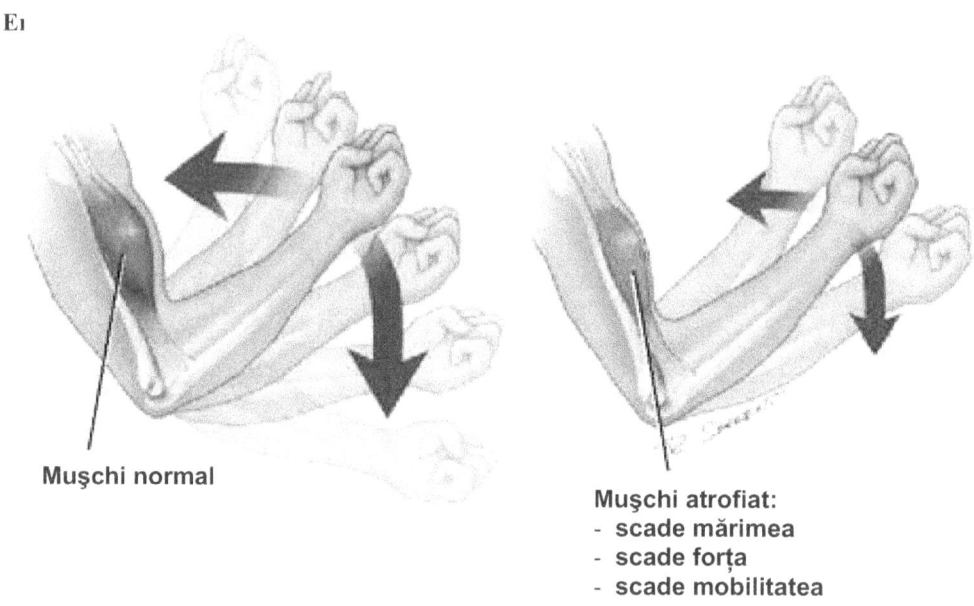

Fig. 5-8 Diferenţa dintre un biceps brahial normal şi unul atrofiat

Retractura musculară este definită ca o rezistenţă crescută a muşchiului la întinderea lui pasivă. În mod normal, muşchiul opune o rezistenţă la întindere, pe care o sesizăm când mobilizăm pasiv o articulaţie.

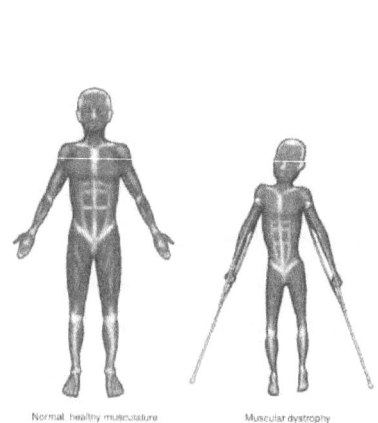

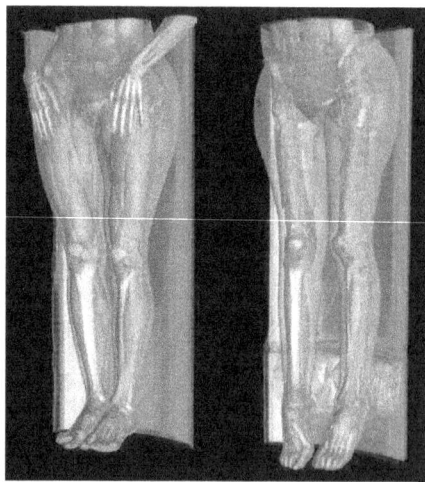

Fig. 5-9 Distrofie musculară (musculatură normală-sănătoasă în stânga celor doua imagini şi musculatură distrofică în partea dreaptă)

Distrofia musculară este o boală degenerativă ale muşchiului striat, condiţionate genetic, cu etiopatologie incomplet cunoscută (fig. 5-9). Este o boală progresivă (DPM). Kinetoterapeutul nu va urmări creşterea forţei sau rezistenţei, ci menţinerea la valorile existente.

Oboseala musculară este dată de o contracţie intensă şi prelungită, fiind un sindrom fizio-patologic. Constă în incapacitatea muşchiului de a se mai contracta (SNC+nervi trimit IN iar muşchiul nu poate realiza contracţia datorită deficitului de ATP).

CONTROLUL NEUROMUSCULAR

Priceperile motrice depind de cât de eficient individul detectează, percepe şi foloseşte informaţii senzoriale relevante. Este critică cunoaşterea exactă a dispunerii membrelor în spaţiu şi a efortului muscular necesar pentru a realiza o anumită acţiune. Sau pentru oricare activitate care necesită coordonarea diferitelor părţi ale corpului. Din fericire, informaţia despre poziţia şi mişcarea diferitelor părţi ale corpului este receptată de către diferiţi receptori proprioceptivi.

Propriocepţia se referă la orice informaţie conştientă şi inconştientă posturală, poziţională sau kinetică oferită sistemului nervos central de către receptorii din muşchi, tendoane şi articulaţii pentru a cunoaşte poziţia şi mişcarea corpului.

Kinestezia se referă la informaţiile preluate din mişcarea articulaţilor şi a acceleraţiilor la care sunt supuse aceastea cât şi de mişcările active ale musculaturii (contracţia musculară).

Propriorecepţia, kinestezia alături de răspunsul eferent produs ca rezultat al impulsului proprioceptiv alcătuiesc **controlul neuromuscular.**

Sunt două mecanisme care controlează interpretarea informaţiei aferente şi coordonează răspunsul eferent: mecanismele controlului muscular şi controlul neuromuscular dinaintea mişcării.

Controlul neuromuscular operează pe premisa iniţierii unui răspuns motor în anticiparea unei încărcături sau a unei activităţi. Se referă la activitatea pregătitoare a muşchiului, a planificării mişcării bazată pe informaţia senzorială din experienţele anterioare - controlul prin Feedback-ul neuromuscular.

Operează direct în răspuns la un potenţial eveniment destabilizator utilizând un punct de referinţă normal. Reglează permanent activitatea musculară prin căile reflexive şi reactivitatea musculaturii (Regaining Neuromuscular Control, internet).

Stimulii proprioceptivi sau mecanoreceptorii articulari sunt terminaţii nervoase specializate care transformă deformările mecanice ale ţesuturilor în semnale neuronale (tabelul 5-1).

Tabelul 5-1 Tipurile de receptori şi modalităţile lor de adaptare

Tipul receptorului	*Localizare*	*Adaptare*	*Tipul de stimul*	*Observaţii*
Corpusculi Pacini	Imediat sub tegument în ţesuturi conjunctive profunde	Rapidă	Atingere, vibraţii	Adaptare extrem de rapidă
Terminaţii nervoase libere	Generalizată	Rapidă	Atingere, presiune	Sensibilitate mare
Corpusculi Ruffini	Derm profund, în ţesuturi conjunctive profunde	Lentă	Presiune	

Aceştia reacţionează doar la variaţii ale stimulului şi informează asupra modificării acestuia. Creierul poate prezice cum va fi stimulul şi acţiona în consecinţă.

Exemplu:

În alergare, receptorii din articulaţii muşchi, ligamente ne informează asupra condiţiilor din mediu, un obstacol spre exemplu. Creierul poate să judece poziţia viitoare a membrelor şi să acţioneze în consecinţă în timp util, evitând acel obstacol.

Mecanoreceptorii cu adaptare lentă generează impulsuri atât timp cât stimulul este prezent, obţine informaţii despre corp şi integrarea sa în mediu. Se pot

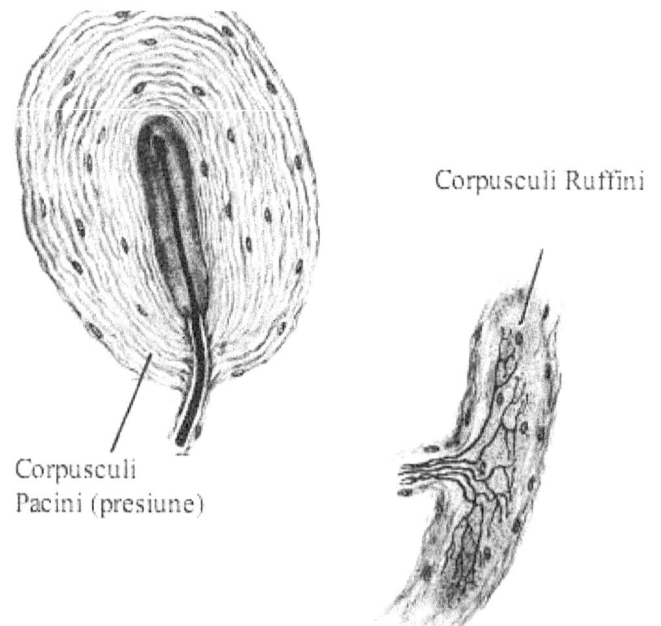

Corpusculi Ruffini

Corpusculi Pacini (presiune)

Fig. 5-10 Mecanoreceptori cu adaptare rapidă

adapta   timp îndelungat la stimuli constanţi (Regaining Neuromuscular Control, *internet*).

Receptori musculari

Aceştia sunt Fusul muscular şi Organul Tendinos Golgi -receptori mecanici de întindere şi de tensiune. Fusurile neuromusculare sunt receptori prin intermediul cărora se iniţiază reflexul miotatic (fig. 5-11).

Fusurile neuromusculare se pot găsi în toţi muşchii scheletici exceptând muşchii extrinseci ai globului ocular. Lungimea fusului este cuprinsă între 4 şi 7 mm. iar diametrul este cuprins între 80 şi 200 µm şi este dispusă paralel cu fibrele musculare extrafusale.

Fusul neuromuscular este alcătuit din 3-12 fibre intrafusale care se împart în :
- fibre dinamice cu sac nuclear (se găsesc în mijlocul fusului);
- fibre statice (asemănătoare celor dinamice);
- fibre cu lanţ nuclear.

Fusul neuromuscular prezintă inervaţie motorie şi inervaţie senzitivă (fig. 5-13)
Inervaţia senzitivă se împarte în :
a) fibre senzitive primare (de tip I) - predominant în jurul fibrelor dinamice cu sac nuclear şi au viteza de conducere a potenţialului acţiunii între 80 -120 m/s.
b) fibre senzitive secundare (de tip II) - dispuse ca un "buchet" la nivelul fibrelor cu lanţ nuclear cât şi la nivelul fibrelor statice cu sac nuclear şi au o viteză de conducere, mai mică, intre 30-70 m/s .

Inervaţiile motorii se împart în :
a) fibre motorii dinamice - se găsesc doar la nivelul fibrelor cu sac nuclear constituind componenta dinamică a reflexului osteotendinos;
b) fibre motorii statice - se găsesc la nivelul ambelor tipuri de fibre intrafusale constituind componenta statică a reflexului osteotendinos.

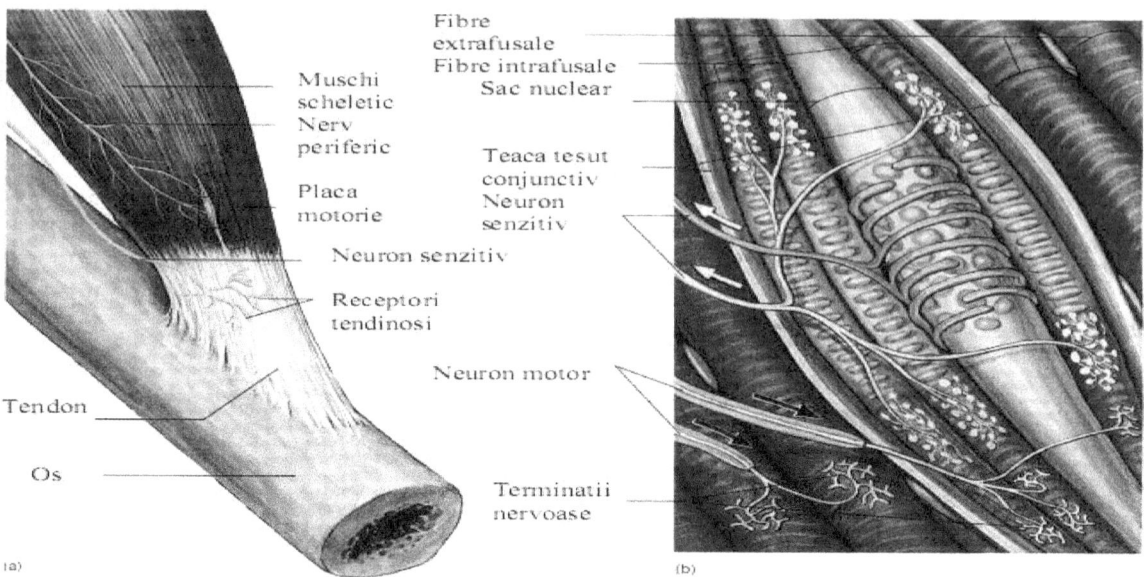

Fig. 5-11 Proprioceptori; (a) Organ tendinos Golgi; (b) Fus neuromuscular.

Organul tendinos Golgi

- receptor pasiv dispus consecutiv în fibrilele tendinoase;

- are rol dublu, sesizează atât întinderea, cât şi tensiunea iniţiind impulsuri atât la întinderea tendonului cât şi la contracţia musculară (Regaining neromuscular control, internet).

Unitatea motorie(UM): reprezintă un motoneuron plus fibrele musculare pe care le deserveşte. Numărul fibrelor musculare ale unei unităţi motorii variază de la 3 la 6 muşchi pentru muşchii care execută mişcări grosiere şi câteva sute pentru cei care realizează mişcări fine şi precise. (Sbenghe, 2005, p. 86)

Contracţia musculară

Stimulul natural care provoacă contracţiile musculaturii striate este impulsul nervos. Impulsul nervos ajuns la nivelul terminaţiilor presinaptice ale axonului descarcă în spaţiul sinaptic acetilcolină.

Acetilcolina este un mediator chimic care produce o depolarizare locală a membranei fibrei musculare striate ca urmare a creşterii influxului de sodiu, când depolarizarea atinge un anumit nivel se declanşează un potenţial de acţiune care se propagă de-a lungul membranelor fibrelor musculare şi produce contracţia.

Potenţialul de acţiune ajunge şi la nivelul reticulului endoplasmatic şi determină eliberarea de calciu care difuzează spre miofibrilele şi declanşează contracţia. Eliberarea intracelulară a calciului reprezintă momentul fundamental al cuplării excitaţiei cu contracţia, deci a fenomenelor electrice cu cele mecanice. Ionii de calciu determină legarea actinei de miozină formând actomiozină.

În sarcoplasmă se găseşte şi reticulul endoplasmatic care este reprezentat de o reţea de tuburi care se întretaie şi prin care se transmite impulsul de contracţie de la membrana celulară tuturor miofibrilelor. Pentru realizarea contracţiei (fig. 5-12) musculare reticulul endoplasmatic eliberează calciu moment în care filamentele de actina alunecă printre cele de miozină şi se produce contracţia musculară.

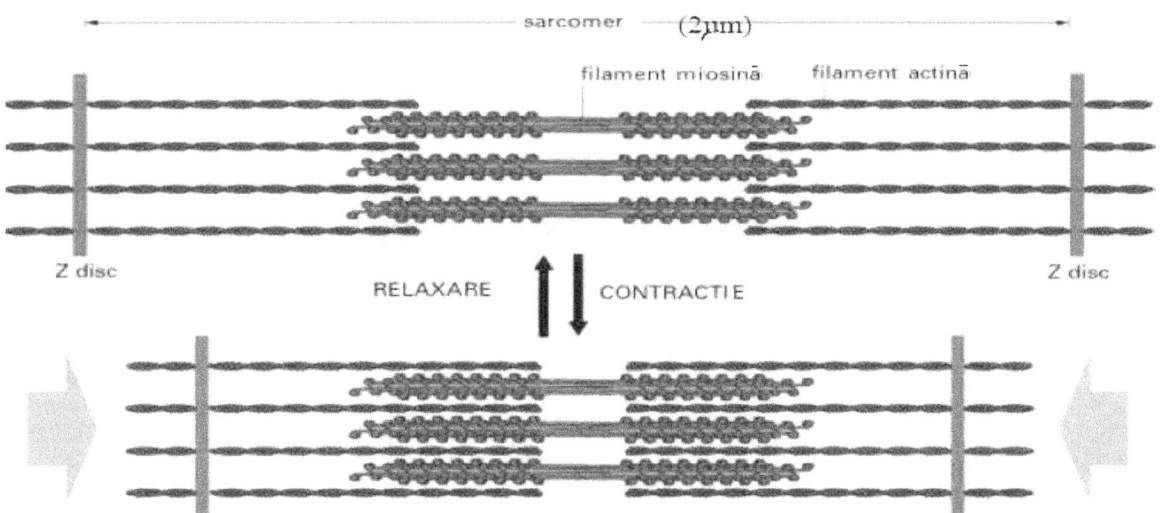

Fig. 5-12 Motoare moleculare

Procesul de relaxare este invers. Calciu intră în reticulul endoplasmatic şi produce decuplarea actinei de miozină şi se produce relaxarea musculară. (Sbenghe, 2005, p. 57)

Activitatea reflexă spinală

Actul reflex este un proces fundamental al funcţiei nervoase. Acesta este reprezentat la nivel morfologic de arcul reflex (fig. 5-14).

Componente arcului:

1. Receptorul – are rolul de a transforma stimulii în impulsuri nervoase.

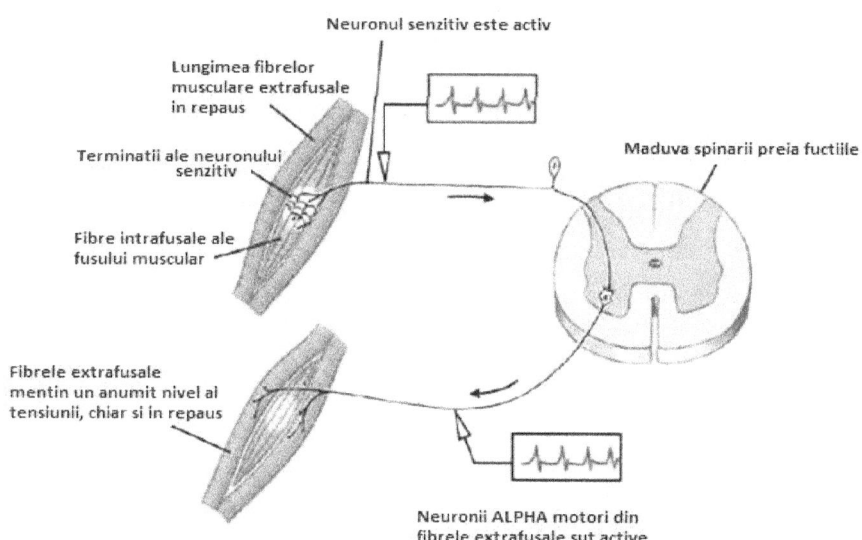

Fig. 5-13 Fusul neuromuscular

2. Calea aferentă – transmite semnalul nervos furnizat de receptor către centrul reflex.

3. Efectorul – este reprezentat de celulele musculare şi endocrine (Braga, 2008, p.10)

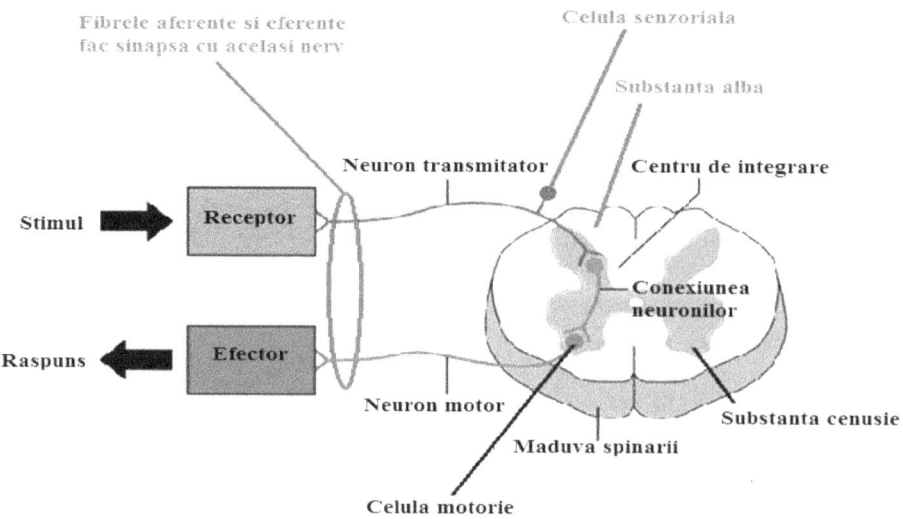

Fig. 5-14 Arcul reflex

I. Reflexul miotatic (osteotendinos)

Este unul de tip monosinaptic format din doi neuroni aferenţi şi unul eferent. Acest reflex apare în urma contracţiei bruşte a muşchiului . În muşchi se găsesc receptorii(fusurile neuromusculare). Informaţia este condusă prin calea aferentă către centrii reflecşi medulari urmând ca prin calea eferentă să fie trimis un stimul care va contracta muşchiul.

II. Reflexul de întindere

Elongarea bruscă a muşchiul declanşează stimularea fusului şi activarea fibrelor senzitive prin care comunică informaţia spre măduva coloanei vertebrale sub forma unui pachet de potenţiale acţiuni cu o mare frecvenţă. La nivelul măduvei stimulul este comunicat monosinaptic motoneuronilor. Activarea reflexă este trimisă prin motoneuronii, contractă fibrele extrafusale şi opune rezistenţă întinderii.

Impulsul aferent prin fibrele senzitive primare este transmis în acelaşi timp prin interneuroni către motoneuronii care acţionează pe grupele musculare antagonice inhibându-le. Întinderea rapidă a fusului stimulează şi fibrele de tip II, cele care conduc informaţia până în canalul medular de unde, preluată de interneuronii medulari şi predată motoneuronilor creând efecte întârziate.

Reflexul static de întindere creează contracţii ale fibrelor extrafusale şi prezintă o importanţă semnificativă în limitarea efectelor reflexului dinamic, care acţionează brutal şi la fel de important este reflexul de întindere în stabilizarea poziţiei corpului şi segmentelor sale când acesta este în mişcare. Grupele musculare vor resimţi modificări bruşte iar fibrele extrafusale în mod reflex se vor rigidiza creând o tensiune suficientă controlului. **(Braga, 2008, p. 11)**

III. Reflexul de tendon (fig. 5-11)

Organul tendinos Golgi este o formaţiune musculo-nervoasă ce constituie receptorul proprioceptiv aflat în locul de inserţie al fibrei musculare scheletice pe tendoanele muşchilor scheletici şi reprezintă elementul senzitiv al reflexului de tendon. Receptorul este format din fascicule tendinoase intrafusale (formaţiune compusă din filamente de colagen), legate la unul din capete cu fibrele musculare iar la celălalt conectat cu tendonul.

Organul tendinos este pus sub tensiune în urma contracţiei musculare, terminaţiile senzitive fiind conectate cu filamentele de colagen. Când compresia fibrelor senzitive este mai puternică, canalele mecanodependente sunt excitate în număr mai mare. În urma stimulului primit de organul tendinos răspunsul reflex ori este static ori dinamic.

- *reflexul static* apare când sarcina creşte gradat fapt ce duce la inhibarea motoneuronilor ;
- *reflexul dinamic* apare când muşchiul se află sub o sarcină supramaximală ce blochează reflexul la nivel medular inhibând motoneuronii.

Organul tendinos Golgi trimite "mesaje instantanee" la nivel cortical informându-l despre tensiunile aflate pe muşchi protejându-l de accidente precum ruptura musculară, dezinserţia muşchiului de pe tendon sau a tendonului de pe os, ajutând la distribuirea unifomă a forţei contractile inhibând-o sau amplificând-o. (Braga, 2008, p. 12)

IV. Reflexul flexor (de retragere)

Reflex care apare după stimularea nociceptivă (dureroasă) a unui membru provocând flectarea acestuia. Semnalul comunicat aferent prin nervul spinal urmând traseul nervos către coarnele posterioare ale măduvei spinale. Reflexul fiind polisinaptic, excitaţia fiind condusă prin cel puţin 3-4 neuroni intercalari unui motoneuron. Astfel motoneuronii contralaterali sunt stimulaţi producând extensia membrului contralateral .Reflexul extensor încrucişat se produce când un membru este în extensie iar pentru restabilirea echilibrului este necesară flectarea celuilalt, făcându-se transferul greutăţii. (Braga, 2008, p. 13)

V. Reflexele posturale şi de locomoţie

Sunt un ansamblu de reflexe de care depinde starea de echilibru, fie dinamică, fie kinetică .

1. Reflexe de adaptare statică:

a) Reflexe statice locale

- reflexul de întindere : tonusul format de opunerea muşchilor pentru învingerea forţei gravitaţionale (ex. muşchii extensori) reflex declanşat pentru menţinerea posturii ;
- reflexul de susţinere pozitivă: presiunea creată de masa corporală asupra plantei declanşează în mod reflex contracţia flexorilor şi extensorilor rigidizând membrul respectiv şi facilitând susţinerea masei corporale.
- reflexul suplimentar de extensie : în momentul înlăturării presiunii plantare muşchii flexori şi extensori ai acestuia se relaxează în mod reflex când piciorul

este ridicat de pe sol (aceste reflexe de susţinere negativă şi pozitivă sunt prezente şi la membrele superioare).

b) Reflexe segmentare (create într-un membru, produse în celălalt)

- reflex extensor încrucişat (descris mai sus)

2. Reflexe de redresare (echilibrare) sunt *r*eflexe produse de stimulii propriocetivi (optici, labirintici şi tactili) care controlează echilibrul vertical prin păstrarea centrului de greutate în perimetrul suprafeţei de sprijin.

3. Reflexe supraspinale

- reflexe tonice ale gâtului : sunt iniţiate prin poziţionarea şi mişcarea capului şi gâtului. În articulaţia occipito-atlantoidă şi atlanto-axis sunt poziţionate terminaţiile senzitive ce trimit informaţia poziţionării capului faţă de corp . Aferenţa proprioceptorilor cervicali va conduce din cerebel la substanţa reticulară stimulând motoneuronii şi activând fusul neuromuscular .
- reflexele oculocefalogire: receptorii oculari trimit informaţii cortexului care comandă contracţia muşchilor pentru restabilirea poziţiei capului.
- reflexele statokinetice: adaptează tonusul muscular în urma feedback-ului trimis de receptori stabilizând capul în timpul deplasării lineare sau unghiulare.

(Braga, 2008, p. 14)

Controlul motor

Prin control motor se înţelege modalitatea în care se reglează mişcarea şi se fac ajustările dinamice posturale. Controlul motor reprezintă de fapt controlul creierului asupra activităţii specific musculare voluntare (conştiente), iar mişcările automate care nu sunt conştientizate (respiraţie, mers) reprezintă rezultatul celui mai elaborat control motor, acestea reprezentând cea mai perfectă coordonare.

Mişcarea voluntară are 4 momente principale:

1. Motivaţia;
2. Ideea;
3. Programarea;
4. Execuţia.

Formarea controlului motor

1. Motivaţia este determinate atât de mediul exterior, cât şi de mediul interior (ex: durere abdominală care ne facem să ducem mâna pe abdomen). SNC este informat de apariţia unei necesităţi şi astfel apare motivaţia.

2. Ideea se naşte pe baza întregilor informaţii furnizate de sistemul limbic cortexului. Teoretic aceasta se poate forma şi fără o motivaţie din partea mediului interior sau exterior. Ideea apare spontan, iar la alegerea individului se poate executa sau nu, însă mişcarea rămâne tot una fără scop. Şi odată apărută ideea, proiectează în tot cortexul senzomotor, cerebel, parţial în ganglionii bazali şi nucleii subcorticali asociativi, necesitatea formării unui "program" pe baza căruia să se perfecţioneze mişcarea".

3. Programarea. Conversia unei idei într-o schemă de activitate musculară care este necesară realizării unei activităţi fizice dorite se numeşte programare. Parametrii necesari pentru programul unei mişcări:

- Mărimea forţei dezvoltate;
- Amplitudinea mişcării;
- Durata.

Programarea mişcărilor este realizată de cortexul motor, cortexul pre-motor, cerebel şi ganglionii bazali. Programarea mişcării sau comanda centrală" este transmisă prin căile motorii descendente (piramidale şi extrapiramidale) spre măduvă către moto-neuronii medulari pentru execuţie" (Sbenghe, 2005, p. 345).

4. Execuţia. Comanda centrală cu programul mişcării activează neuronii motori medulari necesari excitării musculaturii cuprinse în program adică atât moto-neuronii care determină mişcarea, cât şi pe cei care determină postura necesară realizării mişcării. Controlul motor are 4 etape de dezvoltare (Sbenghe, 2005, p. 346):

- Mobilitate;
- Stabilitate;
- Mobilitate controlată;
- Abilitate.

Mobilitatea - abilitatea de a iniţia o mişcare şi de a executa mişcarea pe toată amplitudinea ei fiziologică.

Stabilitatea - capacitatea de a menţine poziţiile mediane şi postural gravitaţionale şi antigravitaţionale ale corpului.

Mobilitatea controlată - abilitatea de a executa mişcări în timpul oricărei posturi de reîncercare prin greutatea corpului cu segmentele distal fixate, sau de a rota trunchiul şi capul în jurul axului longitudinal în timpul acestor posturi (Sbenghe, 2005, p. 347)

Abilitatea - ultimul nivel al controlului motor şi reprezintă capacitatea de a mişca segmentele în afară posturii sau locomoţiei.

Controlul motor este alcătuit din 3 procese:

- Control muscular;
- Coordonare;
- Echilibru.

Controlul unui muşchi se referă la realizarea contracţiei acestuia, cu alte cuvinte, a realizării unei forţe. Modul de coordonare al muşchiului poate fi diferit în funcţie de scop, pentru forţă sau pentru mişcare.

Concentrarea unui individ poate oscila de la activarea unui muşchi la altul sau de la o mişcare simplă la alta de cel mult 2-3 ori pe secundă. Pentru învăţarea controlului muscular precis, Marinacci şi Horance (1960) au utilizat feedback-ul electromiografic care a demonstrat posibilitatea controlului UM individuale.

În kinetoterapie problema controlului muşchiului individual are o mare importanţă în primele etape ale recuperării în patologia neuromotorie. (Sbenghe, 1999, p. 35).

Simulatorul „Ergosim" a fost creat de un grup de cercetători în cadrul Centrului de Cercetări pentru Sport, în perioada 1973-1990 (brevet de invenţie 108411/1990 – autori Vladimir Schor, Pierre de Hillerin, Ilie Stupineanu, Alexandru Feredean şi Ionel Dinescu). Acesta are în componenţă elemente mecanice, interfeţe, calculator şi software-uri adecvate.

Acest sistem furnizează un număr mare de informaţii cantitative şi calitative ale actelor motrice (fig. 5-15). Sistemul este folosit cu diferite scopuri (kinetoterapie – recupearea neuromotorie, sport de performanţă) permiţând ameliorarea procesului de învăţare a mişcărilor prin realizarea feedback-ului în timp real şi ameliorarea controlului neuromuscular.

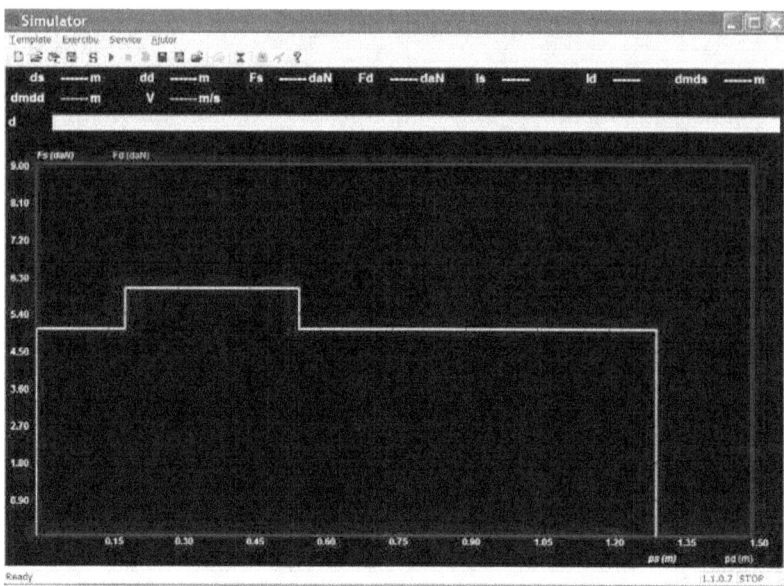

Fig. 5-15 Grafic construit pe ERGOSIM prin setarea anumitor parametri în vederea atingerii unor scopuri date

Procesul de „tratare a informaţiei în acţiunea de învaţare/corectare motrică, poate fi ameliorat în situaţia în care se introduce o buclă de corecţie de o calitate specială, buclă aflată la dispoziţia pacientului, în primul rând, şi a kinetoterapeutului în al doilea rând" (Hillerin – 1999, p.52), reprezentată schematic în figura 5-16.

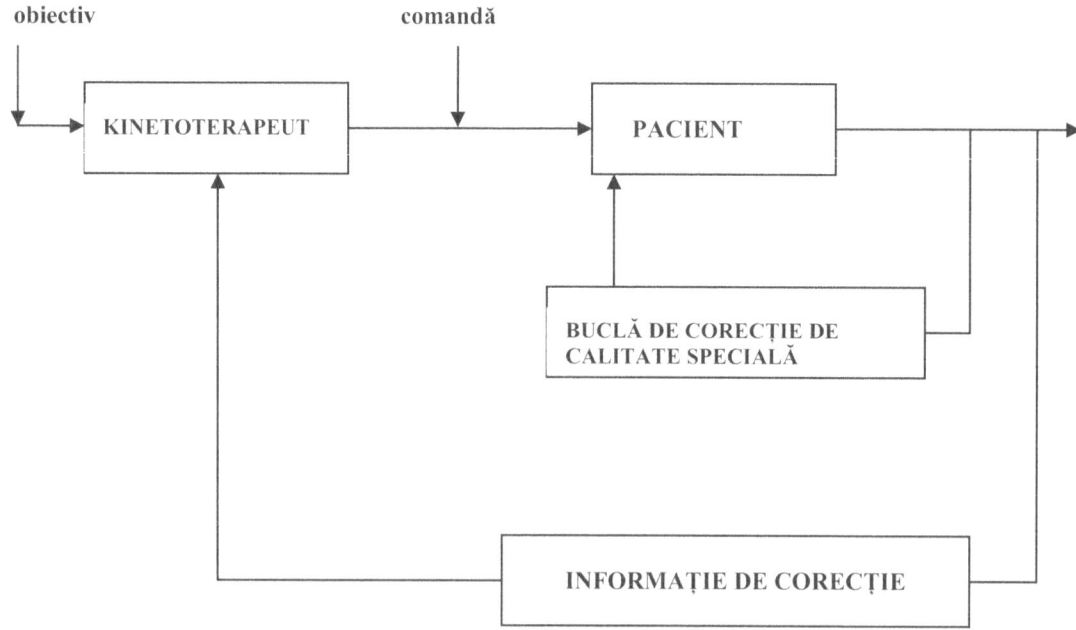

Fig.nr. 5-16 Relaţia kinetoterapeut - pacient în corectarea motrică (adaptat după Hillerin – 1999, p.52).

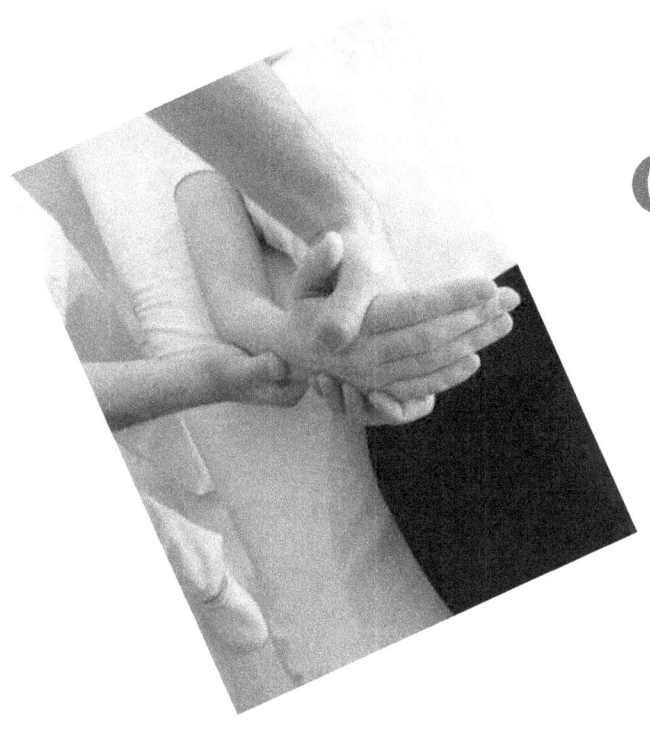

CAPITOLUL 6

Tehnicile kinetoterapiei

OBIECTIVE

La sfârşitul parcurgerii acestui capitol cititorul ar trebui:

■ *Să cunoască principalele tehnici akinetice şi să le diferenţieze de cele kinetice.*
■ *Să cunoască principiile de bază ale tehnicilor de transfer.*
■ *Să poată să transpună în practică tehnicile de facilitare neuroproprioceptivă.*

CUVINTE CHEIE

Kinetic, akinetic, imobilizare, posturare, contracţie, relaxare, facilitare musculară neuroproprioceptivă,

Introducere

Tehnicile kinetologiei stau la baza realizarii unui program de kinetoterapie. Acestea apot fi: kinetice, akinetice și speciale sau combinate.

Pentru a clasifica tehnicile kinetologice trebuie să recunoaştem cele trei caracteristici fundamentale ale aparatului locomotor:

- o activitatea motrică;
- o capacitatea de a putea fi mişcat pasiv;
- o starea de repaus.

Pe baza acestor caracteristici, Legrand–Lambling clasifică tehnicile în două mari categorii: tehnici akinetice şi tehnici kinetice.

O clasificare mai amplă a tehnicilor arată după cum urmează:

I.   Akinetice:
- A.   Imobilizarea;
- B.   Posturarea.

II.   Kinetice:
- A.   Statice;
- B.   Dinamice.

III. Speciale:
- A.   Stretching;
- B.   Tehnici de transfer;
- C.   Tehnici de facilitare neuromusculară.

TEHNICI AKINETICE

Akinetic = absenta contractiei musculare voluntare și lipsa miscarii segmentare.

"Repausul este în general considerat ca antonimul mişcării, dar în realitate el conservă încă o activitate psihosenzorială sau neurovegetativă, iar aparatul locomotor rămîne legat de sistemul nervos, către care propriocepţia trimite continuu informaţii. " (Sbenghe, 2005)

Prin urmare tehnicile akinetice au ca scop suprimarea mişcărilor articulare şi a contracţiei voluntare.

IMOBILIZAREA

Imobilizarea este o tehnică akinetică care presupune menținerea și fixarea artificială a unui segment sau a corpului în întregime pentru o anumită perioadă de timp într-o poziție determinată, cu sau fără ajutorul unor aparate. Imobilizarea permite mușchilor din jurul articulațiilor ale căror mișcări sunt suspendate, să efectueze contracții izometrice. Imobilizarea poate fi totală atunci când întregul corp este imobilizat urmărindu-se obținerea repausului general sau poate fi regională, segmentară, locală atunci când se realizează o imobilizare completă a unor părți ale corpului, păstrându-se în același timp libertatea de mișcare a organismului.

Din punctul de vedere al scopului imobilizării, distingem următoarele tipuri:

Imobilizarea de punere în repaus

Utilizată în: traumatisme cranio-cerebrale, medulare, toracice, procese inflamatorii localizate precum și alte procese ce determină algii intense de mobilizare. Imobilizarea se face pentru segmentul respectiv și se realizează pe pat, pe suporturi speciale.

Imobilizarea de contenție

Tehnica este utilizată pentru consolidarea fracturilor, în luxații, discopatii, artrite specifice și constă în menținerea suprafețelor articulare sau a fragmentelor osoase blocând un segment sau o parte dintr-un segment într-un sistem de fixație externă (aparat gipsat, atelă, plastice termomaleabile, orteze, corsete etc.).

Imobilizarea de corecție

Se realizează cu aceleași sisteme ca și cea de contenție și constă în menținerea pentru anumite perioade de timp a unor poziții corecte, corective sau hipercorective în vederea corectării unor atitudini deficiente: devieri articulare prin retracturi (genu flexum, recurbatum, posttraumatic, paralitic, degenerativ etc.), deviații ale coloanei vertebrale în plan frontal sau sagital (scolioze, cifoze etc.). Nu pot fi corectate decât posturile defectuoase, care țin de țesuturi moi (capsulă, tendon, mușchi etc.). Doar când osul este în creștere, anumite tipuri de imobilizare pot influența forma sa. Imobilizările de conteție și corecție urmează în general unor manevre și tehnici fie ortopedo-chirurgicale, fie kinetologice (tracțiuni, manipulări, mișcări pasive sub anestezie etc.).

Pentru o imobilizare cât mai corectă este necesar să se țină cont de următoarele *reguli:*

- aparatul sa nu jeneze circulația și să nu provoace lezuni ale tegumentelor sau dureri;
- să nu permită jocul liber al segmentelor imobilizate;
- segmentele să fie poziționate în timpul imobilizării în poziții funcționale;
- sub aparat, să se mențină tonusul musculaturii prin contracții izometrice.

Dezavantajele mobilizării sunt :

- induce hipotrofii musculare de inactivitate;
- determină redori articulare uneori greu reductibile;
- tulbură circulația de întoarcere, apărând edeme și tromboze venoase;
- determina tulburări trofice de tipul escarelor;
- creează disconfort fizic și psihic.

POSTURAREA

Posturările au ca scop terapeutic impunerea unei atitudini corective în urma căreia articulațiile dobândesc o amplitudine articulară corespunzătoare iar mușchii își remodelează retracțiile musculo–tendinoase. Durata posturării este variabilă dar trebuie repetată până la obținerea rezultatului scontat. Atunci când kinetoterapeutul recurge la acest procedeu terapeutic este obligat să țină cont de *cerințele* de organizare și de aplicare a posturilor:

- postura poate fi aplicată doar cu acceptul şi cooperarea în totalitate a pacientului.
- pacientul trebuie să fie convins de importanţa posturilor şi de relaţia pe care acestea le au cu diferitele procedee terapeutice utilizate în procesul de recuperare.
- pacientul trebuie informat că posturările nu sunt întotdeauna confortabile, dar trebuie acceptate, având în vedere efectele benefice pe care le aduc.
- în situaţiile în care posturările corective trebuie să îndeplinească şi rol antalgic pacientul trebuie să coopereze cu kinetoterapeutul pentru reuşita aplicării seriate a acestor procedee terapeutice.

Posturările au două *obiective* de bază:
- unul *sedativ*, concretizat prin posturi antalgice destinate să reducă sau să suprime durerea;
- celălalt *morfologic*, prin care se urmăreşte prevenirea şi, după caz, corectarea retracţiilor musculo – tendinoase.

Pentru realizarea acestor obiective se recurge la următoarele posturi: posturi antalgice; posturi corective; posturi de facilitare.

Posturile antalgice

Sunt poziţionări pasive, adoptate în mod spontan de către pacient pentru a suprima durerea în timpul perioadelor dureroase a puseurilor evolutive, având ca scop prevenirea sau reducerea durerii, postura fiind aleasă în funcţie de locul şi natura durerii. Durata de menţinere este de câteva ore până la câteva zile.

Posturile corective

Se adresează doar părţilor moi al căror ţesut conjunctiv poate fi influenţat şi au ca scop redobândirea mobilităţii pierdute. Prin modul de acţionare posturile corective pot fi: autocorective, susţinute, fixate sau de imobilizare.

Posturile autocorective

În funcţie de scopul pe care îl au, posturile autocorective pot fi:

- **Posturi de redresare** a poziţiei corpului, ca urmare a conştientizării deficienţei şi a dorinţei de a se corecta. Familia are un rol important în privinţa atenţionării asupra poziţiei corpului şi a segmentelor, modul de deplasare şi atitudinile care le adoptă ân anumite momente.
- **Posturi specifice**. În aceste situaţii pacientul este poziţionat într-o manieră deosebită adesea deloc confortabilă.

Posturile suţinute

Pacientul adoptă postura corectivă fără a putea menţine rectitudinea regiunii lombare sau dorsale, sau pe cea a membrelor superioare şi inferioare, ceea ce impune utilizarea unor mijloace ajutătoare (saci cu nisip, benzi elastice, scripeţi cu contragreutăţi, perne mici şi dure etc) pentru susţinerea acestor posturi.

Posturile de imobilizare

Sunt folosite atunci când un segment sau chiar întregul corp trebuie menţinut intr - o poziţie corectivă sau o stare de imobilizare temporară. Astfel pacientul nu mai are posibilitatea de a deplasa voluntar segmentul sau de a mobiliza articulaţia. Imobilizările sunt utilizate pentru consolidarea fracturilor, luxaşilor, entorselor şi pentru corectarea devierilor osoase din timpul perioadei de creştere şi dezvoltare la copii.

Posturile de facilitare

Pentru facilitarea unui proces fiziologic dereglat de boală, poziţionarea corpului într–o anumită postură poate reprezenta un tratament de mare valoare terapeutică. Cea mai mare aplicabilitate a posturărilor sunt în afecţiunile aparatelor respirator, circulator, biliar.

Drenajul postural în unele afecţiuni ale aparatului respirator

Fiind o metodă accesibilă, aria sa de cuprindere este legată de: bronşită cronică obstructivă hipersecretorie, bronşectazia, abcesul pulmonar, mucoviscidoza, pneumoniile necrotice sau pneumopatiile în rezoluţie etc.

Drenajul favorizează mobilizarea secrețiilor, în condițiile în care pacientul este plasat într – o poziție adecvată localizării secrețiilor, în așa fel încât acestea să fie evacuate mai ușor. Eficiența drenajului crește când este asociat cu educarea tusei și expectorației dirijate și cu exerciții respiratorii.

Posturările induc facilități asupra organelor interne, în vederea înlesnirii unui proces fiziologic perturbat de o anumită boală. Posturarea poate avea efecte asupra aparatului cardiovascular - declive sau antideclive.

Ședința este structurată astfel:
- exerciții de relaxare asociate cu respirații de tip diafragmatic din poziția de decubit dorsal timp de 3 – 5 min.
- pacientul adoptă poziția de drenaj corespunzătoare, fie pe patul articulat, fie pe saltea timp de 6 – 10 min.
- la patul basculant se execută respirații adaptate: inspirație în poziție declivă cu capul în sus, expirație cu capul în jos timp de 2 – 4 min.
- revenire în poziția de drenaj, unde se aplică manevrele de masaj, tapotamentul și vibrațiile timp de 1 – 2 min.
- folosind tehnica tusei și a expectorației dirijate, se evacuează secrețiile bronșice se încearcă de 2 – 3 ori.
- respirații liniștite, cu accent pe antrenarea zonelor pulmonare, respirația de tip costo – diafragmatic.

Indicații metodice:
- ședințele pot fi repetate de 2 – 3 ori pe zi, cu o durată de 20 – 30 de minute, independent sau în sala de kinetoterapie.
- atenția trebuie orientată la început asupra zonelor încărcate, treptat ajungându–se la cele sănătoase.
- posturile de drenaj este bine să fie asociate și cu alte tehnici de recuperare.
- pozițiile declive sunt contraindicate persoanelor în vârstă, hipertensivilor, ateroscleroticilor și celor cu insuficiență cardiacă.

- *segmentul anterior:* bolnavul stă în decubit dorsal, cu hemitoracele ridicat întors spre stânga (dreapta).

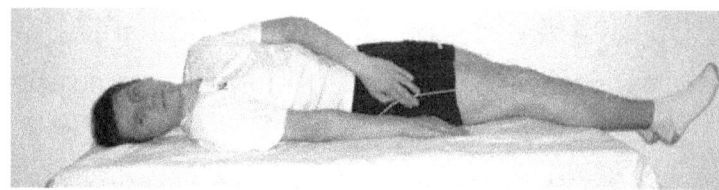

Fig. 6-1

- *segmentul posterior drept:* bolnavul sta în decubit lateral stânga, cu capul pe o pernă, trunchiul spre înainte, genunchiul drept îndoit şi sprijinit în faţă, iar braţul se sprijină pe pernă.

Fig. 6-2

- *segmentul posterior stâng:* decubit lateral dreapta, trunchiul ridicat la 45°.

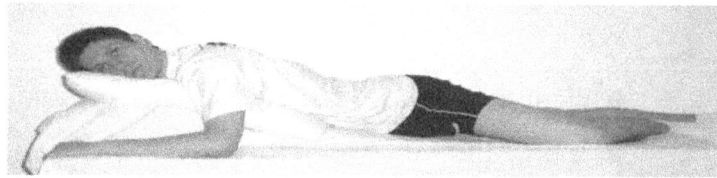

Fig. 6-3

Fig. 6-1, 6-2, 6-3 Poziţii de drenaj ale lobilor superiori

- *semidecubit lateral stânga (dreapta),* trunchiul cu rotaţie posterioară de 45°, spijinit pe o pernă, în poziţie declivă, cu capul sub orizontală la un unghi de 10 - 15°.

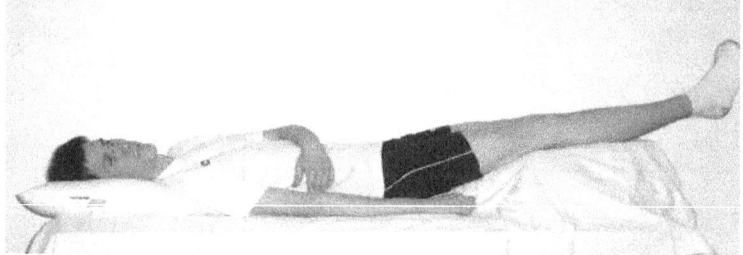

Fig. 6-4

Fig. 6-4 Poziţii de drenaj ale lobului mijlociu şi lingulei

- *segmentul anterior:* decubit dorsal cu genunchii îndoiţi, o pernă sub genunchi, în declin, capul sub orizontală la un unghi de 10−15°.

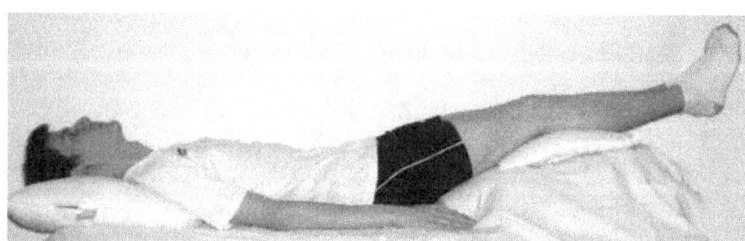

Fig. 6-5

- *segmentul posterior stâng* (drept): decubit ventral în poziție declivă, corespunzător unui unghi de 10–15° (picioarele patului ridicate cu 40–45 cm).

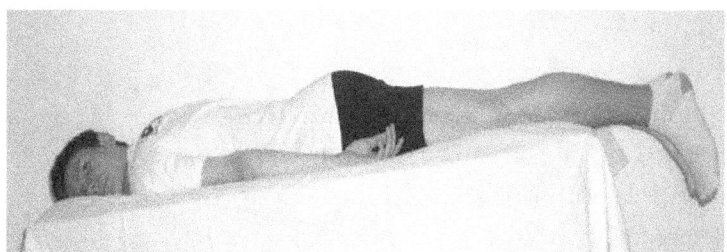

Fig. 6-6

- *segmentul lateral stâng (drept)*: decubit lateral cu o pernă sub hemitoracele stâng (drept), poziție declivă cu un unghi de 10-15°.

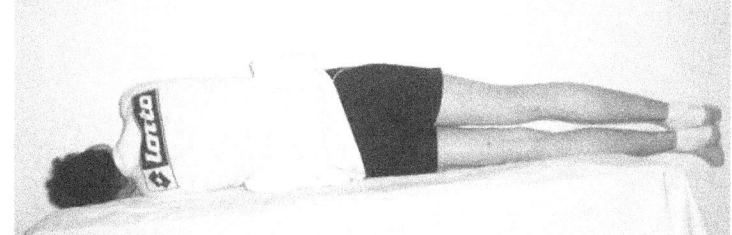

Fig. 6-7

Fig. 6-5, 6-6, 6-7 Poziții de drenaj ale lobilor inferiori

Posturile în afecțiunile neurologice

Pentru reeducarea motilității active în hemiplegie, tratamentul postural trebuie să fie instituit precoce, încă din faza acută. Pentru a fi benefică, posturarea trebuie să țină cont de trei **cerințe:**

1. poziția segmentului liber supus poziționării să nu depășească pragul de sensibilitate dureroasă și să rămână sub tensiune pe toată durata ședinței posturale.

2. să se evite pozițiile ce pot determina, în compensație, mișcări de substituție.

3. să fie menținute pe durate cât mai mari de timp, mergând până la 10 – 12 ore pe zi.

- *posturarea în decubit ventral* se realizează cu brațul în abducție peste 90°, cotul în flexie, antebrațul în pronație, iar în mână se ține un prosop în formă de sul.

Fig. 6-8

- *posturarea în pat, decubit dorsal* se realizează cu gâtul şi trunchiul în extensie, folosind un sul mic plasat sub ceafă, cu membrul superior plegic plasat în extensie, palma în pronaţie, degetele în extensie prin intermediul unu săculeţ de nisip.

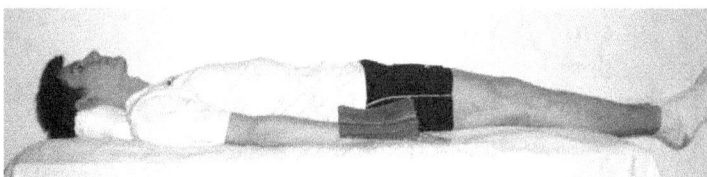

Fig. 6-9

- *posturarea în decubit lateral* se realizează numai pe partea sănatoasă, braţul în uşoară abducţie cu ajutorul unei pernuţe, cotul în flexie, cel plegic depăşindu–l pe cel sănătos, între membre plasându–se o pernă.

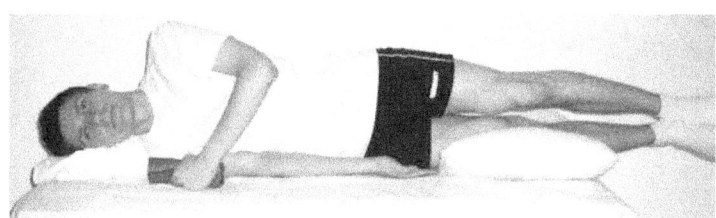

Fig. 6-10

Fig. 6-8, 6- 9, 6-10 Posturări în hemiplegii

Posturile în afecţiunile cardiovasculare

În afecţiunile cardiovasculare utilizarea posturilor asigură pacientului condiţii de protejare prin reducerea activităţilor motrice la un interval cât mai redus de timp. Pacienţii cu infarct miocardic trebuie să rămână imobilizaţi la pat, până ce trece perioada de instabilitate clinică. Pacienţilor cu ateroscleroză obliterantă a membrelor inferioare li se aplică metoda Bürger, care constă în:

- decubit dorsal cu membrele inferioare la 35°, menţinute în sprijin pe o pernă timp de 2 – 3 min,
- se trece în aşezat la marginea patului, cu gambele în atârnat la 35°, pe o durată de 2 – 3 minute.
- pauză în decubit dorsal 1 – 2 min.

Acest ciclu se repete de 4 – 6 ori consecutiv, fiind executat de mai multe ori pe zi.

TEHNICI KINETICE

TEHNICI KINETICE STATICE

Se caracterizează prin modificarea tonusului muscular fără să determine mişcarea segmentului. Această tehnică cuprinde contracţia izometrică cu o valoare deosebită pentru creşterea forţei, rezistenţei şi hipertrofierea cît şi relaxarea musculară.

Se produce o microdeplasare neglijentă între momentul creşterii tensiunii musculare şi cel al relaxării.

Contracţia izometrică

Reprezintă o contracţie musculară în care lungimea fibrei musculare rămâne constantă , în timp ce tensiunea musculară atinge valori maxime, prin activarea tuturor unităţilor motorii ale grupului muscular respectiv. Contracţia musculară se realizează fără deplasarea segmentelor. Muşchiul lucrează contra unei rezistenţe egale cu forţa sa maxima, lungimea fibrei lui rămânând constantă. Tensiunea interna creşte fără modificarea lungimii muşchiului. "Introducerea contracţiei musculare statice (izometrice) în tehnologia kinetologică se datorează lui Hettinger şi Müller (1953), care dovedesc valoarea deosebită a acestei tehnici în creşterea forţei şi rezistenţei musculare. Tot ei au demonstrat că prin izometrie se obţine o rapidă hipertrofiere"(Sbenghe, 1987).

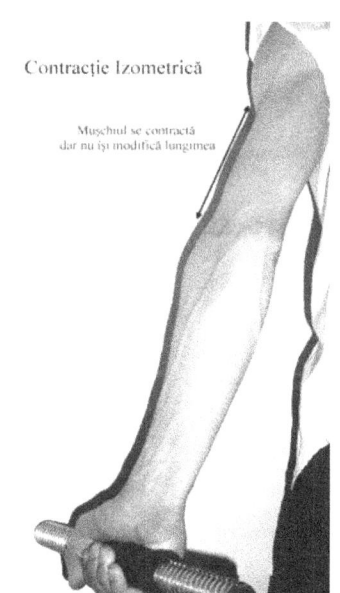

Contracţie Izometrică

Muşchiul se contractă dar nu îşi modifică lungimea

Fig. 6-11 Bicepsul în contracţie izometrică

Relaxarea musculară

Se realizează atunci când tensiunea de contracţie a muşchiului respectiv scade, muşchiul se decontractează.

Relaxarea este un proces psihosomatic, pentru că se adresează simultan atât stării de tensiune musculare crescută, cât și stării psihice, vizând o reglare tonico-emoțională optimală.

Relaxarea musculară poate fi:

- *generală*: proces în legătură cu relaxarea psihică;
- *locală:* se referă la un grup muscular.

TEHNICI KINETICE DINAMICE

Tehnicile dinamice pot fi realizate cu sau fără contracție musculară, astfel se face diferența între tehnicile active și cele pasive.

Mobilizarea pasivă

Există de foarte multă vreme fiind utilizată numai în kinetologia terapeutică și de recuperare (tabelul 6-1). D. Gardiner definește mișcările pasive ca fiind executate cu ajutorul unei forțe exterioare în momentul inactivității totale (determinată de boală) sau al unui maxim de inactivitate musculară (determinată voluntar).

Tabelul 6-1 Efectele mișcărilor pasive

Asupra aparatului locomotor	*Asupra sistemului nervos și a tonusului psihic*	*Asupra aparatului circulator*	*Asupra altor sisteme*
- mențin amplitudinile normale articulare și troficitatea structurilor articulare în cazul paraliziilor segmentului respectiv; cresc amplitudinea articulară;	- mențin "memoria kinestezică" pentru segmentul respectiv;	- ritmate, mișcările pasive au efecte asupra vaselor mici musculare și asupra circulației venolimfatice de întoarcere;	- măresc schimburile gazoase la nivel pulmonar și tisular;
- mențin sau cresc excitabilitatea musculară (legea lui Vekskull: excitabilitatea unui mușchi crește cu gradul de întindere); diminuă contractura	- au un rol important în menținerea moralului	- previn sau elimină edemele de imobilizare;	- cresc tranzitul intestinal și ușurează evacuarea vezicii urinare.

Asupra aparatului locomotor	Asupra sistemului nervos şi a tonusului psihic	Asupra aparatului circulator	Asupra altor sisteme
– retractura musculară prin întinderea prelungită a muşchiului;			
- declanşează stretch – reflexul prin mişcarea pasivă de întindere bruscă a muşchiului, care determină contracţia musculară.		- pe cale reflexă pornită de la receptorii senzitivi articulari şi musculari, declanşează, prin răspuns neurovegetativ, o hiperemie locală, ca şi o uşoară tahicardie.	- menţin troficitatea ţesuturilor de la piele la os.

Condiţiile de realizare a mişcărilor pasive:
- cunoaşterea foarte exactă a suferinţelor pacientului precum şi a stării morfopatologice a structurilor care vor fi mobilizate;
- mobilizarea pasivă trebuie executată de cadre bine antrenate în această tehnică;
- ne vom asigura de colaborarea şi înţelegerea bolnavului;
- pacientul va fi poziţionat în aşa fel, încât să ofere un maximum de confort tehnic de lucru pentru kinetoterapeut, dar şi pentru el însuşi;
- mişcarea se execută pe direcţiile fiziologice, cu amplitudine maximă;
- prizele au o importanţă particulară (între mâinile kinetoterapeutului nu trebuie să existe decât articulaţia de mobilizat, prizele trebuie să utilizeze cel mai mare braţ al pârghiei mobilizate, locul de aplicare a prizei constituie un mod de facilitare sau inhibiţie);
- mobilizarea pasivă este o tehnică analitică;
- nu trebuie să provoace durere;
- are ca parametri de execuţie forţa, viteza, durata şi frecvenţa;
- este indicat să fie pregătită prin aplicaţii de căldură, masaj sau electroterapie antialgică.

Modalităţi tehnice ale mobilizări pasive:
   1. Tracţiunile continue (extensii continue) se execută cu instalaţii, cu contragreutăţi, arcuri, scripeţi, plan înclinat etc. Sunt utilizate mai ales în serviciile de

Tracțiunile constau în întinderi ale părților moi ale aparatului locomotor; se fac în axul segmentului sau articulației, putându-se executa manual sau prin diverse instalații.

ortopedie, pentru realinierea osului fracturat sau pentru deplasări ale capetelor articulare. Aceste tracțiuni au un efect important în obținerea decoaptării articulare determinate de contractura musculară puternică. Instalarea unei tracțiuni continue reduce durerea, întinde mușchii, decontractându-i. Tracțiunea continuă are ca elemente de dozare forța și durata.

2. Tracțiunile discontinue se pot executa atât cu mâna - de către kinetoterapeut, cât și cu ajutorul unor instalații, întocmai ca cele continue.

Se indică în: articulații cu redori ce nu ating poziția anatomică; articulații dureroase cu contractură musculară; discopatii - tracțiuni vertebrale; procese inflamatorii articulare – se realizează tracțiuni cu forță moderată, care au și rolul de a decoapta.

3. Fixații alternante sunt mai mult o variantă a tehnicii de posturare exteroceptivă, dar se mențin pe perioade mai lungi. Tehnica se aseamănă și cu ortezele progresive pentru corecția devierilor determinate de cicatrice retractile sau redori articulare generate de retracturi de țesuturi moi. Tracțiunea nu se execută în ax, ci oblic, pe segmentele adiacente articulației. Sistemul de tracționare este realizat prin tije cu șurub sau alte sisteme de tracționare treptată, prinse în aparate rigide amovibile, confecționate din plastic, piele sau chiar gips, care îmbracă segmentele respective. Reglajele progresive de tracțiune cresc la un interval de cca. 48 de ore. Tehnica este utilizată pentru corecția devierilor determinate de cicatrice retractile sau redori articulare generate de retracturi ale țesuturilor moi.

Mobilizarea forțată sub anestezie

Poziția pacientului este importantă atât pentru a permite confortul si relaxarea sa, cât si pentru o cât mai bună abordare a segmentului mobilizat.

În general această tehnică este executată de către specialistul ortoped. Prin anestezie generală se realizează o bună rezoluție musculară, care permite, fără opoziție, forțarea redorilor articulare, cu ruperea aderențelor din părțile moi. Tehnica se execută în etape succesive, la un interval de câteva zile, fiecare etapă fiind urmată de fixarea unei atele gipsate pentru menținerea nivelului de amplitudine câștigat.

Mobilizarea pasivă pură asistată

Este cea mai utilizată tehnică de mobilizare pasivă executată de mâinile kinetoterapeutului, în timp ce pacientul îsi relaxează voluntar musculatura. Kinetoterapeutul inițiază, conduce şi încheie mişcarea cu presiuni sau tensiuni lente, dar insistente, pentru a ajunge la limitele reale ale mobilității. Mişcările pasive cu tensiuni finale ating de obicei amplitudini mai mari decât mişcările active. Pacientul este poziționat în decubit dorsal, decubit ventral sau aşezat (tabelul 6-2).

Tabelul 6-2 Articulaţiile care pot fi mobilizate din diferite poziţii

Articulaţii / *Poziţii*	*Umăr*	*Cot*	*Pumnul - Mâna*	*Şoldul*	*Genunchiul*	*Gleznă - Degete*	*Rahis (Coloana Vertebrală)*
Decubit Dorsal	Toate mişcările cu excepţia retroducţiei	Toate mişcările	Toate mişcările	Toate mişcările cu excepţia extensiei	Toate mişcările daca şoldul este liber	Toate mişcările	Flexie Înclinări laterale Rotaţii
Decubit Ventral	Retroducţie	✕	✕	Extensie	Dacă şoldul este blocat	Cu genunchiul flectat la 90°	Extensie
Şezând	Toate mişcările	Toate mişcările	Toate mişcările	✕	Toate mişcările	✕	Toate mişcările

Poziţia kinetoterapeutului se schimbă în funcţie de articulaţie, pentru a nu fi modificată cea a bolnavului, dar trebuie să fie comodă, neobositoare, pentru a permite un maximum de tehnicitate şi eficienţă.

Prizele şi contraprizele - respectiv poziţia mâinii pe segmentul care va fi mobilizat şi poziţia celeilalte mâini care va fixa segmentul imediat proximal acestuia. Priza în general este distanţată de articulaţia de mobilizat, pentru a crea un braţ de pârghie mai lung. Există şi excepţii: în redorile postfractură se utilizează prize scurte, apropiate de articulaţia respectivă, pentru a nu solicita focarul de consolidare; în redorile de origine articulară se utilizează braţe mari ale pârghiei, prin plasarea cât mai distală a prizei, permiţând realizarea unei mobilizări eficiente, fără efort.

Contrapriza este făcută cât mai aproape de articulaţia de mobilizat, pentru o mai bună fixare. În cazul sprijinului pe un plan dur al segmentului proximal, contrapriza poate fi abandonată sau făcută doar parţial. Deoarece segmentul care urmează să fie mobilizat trebuie perfect relaxat şi suspendat, priza cere destulă forţă din partea kinetoterapeutului, mai ales pentru trunchi şi segmentele grele. De aceea se recomandă suspendarea în chingi a segmentului în timpul executării mobilizării pasive.

Forţa şi ritmul de mobilizare

- Forţa aplicată de către kinetoterapeut la nivelul maxim de amplitudine este de obicei dozată în funcţie de apariţia durerii, dar şi de experienţa acestuia în cazurile unor pacienţi cu praguri la durere fie prea înalte, fie prea coborâte.

- Viteza imprimată mişcării este în funcţie de scopul urmărit: mişcarea lentă şi insistentă scade tonusul muscular, pe când mişcarea rapidă creşte acest tonus.

- Ritmul mişcării poate fi simplu, pendular (în 2, sau în 4 timpi), la capetele cursei menţinându-se întinderea.

- Durata unei mişcări este de aproximativ 1-2 secunde, iar menţinerea întinderii la capătul excursiei, de 10-15 secunde.

O şedinţă de mobilizare pasivă a unei articulaţii durează în funcţie de articulaţie (la cele mari maxim 10 minute), şi în funcţie de suportabilitatea bolnavului. Şedinţa se repetă de 2-3 ori pe zi. Este indicat ca, înainte de începerea mobilizării pasive, regiunea de mobilizat să fie pregătită prin căldură, masaj, electroterapie antialgică, eventual prin infiltraţii locale. De asemenea, în timpul executării mişcărilor pasive poate fi continuată aplicarea de căldură şi, din când în când, oprită mişcarea pentru un masaj de 1-2 minute. Când apar reacţii locale: durere, contractură, pierdere de amplitudine sau generale: febră, stare de enervare sau oboseală, pauza dintre şedinţe va fi mai mare sau chiar se vor suspenda pentru câteva zile.

Mobilizarea pasivă mecanică

Utilizează diverse sisteme mecanice de mobilizare tip Kineteck - adaptate pentru fiecare articulaţie şi tip de mişcare în parte. Aceste aparate permit mişcarea autopasivă, sau realizează mişcarea prin motoraşe electrice sau prin manevrarea de către kinetoterapeut.

Mobilizarea autopasivă

Reprezintă mobilizarea unui segment cu ajutorul altei părţi a corpului, direct sau prin intermediul unor instalaţii (de obicei scripeţi). Această autoasistenţă este o bună metodă de aplicat de către bolnav la domiciliu sau în intervalele dintre şedinţele de kinetoterapie organizate la sală .

Exemple de mobilizări autopasive:
- prin presiunea corpului (sau a unui segment al corpului);
- prin acţiunea membrului;
- prin intermediul unei instalaţii "coardă-scripete";
- prin intermediul unei instalaţii de mecanoterapie mobilizată prin manivelă sau roată de către pacient.

Mobilizarea pasivo-activă,
Denumită şi "mobilizare pasivă asistată activ" de bolnav, pentru a o diferenţia de "mobilizarea activă ajutată". Metoda este utilizată pentru reeducarea forţei musculare, ca şi pentru reeducarea unui muşchi transplantat, în vederea perfecţionării noului rol pe care îl va deţine în lanţul kinetic. În cazul unei forţe musculare de valoare sub 2, când muşchiul se contractă fără să poată deplasa segmentul, eventual doar în afara gravitaţiei, mobilizarea pasivo-activă se indică pentru a ajuta efectuarea unei mişcări sau a întregii amplitudini de mişcare, conservând capacitatea de contracţie pentru un număr mai mare de repetiţii.

Manipularea
Este o formă pasivă de mobilizare, dar prin particularităţile de manevrare, este considerată ca făcând parte din grupul metodelor şi tehnicilor kinetologice speciale.

Mobilizarea activă

Această mişcare este definită prin implicarea contracţiei musculare a segmentului mobilizat. Aceasta poate fi involuntară (reflexă) sau voluntară.

Moblizarea activă reflexă
Este realizată de contracţii musculare reflexe, necontrolate şi necomandate voluntar de pacient.
Mişcările apar ca răspuns la un stimul senzitivo-senzorial în cadrul arcurilor reflexe motorii.

Contracția reflexă se poate produce prin:

- *reflexul de întindere* apare atunci când întinderea bruscă a unui mușchi inervat determină contracția acestuia pentru echilibrarea forței;
- *reacțiile de echilibrare* reprezintă o suită de reflexe care se declanșează în vederea restabiliri echilibrului corpului, când acesta se pierde prin intervenția unei forțe exterioare;
- *reflexele de poziție*: poziția ortostatică este menținută prin contracții musculare continue declanșate involuntar.

Mobilizarea activă voluntara

Principala caracteristică a acestei tehnici este mișcarea voluntară, comandată, ce se realizează prin contracție musculară și consum energetic. În mișcarea voluntară contracția este izotonică, dinamică, mușchiul modificându-și lungimea prin apropierea sau depărtarea capetelor de inserție.

Obiectivele urmărite prin mobilizarea activă voluntară, sunt:

- creșterea sau menținerea amplitudinii mișcării unei articulații;
- creșterea sau menținerea forței musculare;
- recăpătarea sau dezvoltarea coordonării neuromusculare.

Modalități tehnice de mobilizare activă voluntară:

- **Mobilizarea liberă (activă pură)**

Mișcarea este executată fără nici o intervenție facilitatoare sau opozantă exterioară, în afara, eventual, a gravitației.

- **Mobilizarea activă asistată**

Mișcarea este ajutată de forțe externe (gravitație, kinetoterapeut, montaje cu scripeți, etc.) fără ca acestea să substituie forța musculară mobilizatoare.

- mobilizare activo-pasiva (ajutor pe finalul mișcării).

Mișcarea în care pacientul inițiază activ mișcarea, însă nu o poate efectua pe toată amplitudinea și este necesară intervenția unui ajutor se numește, mișcare *activo–pasivă*.

- mobilizare pasivo-activa (ajutor în prima parte a mișcării).

Mișcarea în care pacientul nu poate iniția activ mișcarea, dar odată ce este ajutat în prima parte a mișcării, execută liber restul amplitudinii de mișcare se numește, mișcare *pasivo–activă*.

Se utilizează:

- când forţa musculară este insuficientă pentru a mobiliza segmentul contra gravitaţiei;
- când mişcarea activă liberă se produce pe direcţii deviate, datorită rotaţiei capetelor osoase articulare sau suferinţelor neurologice, care perturbă comanda sau transmiterea motorie;
- **Mobilizarea activă cu rezistenţă**

În mişcarea voluntară muşchii acţionează ca agonişti, antagonişti, sinergişti şi fixatori.

În cazul acesta forţa exterioară se opune parţial forţei mobilizatoare proprii. Tehnica mobilizării active cu rezistenţă are ca obiectiv principal creşterea forţei şi/sau rezistenţei musculare.

Agoniştii sunt muşchii care iniţiază şi produc mişcarea, motiv pentru care se mai numesc "motorul primar".

- o cursa internă – are loc în interiorul segmentului de contracţie. Agoniştii lucrează între punctele de inserţie normală. Rezultă scurtarea muşchiului şi mărirea formei şi a volumului acestuia.
- o cursa externă - are loc în exteriorul segmentului de contracţie. Agoniştii lucrează dincolo de punctul de inserţie. Se realizează numai cu acei muşchi care pot fi întinşi peste limita de repaus.
- o cursa medie - agoniştii la lungime medie, situaţi la jumătatea amplitudinii maxime pentru o mişcare dată.

Limita dintre curse se găseşte la punctul 0 anatomic (punctul când unghiul dintre segmente este 0): => agoniştii maxim alungiţi (zona lungă), => antagoniştii maxim scurtaţi (zona scurtă).

Antagoniştii se opun mişcării produse de agonişti; au deci rol de frânare, reprezentând frâna elastică musculară, care intervine de obicei înaintea celei ligamentare sau osoase.

Muşchii agonişti şi antagonişti acţionează totdeauna simultan, însă rolul lor este opus:

- când agoniştii lucrează, tensiunea lor de contracţie este egală cu cea de relaxare a antagoniştilor, care controlează efectuarea uniformă şi lină a mişcării, prin reglarea vitezei, amplitudinii şi direcţiei;
- când tensiunea antagoniştilor creşte, mişcarea

Creşterea forţei musculare se poate realiza prin îmbunătăţirea calităţii comenzii nervoase de la creier la muşchi.

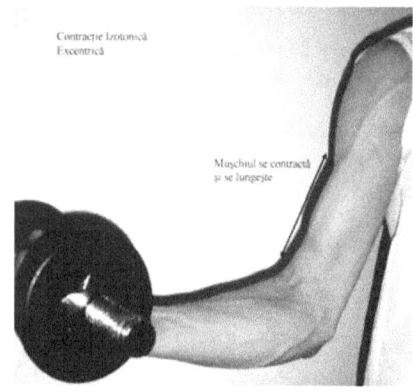

**Fig. 6-13 Contracție
izotonică excentrică**

inițială produsă de agoniști încetează.

Astfel, prin jocul reciproc, echilibrat, dintre agoniști și antagoniști rezultă o mișcare precisă coordonată.

Sinergiștii sunt mușchii prin a căror contracție acțiunea agoniștilor devine mai puternică.

Fixatorii acționează ca și sinergiștii, tot involuntar și au rolul de a fixa acțiunea agoniștilor, antagoniștilor și sinergiștilor. Fixarea nu se realizează continuu, pe întreaga cursă de mișcare a unui mușchi. Mușchii pot lucra cu deplasarea segmentului (producerea mișcării) realizând contracții izotonice sau fără, realizând contracții izometrice.

Contracția izotonică

Este o contracție dinamică prin care se produce modificarea lungimii mușchiului determinând mișcarea articulară. Pe tot parcursul mișcării, tensiunea de contracție rămâne aceeași. Modificarea lungimii mușchiului se poate face în 2 sensuri: prin apropierea capetelor sale (contracție dinamică concentrică) și prin îndepărtarea capetelor de inserție, (contracție musculară excentrică).

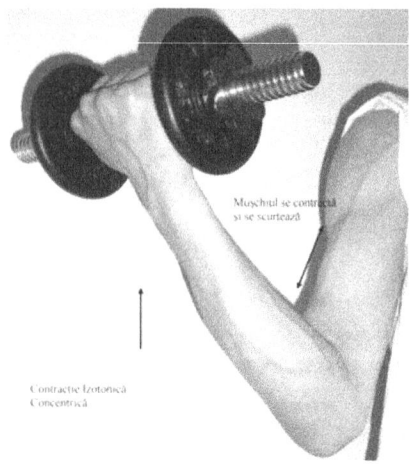

**Fig. 6-12 Contracție
izotonică concentrică**

Contracția izotonică poate fi:

1. Concentrică (fig. 6-12) atunci când agoniștii înving rezistența externă; mușchiul se contractă pentru a învinge o rezistență din afară, se scurtează apropiindu-și atât capetele de inserție, cât și segmentele osoase asupra cărora acționează. Acest fel de contracție scurtează mușchiul dezvoltându-i tonusul și forța iar la nivel articular cresc stabilitatea.

2. Excentrică (fig. 6-13) atunci când agoniștii, deși se contractă, sunt învinși de rezistența externă. Contracția excentrică se realizează atunci când mușchiul fiind contractat și scurtat cedează treptat unei forțe care-l întinde și-i îndepărtează atât capetele de inserție, cât și segmentele osoase asupra cărora lucrează mușchiul respectiv. Prin acțiunea ei dezvoltă elasticitatea și rezistența mușchiului iar la nivel articular mobilitatea.

Contractia pliometrica reprezinta cea mai frecventa forma de contractie in activitatea sportiva (atletism).

3. *Pliometrică* atunci când capetele musculare se îndepărtează, după care se apropie într-un timp foarte scurt. Pliometria presupune solicitarea unui mușchi mai întâi printr-o fază excentrică, lăsând apoi să se desfășoare faza concentrică ce urmează în mod natural.

4. *Izokinetică* este o contracție dinamică, în care viteza mișcării este reglată în așa fel încât rezistența aplicată mișcării este în raport cu forța aplicată pentru fiecare moment din amplitudinea unei mișcări. Pentru o corectă izokinezie trebuie ca rezistența să varieze în funcție de lungimea mușchiului, pentru a se solicita aceeași forță. Se realizează cu aparate speciale numite dinamometre.

Tabelul 6-2 Efectele exercițiilor fizice dinamice:

Efecte asupra tegumentului	*Efecte asupra elementelor pasive (oase, articulații, tendoane, ligamente) și active (mușchi) ale mișcării*	*Efecte asupra aparatului circulator*	*Efecte asupra sferei neuro-psihice*
- favorizează resorbția edemelor prin facilitarea întoarcerii venoase	- întrețin suprafețe articulare de alunecare; previn sau reduc aderența și fibroza intraarticulară, care se dezvoltă în structurile periarticulare și în cavitatea articulară	- cresc întoarcerea venoasă	- dezvoltă conștientizarea schemei corporale și spațiale
- realizează întinderea tegumentului	- mențin sau cresc mobilitatea articulară	- cresc tonusul simpatic, cu adaptarea circulației la solicitările de efort	- cresc motivația
- cresc afluxul de sânge către țesuturi	- alungesc progresiv elementele periarticulare, - cresc forța și rezistența musculară	- cresc debitul cardiac	- îmbunătățesc coordonarea musculară

TEHNICI SPECIALE

STRETCHING

Stretchingul este o tehnică de bază în kinetoterapia de recuperare a deficiențelor de recuperare articulară. Aceasta tehnică începe după ce s-a ajuns la punctul de limitare a amplitudinii de mișcare.

"Exercițiile de *stretching* întind foarte încet mușchii, care apoi sunt menținuți în poziția respectiva un anumit timp. Ele constituie un sistem de antrenament care mărește limitele de întindere ale mușchilor și articulațiilor, dezvolta forța și rezistența mușchilor și ii ajuta sa rămână flexibili" (Namikoshi, 2008, pg.14).

Stretchingul în kinetoprofilaxie

Stretchingul este recomandat de sportivi, antrenori, kinetoterapeuti atât pentru prevenirea traumatismelor cât și în creșterea performanțelor. Practica de rutină a stretchingului a fost pusă la indoială de câtiva cercetători, concluzionând ca există puține dovezi ca stretchingul pre sau post participare previne traumatismele. Datorita acestor incertitudini cercetătorii au dezvoltat modele capabile să ilustreze relațiile dintre stretching, flexibilitate, performanță și traumatism.

Exista câteva tipuri de stretching pentru îmbunătățirea flexibilității, incluzând stretchingul pasiv, static, izometric, balistic, și tehnici de facilitare neuromusculară. Deși stretchingul static este cel mai ușor și mai frecvent folosit tip de stretching, fiecare tip în parte are părțile sale pozitive. Atât tehnicile pasive și cele de facilitare neuromusculara prioceptiva (FNP) necesita prezenta unei persoane specializate.

Studiile analitice privind traumatismele sportive enumeră printre factorii de risc vârstă, extreme ale indexului masei corporale, un nivel de fitness scăzut, lipsa experienței sportive, dezechilibrele musculare între grupurile de flexori și extensori, prezența unor traumatisme antecedente, etc. Nu există o cunoaștere precisă a tuturor factorilor de risc implicați în apariția traumatismelor astfel că nu este greu de apreciat în urma analizei acestor factori momentul exact în care se poate produce un traumatism. Dintre studiile comparative existente în literatura de specialitate doar câteva se adresează multiplilor factori de risc potențiali. Similar puține studii tratează stretchingul și strategiile de prevenire a traumatismelor.

Stretchingul în kinetoterapie

Pentru reobținerea unei amplitudini de mișcare (AM) normale, stretchingul este o metoda kinetică extrem de utila. După A. Adler, beneficiile aduse de aceasta metoda sunt mult mai complexe.

Beneficiile ar fi:

- Creşte flexibilitatea țesuturilor (supleţea lor);
- Creşte abilitatea de a învăţa sau performa diverse mişcări;
- Determină relaxarea fizica şi psihica;
- Determină o conştientizare asupra propriului corp;
- Scad durerile musculare şi tensiunea musculară;
- Scade riscul de traumatisme ale aparatului locomotor prin exerciții fizice, muncă, sport;
- Determina o stare „de bine'' fizic;
- Realizează încălzirea țesutului.

Tot M. Adler ne spune că aplicarea acestei metode este realizată de multe ori fără respectarea unor reguli obligatorii, cum ar fi:

a) Evaluarea corectă a pacientului înainte de aplicarea stretchingului.

- Cauza şi structurile care determină scăderea AM şi aplicarea metodei corecte de redresare;
- Aprecierea eventualelor contraindicaţii sau restricţii parţiale.

b) Înainte de a se face indicaţia, în cazul în care în zona în care urmează să se facă stretching exista dureri, trebuie foarte bine analizate acestea.

c) Pregătirea pacientului pentru stretching.

- Încălzirea țesutului. Un țesut încălzit sau/şi sub căldura se alungeşte cu mai multă uşurinţă;

- Aplicarea unor procedee de relaxare (relaxare generală de Schultz, Jacobsen etc. sau/și locală prin masaj);
- Poziționarea corectă a pacientului prin alegerea procedeului cel mai adecvat și comod care va permite o reală întindere a țesutului dorit.

d) Aplicarea tipurilor și tehnicii de stretching în mod corect.

- Sub raportul parametrilor: durată, intensitate, ritm al ciclurilor;
- Se începe cu articulațiile distale, apoi se trece spre cele proximale;
- Se întinde doar cate o articulație inițial, apoi se poate executa stretching și peste 2 sau 3 articulații;
- Pentru evitarea compresiei articulare în timpul stretchingului în anumite situații (ex. inflamatie, durere) se realizează concomitent o tracțiune ușoara în ax.
- Trebuie evitat overstretchingul (supraîncălzirea) cauza frecventă a durerilor și rupturilor de fibre musculare și conjuctive (mai ales).

Overstretchingul este periculos mai ales pe un țesut neîncălzit.

Atenție!

▪ În unele situații (vârstnici, procese degenerative, țesuturi prost irigate etc.), marja de siguranță între un stretching corect și eficient și overstretching este foarte îngustă.

▪ Semnalul este durerea care reapare și în a 2-a – 3-a zi de aplicare a stretchingului.

Controlul respirației este important în stretchingurile active. Întinderea se va face pe un expir lent, prelungit iar respirația sa fie de tip abdominal. În acest fel, respirația este utilizată ca o „pompă" pentru creșterea fluxului sanguin intramuscular în timpul stretchingului.

e) Respectarea precauților în indicarea și aplicarea metodei stretchingului.

- Întinderea țesuturilor care au fost imobilizate un timp mai îndelungat trebuie realizată cu mai multă grijă deoarece se risca ruperea lor datorita fragilității fibrelor conjunctive postimobilizare;
- Pacienții cu osteoporoza pot face smulgeri osoase la inserțiile țesuturilor întinse, iar la cei cu fracturi recente încă incomplet consolidate, pot apărea dislocări;
- Țesuturile inflamate, edemațiate, suportă greu stretchingul (apare durerea), dar au și o rezistență scăzută;

- Musculatura antigravitaţională cu forţă slabă (din diverse motive) nu trebuie supusă unui stretching prea intens;

> ■ **Atenţie** la pacienţii cu tulburări psihice şi/sau comportamentale!

f) Contraindicaţiile stretchingului:
- Când limitarea AM este de cauză osoasă;
- După o fractură recentă neconsolidată;
- În prezenţa unui proces inflamator acut sau infecţios intraarticular sau periarticular;
- În prezenta persistenţei unei dureri la orice mişcare articulară;
- În prezenţa unui hematom sau a altor semne lezionale ale ţesutului moale;
- Când scurtarea adaptativă care limitează AM realizează din punct de vedere funcţional o stabilitate crescută articulară fără de care am fi în prezenţa unei instabilităţi articulare sau a unei precare lipse de abilitate (ex. în unele pareze sau scăderi severe de forţă musculară).

Durerea, în practica stretchingului, joacă un rol foarte important. Ea trebuie analizată bine în funcţie de momentul apariţiei ei: înainte, în timpul sau după stretching. Întotdeauna trebuie încercat să se depisteze cauza.

Astfel se pot incrimina:
a. lipsa de încălzire înainte de exerciţiu cu mici rupturi de fibre;
b. supraexerciţiu, determină acumularea de metaboliţi acizi ce produc durere. Aceste dureri le putem combate uşor prin încălzire, stretching-izometric, masaj, dar şi prin aport crescut de Vitamina C sau ingestie de bicarbonat de Na înainte de efort;
c. scădere de flux sanguin cu apariţie de dureri şi intrare în cercul vicios durere - contracţie - scădere flux - durere;
d. durerile apărute la sedentari (apar repede) - nu este necesar să le luam în considerare deoarece vor dispărea după câteva exerciţii;
e. importante, de luat în seama, sunt durerile apărute la atleţi după stretching activ de diverse tipuri. Aceste dureri denotă sigur apariţia de leziuni tisulare cu edem etc.

f. daca există dureri înainte de începerea stretchingului, acestea trebuie analizate cauzal prin metode clinice şi paraclinice.

Cel mai folosit în kinetoterapie este stretchingul manual, pasiv, executat lent (pentru evitarea stretchreflexului) cu o menţinere a întinderii într-o întindere de uşor disconfort timp de 15-60 sec. (durata optimă pare să fie de 30 sec.).

Stretchingul ciclic, mecanic a fost aplicat pacienţilor cu limitare de mobilitate dând rezultate bune, dar acesta necesită o aparatură complicată. În momentul în care pacientul participă activ, prin contracţia agoniştilor la stretchingul musculaturii antagoniste avem de-a face cu stretchingul activ. În kinetoterapie nu prea se foloseşte stretchingul activ pur, deoarece este dificil (şi chiar contraindicat) să se menţină o contracţie izometrică a antagonistului la o intensitate eficientă , astfel încât muşchiul antagonist să poată fi menţinut în zona plastică. Pentru ca pacientul sa beneficieze însă de avantajele unui stretching activ, se combină menţinerea timp de 10-20 sec. (la antrenaţi 30 sec.) a contracţiei izometrice (dar nu de intensitate maximă, pe grupe musculare relativ bine localizate şi cu atenţie la blocarea respiraţiei) a antagonistului, cu un stretching pasiv indus de kinetoterapeut sau cu un autostretching pasiv (de preferinţă din poziţii în care se foloseşte greutatea segmentului sau a subiectului).

În şedinţele de kinetoterapie, la început (pentru încălzire) se recomandă stretchingul pe grupele musculare ce vor fi solicitate (cu precădere formele activo-pasive şi apoi cele balistice), iar la sfârşitul şedinţei, pentru o refacere mai rapidă pe aceleaşi grupe musculare (solicitate) se recomanda stretchingul pasiv. Viteza de execuţie a întinderii este considerată factorul de risc major al exerciţiilor de stretching.

Stretchingul FNP este cel mai utilizat pentru creşterea flexibilităţii şi reprezintă o combinaţie de stretching pasiv şi stretching izometric. Aplicarea acestei metode se face doar de către kinetoterapeut, având o mare aplicabilitate în recuperare.

- Procedeul se bazează pe alternanţa reflexului miostatic de întindere. Stretchingul FNP se asociază cu aplicaţii locale reci (gheata)= criostretch.
- Asocierea crio-stretching FNP se realizează de 2-3ori înainte de celelalte manevre kinetice. Fiecare astfel de asociere are o durată de 65 secunde cu pauza 20 secunde. 3seturi/sedinta zilnic.

- Inițial se face masaj cu gheață la nivel distal până dispare durerea apoi pauză 20 secunde, după care se solicita contracție izotonică cu rezistență minimă. Durata contracției 5secunde. Durata se creste progresiv la 10 secunde și apoi la 65 secunde.

Stretchingul este recomandat în programele de kinetoterapie mai ales pentru că diminuează durerile coloanei vertebrale, apărute inițial datorită unor contracturi musculare. Dacă nu se actionează de la început, în timp, acestea se accentuează și apare dezechilibrul muscular. În zonele mai sensibile ale coloanei vertebrale, apar deviațiile acesteia, care în timp duc la afecțiuni importante (scolioze, cifoze, hernii de disc).

Exercițiile de stretching se pot folosi în programele de reeducare a mobilității elasticității (periartrita scapulo-humerală, leziuni de menisc, coxartroză).

Folosirea regulată a stretchingului este indicată persoanelor predispuse să dezvolte rupturi musculare, întinderi musculare sau tendinite (inflamația cartilajului periarticular).

Stretching-ul asistat

Stretchingul asistat este noua abordare a metodelor tradiționale de stretching și a fost adus recent în atenția publicului. Este o metoda folosita de antrenori, terapeuti, medici și atleți profesioniști.

Stretchingul asistat este o metodă științifică dezvoltata de Aaron Mattes un renumit maseur și kinetoterapeut american. La noi în țară acest stretching asistat nu este practicat de foarte mulți terapeuți profesioniști. Acesta utilizează mișcări precise care au rolul de a izola zone specifice care vor fi întinse. După ce se obține poziția optimă, întinderea este menținuta 1,5-2 secunde, apoi se eliberează și se repetă mișcarea de 8-10 ori într-un set. Sunt vizate toate articulațiile și toate grupele musculare.

În cadrul stretchingului asistat terapeutul este cel care controlează mișcările și stabilește amplitudinea mișcării, dar acesta trebuie sa aibă în vedere ca niciodată să nu se atingă pragul durerii.

Beneficiile stretchingului asistat sunt:

- îmbunătăţeşte flexibilitatea articulară;

- diminuează durerile musculare acute după efort (febra musculara) şi cele cronice,

- reduce spasmul muscular (cârceii),

- reduce riscul întinderilor musculare şi a rupturilor;

- favorizează recuperarea după accidentări;

- ajută la menţinerea unei posturi corecte;

- creşte performanţa atletică;

- reduce stresul;

- favorizează transportul oxigenului şi nutrienţilor la nivel celular;

- stimulează circulaţia limfatică şi eliminarea produşilor de metabolism;

- favorizează recâştigarea şi menţinerea amplitudinii de mişcare normale la nivel articular;

- favorizează o refacere mai rapidă a planurilor fasciale superficiale şi profunde.

TEHNICI DE TRANSFER

Transferurile pot fi: independente, asistate sau prin liftare sau scripeţi.

Transferul este procedeul prin care pacientului i se modifică poziţia în spaţiu sau se mută de pe o suprafaţă pe alta.

Manevrarea pacienţilor se face în **3 moduri**:

- *manual:* aceasta se efectuează folosind forţa pacientului şi capacitatea sa de deplasare;

- *cu dispositive mici* de manevrare: în acest caz manevrarea pacientului se face cu ajutorul unor ţesături cu frecare redusă, centuri ergonomice, plăci turnate pentru picioare, sau bare trapez care se află deasupra patului;

- *cu dispozitive mari* de manevrare: acestea se execută cu echipament electro-mecanic de ridicare a pacientului;

Alegerea tehnicii adecvate coincide cu examinarea unor **factori**, cum ar fi:

- *nivelul de asistenţă necesitat de pacient.* Un pacient tetraparetic, sub anestezie, necooperant necesită o manevrare mecanică. Spre deosebire de

un pacient cooperant care se poate deplasa doar cu asistenţă, sau chiar cu
forţa proprie.

- *dimensiunea şi greutatea pacientului.* Un pacient poate avea o greutate prea
mare pentru a fi ridicat de un cadru medical fără asistenţă mecanizată.

Pentru fiecare model de manevrare a pacienţilor, chiar
şi acela în care se folosesc dispozitive ajutătoare , se aplică
anumite **principii de bază.** Acestea sunt :

Cele mai des întâlnite tehnici de transfer sunt: pivotul ortostatic, pivotul flectat, scândurile de transfer şi transferul dependent de două persoane.

1. Solicitarea ajutorului unor asistenţi – pentru
operaţiunile în care sunt implicaţi pacienţii imobilizaţi
este necesar formarea unui grup de cel puţin doi
asistenţi .

2. Înainte de începerea oricărei activităţi de manevrare a
pacientului, terapeutul trebuie să se afle cât mai aproape de pacient, iar dacă este
necesar inclusiv prin îngenunchere – acest principiu permite terapeutului să
efectueze manevra depunând efortul fizic necesar.

3. Înainte de începerea unei manevre terapeutul trebuie să îi explice pacientului
manevra care urmează să fie executată – acest lucru este benefic pentru pacient
deoarece, acesta are posibilitatea de a-şi ameliora tropismul muscular.

4. Înainte de începerea unei manevre de transfer terapeutul trebuie sa menţină o
postura corectă - aceasta constă în poziţionarea cu picioarele uşor depărtate iar
unul dintre picioare trebuie să fie puţin înainte pentru a avea o bază de susţinere
mai largă. În timpul efectuării manevrei terapeutul va folosi musculatura
piciorului şi cea a şoldului în detrimentul musculaturii din regiunea superioară a
corpului.

5. Un alt principiu este acela în care terapeutul trebuie sa menţină o priză corectă în
timpul executării unei manevre – pacientul nu trebuie prins niciodată numai cu
degetele, ci trebuie folosită toată mâna. Pacientul se prinde întotdeauna numai în
jurul regiunii pelviene, a taliei, a omoplaţilor şi niciodată de mâini sau de
picioare.

6. Alt principiu constă în purtarea unui echipament adecvat de către terapeut –
acesta trebuie să utilizeze o încălţăminte care nu alunecă , de evitat fiind saboţii,

pantofii cu tocul înalt sau papuci. Îmbrăcămintea trebuie să fie una care nu limitează mişcările terapeutului.

Având în vedere toate aceste principii trebuie să spunem că există şi anumite **riscuri** care fac aceste manevre să fie periculoase. Mai jos vom da câteva exemple de riscuri :

1. *Riscuri asociate pacientului*: trebuie să avem în vedere că pacientul nu poate fi ridicat ca pe o simplă greutate, iar pentru aceasta principiile de manevrare corectă nu sunt întotdeauna aplicabile.

2. *Riscuri asociate mediului*: terapeutul trebuie să fie pregătit pentru orice situaţie de lucru deoarece există riscul de alunecări pe o suprafaţă udă, împiedicări pe o suprafaţă de lucru inegală şi un alt risc acela de a lucra într-o încăpere cu spaţiu mic sau aglomerată cu multe materiale de lucru.

3. *Alte riscuri* mai pot fi: lipsa asistenţei (care din păcate este cea mai des întâlnită problemă), lipsa echipamentului corespunzător şi lipsa cunoştinţelor şi instructajului în domeniu.

Exemple de tehnici adecvate pentru manevrarea pacienţilor (fig. 6-14, 6-15)

Fig. 6-14 Transferul din poziţia şezând cu un terapeut: pat - scaun

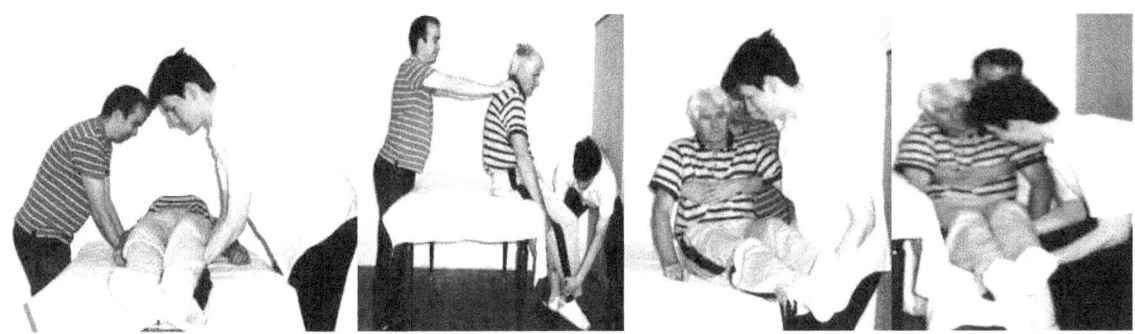

Fig. 6-15 Transferul din poziția șezând cu doi terapeuți: pat - scaun

TEHNICI DE FACILITARE NEUROMUSCULARĂ PRORPIOCEPTIVĂ

Introducere

Elemente de neurofiziologie:

Motoneuron = neuron ce conduce impulsul nervos de la SNC la sistemul muscular.

Fus neuromuscular = este un receptor specializat și sensibl la întindere, cu rol de coordonare a mișcărilor musculare. Este situat paralel și între fibrele mușchiului striat.

Contracție izotonică = este o contracție musculară care presupune modificarea lungimii muschiului și menținerea constantă a tonusului muscular.

o *telereceptor* = Sistem exteroceptiv vizual, auditiv sau olfactiv care permite percepția stimulilor de la distanță. (DEX.)

o *exteroceptor* = Organ din sistemul nervos central care receptează stimuli din mediul extern. (DEX.)

Inducție = stimulare, excitabilitate crescută (Alder, 2009, p. 3)

Contracția izotonică concentrică = scurtarea în lungime a mușchiului și este posibilă doar dacă încărcătura este mai mică decât potențialul maxim al individului.

Contracţia izotonică excentrică (sau negativă) = inversul unei contracţii concentrice: readuce muşchiul la poziţia de start.

Definirea tehnicilor FNP

Tehnicile FNP se adresează cu precădere "ansamblului neuromuscular", reprezentând uşurarea, încurajarea sau accelerarea răspunsului motor voluntar prin stimularea proprioceptorilor din muşchi (fig. 6-16), tendoane, articulaţii, la acestea adăugându-se şi stimularea extero- şi telereceptorilor. Un rol important în definirea conceptelor de facilitare şi inhibiţie l-a avut Sherrington (1967), care a arătat că orice stimul care ajunge la motoneuronii alfa spinali determină descărcarea unui număr limitat de neuroni. În cazul în care vor acţiona stimuli suplimentari la acelaşi nivel vor determina recrutarea unui număr suplimentar de neuroni, care vor avea ca rezultat facilitare (adică accentuarea raspunsului motric). Însă în cazul scăderii numărului de neuroni se va produce inhibarea (adică reducerea) acestui răspuns.

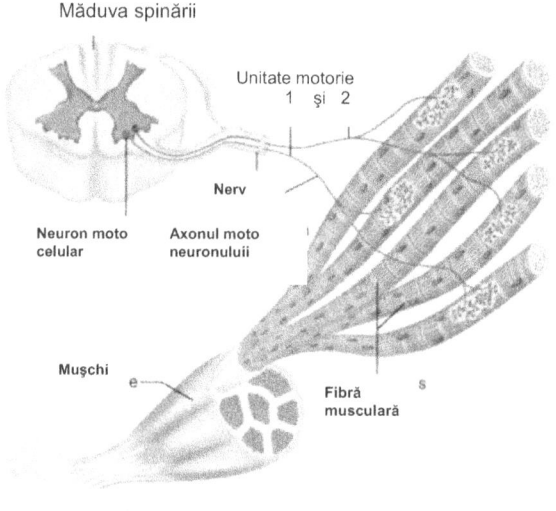

Fig. 6-16 –Transmiterea influxului nervos motoneuron – fibre musculare
Sursa:http://faculty.etsu.edu/forsman/Histologyofmuscle forweb.htm

O contribuţie importantă a avut legea *inervaţiei reciproce* (Sherrington, 1967 apud. Sbenghe, 1993) - premisa este că atunci când un muşchi se contractă, antagonistul acestuia se relexează în aceeaşi măsură, astfel încât să permită facilitarea contracţiei agonistului, prin impulsuri provenite la nivelul fusului neuromuscular. Contracţia musculară este însoţită simultan de inhibiţia antagoniştilor.

Apoi, legea *inducţiei successive* a influenţat şi ea: premisa inducţiei succesive este că "o excitabilitate crescută la nivelul muşchiului agonist este urmată de stimularea (contracţia) antagonistului". (Alder, 2009, p. 3). Tehnicile ce implică inversarea antagoniştilor uzitează acest principiu.

Tehnicile FNP utilizate în cadrul şedinţelor de recuperare, reeducare, în cazul afecţiunilor ortopedico-traumatice, au un rol de a permite repunerea în acţiune a muşchiului slab în condiţiile excitaţiei normale şi de a reangrena acest muşchi în mişcările utile şi cunoscute de subiect. În reeducarea neuromusculară se consideră că **funcţionarea anormală** a detectorului, integratorului sau a efectorului va avea în mod obligatoriu ca rezultat **o mişcare prost organizată sau chiar absentă**. Această idee este acceptată şi chiar adaptată cu succes în diverse patologii deoarece punctul periferic al mişcării este ca o recrutare a contracţiilor musculare cu plecare pe căile aferente şi declanşează răspunsurile motrice însuşite, dacă stimularea este corespunzătoare. Această "reprogramare neuromotrică" se aplică din ce în ce mai mult în reeducarea sportivilor, dă rezultate majore în tratamentul politraumatizaţilor, permiţând declanşarea contracţiilor musculare de întreţinere.

Tehnicile utilizate în cadul unei şedinţe sunt alese în funcţie de obiectivul urmărit (de exemplu creşterea abilităţii, stabilităţii, etc)

Scheme de mişcare sunt folosite, de regulă, diagonalele Kabbat.

Efecte ale tehnicilor FNP:

o iniţiază mişcarea;

o reeducă schemele de mişcare;

o creşte forţa;

o îmbunătăţeşte stablilitatea şi echilibrul,

o relaxare;

o reducerea durerii;

o mărirea amplitudinii mişcării;

o înlăturarea oboselii musculare.

Procedee în FNP

Rezistenţa optimă

Măsura rezistenţei contra unei mişcări utilizată în timpul unei activităţi trebuie:

- să fie adecvată cu condiţia pacietului;

- să fie în concordanţă cu scopul activităţii respective;

- *să permită executarea acţiunii respective.*

Rezistenţa optimă determină o iradiere a influxului de la grupele musculare puternice spre cele slabe.

Iradierea şi întărirea

Iradierea reprezintă folosirea răspândirii răspunsului după un stimul şi se realizeză, de la musculatura puternică la cea slabă.

- Iradierea este produsă de rezistenţa la mişcare, astfel că răspândirea răspunsului (activitatea musculară) se va desfăşura conform schemelor de mişcare (Kabat, 1961 apud. Alder, 2008).

- Rezistenţa se aplică treptat, pentru a permite o iradiere progresivă !

- De obicei, musculaturta proximală este mai puternică. Kinetoterapeutul direcţionează întărirea muşchilor mai slabi prin aplicarea aceleiaşi rezistenţe ca la muşchii mai puternici. Cu cât măsura rezistenţei creşte, cu atât se va extinde răspunsul muscular şi va creşte.

Prizele mâinilor

Reprezintă presiunea contactului manual al kinetoterapeutului cu masele musculare, tendoanele, articulaţiile. Prizele corecte trebuie să îndeplinească următoarele obiective:

o Presiunea exercitată pe muşchi îmbunătăţeşte abilitatea muşchiului de a se contracta;

o Oferă pacientului încredere;

o Presiunea exercitată în direcţia opusă mişcării membrului, în oricare punct al acestuia, simulează sinergia muşchilor membrului pentru întărirea mişcării.

Poziţia corpului şi biomecanică

Kinetoterapeutul trebuie să aibă controlul efectiv asupra mişcărilor pacientului şi să poată oferi rezistenţă pe cât posibil fără să îl obosească. Poziţia terapeutului ar trebui să fie **în linie** cu direcţia tiparului de mişcare dorit – linia umerilor şi a pelvisului ar trebui să fie direcţia mişcării. Braţele şi mâinile se aliniază şi ele mişcării.

Rezistența trebuie să vină din partea corpului terapeutului, în timp ce brațele și mâinile sunt cât se poate de relaxate – adică, folosirea propriei greutăți a corpului - și aceasta pentru a evita apariția oboselii.

Comenzile și comunicarea

Comenzile verbale spun pacientului *ce* să facă și, foarte important, *când* să execute o anumită mișcare. Instrucțiunile pregătitoare trebuie să fie clare și concise, fără cuvinte nefolositoare. Comenzile ferme, puternice, au o acțiune puternică, dau un imbold și direcție pacientului pentru o execuție corectă iar comenzile blânde sunt favorabile situatiilor în care mișcarea produce durere.

Întinderea

Întinderile în PNF utilizează tipare neuromusculare pentru fiecare grupă musculară în parte pentru a ajuta îmbununătățirea flexibilității. Aceste tehnici permit mușchilor să se relaxeze mult mai bine și cresc amplitudinea pe intervalul respectiv de mișcare. De notat este faptul că rotația antrenează o și mai mare întindere a mușchilor din schemă.

Tracțiunea și compresiunea

Tracțiunea și compresiunea se folosesc de forța vectorială pentru a facilita răspunsul motric dorit. Terapeutul trebuie să aibă grijă la nivelul de *durere.*

Tracțiunea este o prelungire a unui segment sau separarea a unor suprafețe articulare care măresc răspunsul muscular și promovează stabilitatea. Direcția tracțiunii este aplicată întotdeauna din cel mai înalt punct al mișcării.

Compresiunea se referă la acea forță de compresiune aplicată spre axul mișcării în apropierea suprafețelor articulare. Facilitează un răspuns muscular sporit, promovează stabilitatea și este folosit de obicei în posturi ce presupun susținerea greutății.

Tehnici FNP specifice

Tehnici cu caracter general

1. Inversarea Lentă (IL) - este o acțiune ce presupune efectuarea unei mișcări într-o direcție cu schimbarea spre direcția opusă fără pauză sau relaxare (tabelul 6-3). Este o contracție izotonică **concentrică** urmată imediat de o contracție izotonică **concentrică** a mușchiului opus. În viața de zi cu zi, acest tip de mișcare o regăsim în scheme motrice ca mersul, aruncarea unei mingi, înotul.

Descrierea tehnicii:

- *Aplicarea rezistenței.*- Terapeutul aplică rezistență pacientului în direcția în care acesta face mișcarea, de obicei spre direcția mai puternică.
- *Inversarea prizei.* - La finalul efectuării schemei de mișcare dorite, terapeutul inversează priza pe porțiunea distală a segmentului în mișcare și dă comanda de pregătire a noii mișcări.
- *Inversarea direcției.* - La finalul schemei de mișcare kinetoterapeutul dă comanda să se inverseze direcția, fără relaxare, ceea ce dă rezistență noii scheme de mișcare, începând cu partea distală.
- *Aplicarea rezistenței pe noua direcție.* - Când pacientul începe să se miște pe direcția opusă, kinetoterapeutul inversează priza spre proximal, așa încât toată rezistența să fie întâmpinată de noua direcție.

    Inversarea se poate face de câte ori este necesar.

Rezistența se va aplica începând cu mușchii mai puternici, pentru a facilita mișcarea antagoniștilor. Tehnica poate începe cu scheme mici de mișcare în fiecare direcție, crescând în amplitudine și complexitate pe măsură ce deprinderile pacientului se îmbunătățesc și, de asemenea, poate să și descrească până când pacientul dobândește stabilitate în ambele direcții.

2. Inversarea lentă cu opunere (ILO) – în principiu, repectă aceleași scheme, însă spre sfârșitul mișcării se adaugă o contracție izometrică, atât pe agonist cât și pe antagonist (tabelul 6-3). *Prima mișcare se face în sensul musculaturii slabe* . Obiectivele ILO sunt să faciliteze musculatura mai slabă și să coordoneze mișcările.

Alți specialiști denumesc ILO și schemele motrice ce se desfășoară pe o **schemă de mișcare izotonică diagonală**. (Adler, 2008 și Borisha, 2009)

Atenție!
- ■ **ILO – contracție izometrică pe final.**
- ■ Prima rezistență se aplică musculaturii mai slabe.

Tabelul 6-3 Exemplu IL și ILO

Inversarea Lentă (IL)	
Faza	*Descriere*
P.I.	Culcat ventral cu sprijin pe antebrațe
a.	Pacientul execută mișcare stânga dreapta pasiv pentru învățarea mișcării (pacientul încarcă brațele cu greutatea corpului alternativ)
b.	- Pacientul este rugat să execute activ mișcarea stânga-dreapta. Începe pe dreapta, cu umărul drept: - Terapeutul aplică rezistență opusă mișcării, pe umărul drept - Priza se face cu palma deschisă, pe deltoid, lateral.
c.	- ajuns la amplitudinea maximă, mișcarea se inversează fără pauză de relaxare: începe mișcarea spre stânga. - în momentul în care pacientul începe mișcarea inversă, kinetoterapeutul schimbă rezistența pe celălalt umăr, folosind mâna stângă, aplicând opunere pe noua direcție.
d.	- la comanda kinetoterapeutului se pornește din nou în direcția opusă
SE REPETĂ de câte ori este necesar	
Trecere în Inversare Lentă cu Opunere (ILO)	
a.	- pacientul execută activ mișcare spre dreapta. kinetoterapeutul aplică rezistența „Împinge în mâna mea!"
b.	- ajuns la amplitudinea maximă a mișcării, kinetoterapeutul dă comanda „Ține! Ține!" - kinetoterapeutul menține rezistența - pacientul menține contracția, nu relaxează.
c.	- se inversează direcția de mișcare, - kinetoterapeutul opune cu rezistență: „Împinge în mâna mea"
d.	- la final kinetoterapeutul dă comanda „Ține!" - pacientul menține contracția - la comanda kinetoterapeutului se pornește din nou în direcția opusă
SE REPETĂ de câte ori este necesar	

Strech Reflex (sau răspuns miotic)= o contracție reflexă a mușchiului ca răspuns la întinderea unui tendon sau a mușciului respectiv (thefreedictionary. com)

3.Contracțiile repetate (CR) – "Se execută numai pe musculatura unei direcții de mișcare, ce este slabă." (Sbenghe, 1993, p. 201). Este recomandată facilitarea musculaturii agoniste prin contracții izotonice, prin inducție succesivă. CR inițiază răspunsul muscular și rezistența unei contracții anterioare. Literatura de specialitate precizează mai multe variații ale acestei tehnici.

După Adler (2008), CR sunt:

a) ***De la începutul intervalului*** – Este stretch reflexul provocat sub tensiunea extinderii. Se folosește în cazul mușchiului slab, a inabilității de a iniția mișcarea, oboselii musculare, și în cazul conștientizării slabe a mișcării.

Contraindicații: instabilitatea articulațiilor, durere, mușchi sau tendon lezat.

Descrierea tehnicii:

- *Comanda pregătitoare.* În timpul extinderii complete, kinetoterapeutul dă comanda pregătitoare a mușchiului în cadrul schemei de mișcare. Atenție la rotație!

- *Scurt tapotament.* Kterapeutul lovește ușor musculatură respectivă pentru un provoca stretch relex-ul.

- *Participare voluntară.* În același timp, pacientul primește comanda <u>să participe cu un efort voluntar la răspunsul reflex.</u>

- *Așteptare și rezistență.* Kterapeutul *așteaptă* contracția musculară rezultată, apoi pune rezistență reflexului și contracției voluntare

Tiparul de mișcare poate fi repetat de mai multe ori, pentru a ușura învățarea, întărirea musculară cu oboseală minimă.

b) ***În timpul intervalului*** – este stretch reflex-ul provocat de tensiunea contracției. În principiu, se respectă aceleași indicații și contraindicații (fig. 6-17).

Descrierea tehnicii:

- *Rezistență.* Kterapeutul aplică rezistența în schema respectivă de mișcare astfel încât toți mușchii sunt în tensiune.

- *Comanda.* În continuare, se dă o comandă pregătitoare pacientului pentru a coordona stretch reflex-ul cu un nou efort mărit al pacientului.

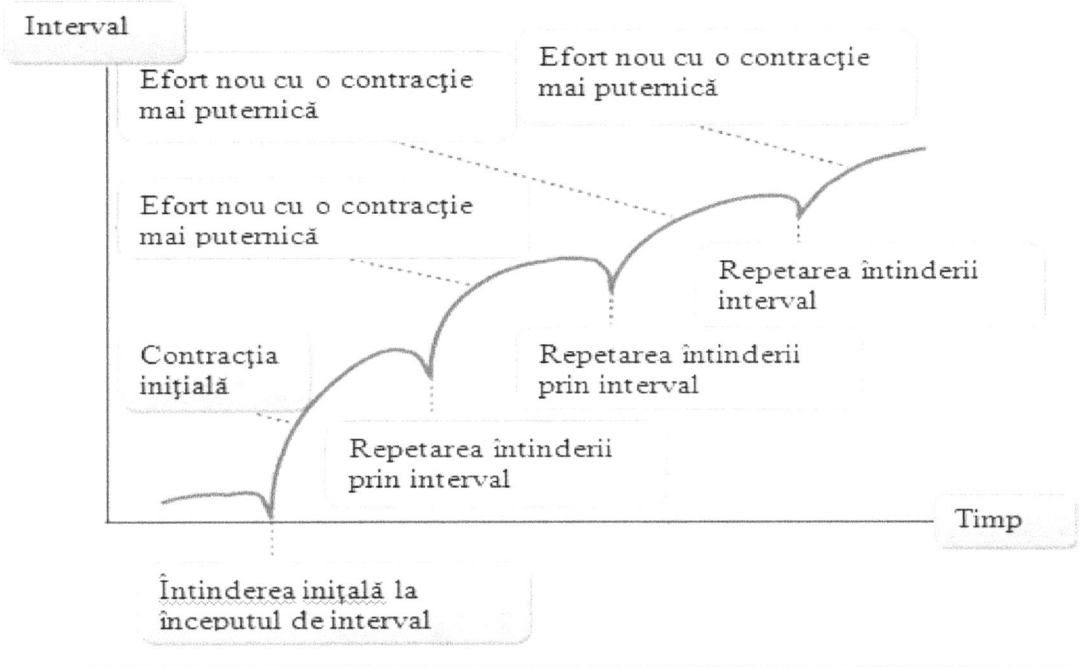

Fig. 6-17 Contracţia repetată în timpul intervalului: întinderea reflexă (stretch reflex) la începutul intervalului şi repetare intindere reflexă prin interval
Sursa: Adler, 2008, p.3

- *Strech-reflex.* În acelaşi timp kterapeutul întinde uşor muşchiul prin aplicarea unei rezistenţe mai mari
- *Contracţie.* I se cere pacientului o nouă şi mai puternică contracţie musculară.
- *Strech-reflex.* Stretch reflex-ul este repetat pentru a întări contracţia sau pentru a redirecţiona mişcarea în cadrul schemei.
- *Mişcare.* Pacientului trebuie să i se dea voie să se mişte înainte de următorul strech reflex. Pacientul nu trebuie să se relaxeze sau să inverseze direcţia **în timpul** întinderii.

Pentru o altă clasificare a CR, vezi şi Sbenghe, *Kinetologie – profilactică, terapeutică şi de recuperare,* 1993.

Tabelul 6-4 Exemplu contracții repetate (CR)

Contracții repetate (CR)	
Faza	*Descriere*
P.I.	Culcat dorsal Se lucrează pe Diagonala 1 de la membru superior în coborâre (Kabat)
a.	- kinetoterapeutul apilcă rezistență cu palma deschisă pe palma pacientul, lateral - cealaltă mână susține brațul, policele depărtat
b.	- pacientul inițiază mișcarea activă de coborâre a brațului pe diagonală (1 sau 2 sec.) - kinetoterapeutul dă comanda „*Împinge spre mine!*", după care oprește brusc mișcarea (*quick strech*) și o inversează pe un interval foarte scurt (1 sec.)
c.	- pacientul continuă mișcarea de coborâre, cu rezistența kinetoterapeutului - se repetă quick strech-ul
d.	- întreaga acțiune se repetă până pacientul a ajuns la finalul diagonalei
e.	Pentru a iniția o nouă CR, pacientul urcă pasiv mâna pe D1, și apoi se repetă ciclul

Atenție!
- CR – facilitează musculatura agonistă prin contrații izometrice.
- CR se aplică mușchiului slab sau obosit.
- Sunt contraindicate în cazul instabilității articulare, durerii, leziunilor musculare sau oaselor fracturate.

4. Secvențialitatea pentru întărire (SI) – *aplicarea rezistenței în timpul contracțiilor izometrice alternante.* Premisa SI este că prin aplicarea unei rezistențe a musculaturii mai puternice influxul nervos va iradia spre componenta mai slaba facilitandu-i activitatea.

Obiectivele tehnicii sunt:

- îmbunătățirea stabilității segmentului;

- îmbunătățirea posturării și a echilibrului;

- creșterea coordonării între agonist și antagonist;

- „să crească sensiblitatea extensorilor într-un interval mai scurt" (Saliba, 1986, p. 265).

Descrierea tehnicii:

- *Izotonic-izometric.* Schema de mișcare va începe cu contracții izotonice, apoi izometrice pentru câteva secunde și se începe de obicei pe direcția musculaturii mai puternice, iar musculatura mai slabă va putea continua izotonia.

- *Rezistenţa*. Rezistenţa va creşte apoi proporţional cu răspunsul pacientului şi constituie contracţia izometrică la un nivel maxim fără a facilita o contracţie concentrică.

- *Priza*. După ce rezistenţa a fost învinsă de pacient, kinetoterapeutul mută priza unei mâini şi începe să aplice rezistenţă într-o altă direcţie.

- *Comenzi*. Kinetoterapeutul începe prin a aplica rezistenţă gradat, utilizând comenzi de genul „*Ţine acolo, nu mă lăsa să te împing!*", „*Trage!*", „*Împinge*".

Atenţie!
▮ **SI – aplicarea rezistenţei în timpul contracţiilor izometrice alternante**
▮ De la izotonic la izometric

---

5. Inversarea agonistică (IA) – se foloseşte de alternanţa contracţiei **concentrice** cu cea **excentrică** pe aceeaşi schemă de mişcare (tabelul 6-5).

Tabelul 6-5 Exemplu inversare agonistică

Secvenţialitatea pentru întărire (ŞI)	
Faza	*Descriere*
P.I.	Culcat dorsal, mânile pe lângă corp, picioarele îndoite, tălpile lipite pe saltea
a.	- kinetoterapeutul, aplică rezistenţă cu palmele pe spinele iliace (podul palmei palpează osul); - pacientul execută o ridicare a bazinului, pe verticală.
b.	- pacientul iniţiază coborârea la comanda kinetoterapeutului. - kinetoterapeutul împinge uşor pacientul, pe măsură ce pacientul **opune rezistenţa mişcării** de readucere a bazinului pe sol: „*Opune-te rezistenţei, dar lasă-mă să te împing în jos*"
c.	*Se repetă mişcarea*

Tehnici de mobilitate

1. Iniţierea ritmică (IR) – este o acţiune motrică ritmică a unui membru în cadrul unei scheme de mişcare care progresează de la mişcare pasivă la mişcare activă cu rezistenţă. La finalul mişcării, pacientul ar trebui să acţioneze independent. Mişcarea poate fi combinată şi cu alte tehnici.

Obiectivele IR sunt:

- Ajutor în inițierea și învățarea mișcării
- Îmbunătățirea capacității de coordonare și a ritmicității
- relaxare

Saliba (1986) propune divizarea tehnicii în trei componente clare:

1) *Pasiv*. Kinetoterapeutul cere pacientului să se relaxeze și să îi permită acestuia să realizeze mișcarea în mod pasiv. Pe măsură ce pacientul se relaxează, kinetoterapeutul stabilește ritmul mișcării.

2) *Activ*. După însușirea mișcării pasive, kinetoterapeutul cere minimum de asistare din partea pacientului. Cu fiecare repetiție reușită, pacientul trebuie să mărească forța contracției. Contactul manual al specialistului trebuie să fie specific pentru direcționarea mișcării, mai ales când participarea pacientului încetează.

3) *Rezistența*. În momentul participării active a pacientului, se aplică rezistența adecvată. Rezistența crește gradat în timp ce se menține același ritm al mișcării.

Atenție!

- IR – mișcare ritmică, de la pasiv la activ cu rezistență
- Folosește ritmul dat prin comenzi verbale
- Indicat pentru lipsa abilității sau coordonării de a se mișca într-o anumită direcție

---

2. Mișcarea Activă de Relaxare-Opunere (MARO) – *contracție izotonică cu rezistență a antagoniștilor, urmată de relaxare în cadrul intervalului.*
Este indicată în cazul hipotoniilor musculare.

Obiectivele MARO sunt:

- Relaxare (aduce extensibilitatea țesutului + îmbunătățirea circulației locale);
- Întinderea elementor interne musculare.

Descrierea tehnicii:

- *Contracția*. Se execută o contracție izometrică puternică a antagoniștilor,

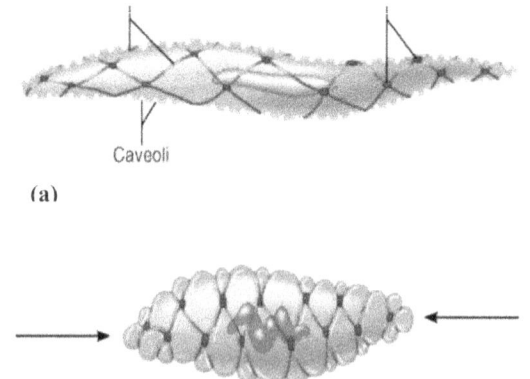

Legături intermediare cu filament atașate la corpuri

Caveoli

(a)

(b)

Copyright © 2001 Benjamin Cummings, an imprint of Addison Wesley Longman, Inc.

Fig.6-18 – (a) Celulă musculară relaxată, (b) Celulă musculară contractată
Sursa:http://faculty.etsu.edu/forsman/Histologyofmuscleforweb.htm

care ar trebui să dureze 5-8 sec. (Adler, 2008)

- *Rezistența*. În timpul contracției kterapeutul face contrapriză. Rezistența este dată într-o contracție concentrică fie agonistului (contracție directă), fie antagonistului (relaxare reciprocă).

- *Relaxarea*. Când este atinsă contracția maximă, pacientul primește comanda să se relaxeze, dar numai după ce kinetoterapeutul s-a asigurat că mușchii doriți au fost contractați.

- *Întinderi rapide*. În perioada scurtă de relaxare, kterapeutul aplică întinderi rapide musculaturii slabe.

- *Revenire*. Pacientul revine în poziția inițială de contracție, iar kterapeutul fie va ajuta, fie va opune ușoară rezistență în funcție de capacitatea musculaturii.

Atenție!
- MARO – contracție izotonică cu rezistență, apoi relaxare
- Indicat în cazul dezechilibrelor mari între agoniști și agoniști

---

3. Relaxare-Opunere (RO) - *Tehnica izometrică, utilizată când amplitudinea unei mișcări este limitată de contractură sau când durerea este cauza limitarii*. Adler (2008, p. 33) o denumește "contracție izometrică cu rezistență a mușchilor antagoniști, urmată de relaxare."

Obiectivele RO sunt:

- Facilitarea relaxării;
- Facilitarea amplitudinii mișcării;
- Reducerea durerii.

Descrierea tehnicii (tabelul 6-6)

- *Întindere inițială*. Este întinderea inițială a schemei de mișcare.

- *Mișcarea activă*. Mișcarea este făcută prin participarea pacientului, rezistența aplicându-se treptat.

- *Menținerea contracției*. Când s-a ajuns în punctul de limitare a mișcării, kterapeutul comandă menținerea. "Ține acolo!" (contracție izometrică). După unii specialiști, contracția durează 5-8 sec.

- *Relaxare lentă*. După ce contracția este menținută suficient timp, kterapeutul cere pacientului să se relaxeze.

- *Se repetă paşii* până când nu se mai poate obţine nimic din tiparul respectiv de mişcare.

Atenţie!

▌ După fiecare relaxare se ajunge la un nou nivel de limitare.

▌ Rezistenţa creşte uşor, o dată cu fiecare repetare.

▌ Pentru scăderea durerii, pacientul trebuie să aibă o poziţie confortabilă.

Tabelul 6-6 Exemplu relaxare-opunere

Relaxare – Opunere (RO)	
Faza	*Descriere*
P.I.	Culcat dorsal. *Dorim să executăm o ridicare a braţului sus, însă pacientul nu poate face activ mişcarea pe toată amplitudinea intervalului.*
a.	- pacientul ridică braţul, activ - Kinetoterapeutul aplică rezistenţă treptat, până la amplitudinea maximă pe care pacientul o poate avea - în acel moment kinetoterapeutul dă comanda: „Ţine!" şi pacientul menţine contracţia (aprox. 8 sec)
b.	- Kinetoterapeutul dă comanda: „Relaxează-te complet!" şi menţine în continuare poziţia verticală a mâinii
c.	- pacientul termină pasiv intervalul de mişcare, finalizând complet relaxat

---

Atenţie!

▌ **RO – mişcarea este limitată de contractură/durere**

▌ Facilitează amplitudinea mişcării

▌ „Ţine, nu mă lăsa să mişc..!", „Menţine!"

---

4. Relaxare-Contracţie (RC) - *este o asociere între contracţia izotonică a antagonistului şi cea izometrică a agonistului permiţând din schema de mişcare doar efectuarea schemei de rotaţie împotriva unei rezistenţe maxime.*

Obiectivele tehnicii:

- facilitează mobilitatea pentru anumite părţi ale articulaţiei
- relaxarea muşciului contractat prin rotaţie

Descrierea tehnicii:

- *Izometria.* La punctul de limitare a mişcării se realizează izometrie pe muşchiul hiperton şi, concomitent, o izotonie executată lent şi pe toată amplitudinea de mişcare de rotaţie din articulaţia respectivă.

- *Rotaţia.* La început rotaţia se va face pasiv, apoi activo-pasiv, activ şi cu rezistenţă.

5. Stabilizarea ritmică (SR) – *contracţii izometrice simultane şi alternate (agonist/antagonist) împotriva unei rezistenţe: co-contracţie.* Această contracţie se execută fără pauză între contracţii (tabelul 6-7). Este eficientă în limitările de mobilitate prin durere sau redoare post-gips (Sbenghe, 1993, p. 205).

Obiectivele tehnicii:

- creşte forţa musculară;
- creşte stabilitatea şi echilibrul;
- minimalizarea durerii.

Descrierea tehnicii:

- *Contracţie izometrică.* Schema de mişcare se începe cu contracţii izometrice şi se continuă până când se ajunge la amplitudinea maximă.

- *Contracţie izotonică.* În acest moment pacientul "ţine" poziţia la comanda kterapeutului. Kterapeutul aplică rezistenţă contracţiei izometrice a muşchilor agonişti. Poziţia este menţinută de pacient fără ca acesta să se mişte în vreun fel.

- *Rezistenţa.* Rezistenţa creşte pe măsură ce pacientul răspunde cu forţa adecvată.

- *Priza.* Când pacientul a ajuns la maximum de răspuns, kterapeutul işi mută priza unei mâini spre partea distală şi începe să aplice rezistenţă grupei musculare antagoniste.

- *Noua rezistenţă.* În acest moment pacientul începe să răspundă noii rezistenţe, şi kterapeutul poate muta cealaltă mână pentru a aplica rezistenţă.

Acest tipar de mişcare se poate repeta ori de câte ori este necesar. Tracţiunea trebuie utilizată în funcţie de condiţia pacientului.

Tabelul 6-7 Exemplu stabilizare ritmică

Stabilizare Ritmică (SR)	
Faza	*Descriere*
P.I.	Culcat dorsal. Braţul ridicat la 90^0, palma deschisă.
a.	- pacientul trebuie să menţină poziţia braţului, în extensie, pe tot parcursul intervalului
b.	- kinetoterapeutul aplică rezistenţa: palma deschisă centrată pe articulaţia pumnului, anterior, împinge spre posterior
c.	- kinetoterapeutul schimbă priza fără să realizeze pauză între contracţii: palma deschisă, centrată pe articulaţia pumnului, împinge spre anterior
d.	Se repetă schimbarea prizei de câte ori este nevoie

Atenție!
- SR – contracții izometrice simultane sau alternate (agonist/antagonist)
- Eficiență = pacientul să fie capabil să execute o contracție izometrică și menținere
- „Stai aici!", „Nu încerca să te miști"

6. Rotația Ritmică (RR) – *mișcarea pasivă de rotare a unei articulații.* Se utilizează în cazul hipertoniilor persoanelor care au dificultăți în mișcare activă și este contraindicat dacă apar dureri! Pacientul este de obicei culcat dorsal, iar kterapeutul face toată mișcarea (tabelul 6-8).

Obiectivele tehnicii:

- relaxarea mușchilor
- facilitarea amplitudinii articulației

Descrierea tehnicii:

- *Rotații în jurul axului segmentului.* Kinetoterapeutul lucrează cu segmentul dorit executând rotații ritmice în jurul axului segmentului (stânga-dreapta), într-un ritm lent, pentru aproximativ 10 sec. (Marcu, 2006)
- *Comenzi folosite*: După ce i se explică pacientului ce urmează, kterapeutul poate folosi comenzile "Relaxează-te cât poți de mult.", "Lasă-mă pe mine să fac mișcarea".
- *Priza.* Poate să rămână aceeași pe toată schema de mișcare, nu necesită schimbări.

Se repetă schema de mișcare până în momentul în care nu se mai poate obține nici o depașire a limielor articulației.

Tabelul 6-8 Exemplu rotație ritmică

Rotație Ritmică (RR)	
Faza	*Descriere*
P.I.	Culcat dorsal. Se lucrează pe diagonala 1 pentru membru superior (Kabat) însă avansarea se face concomitent cu rotarea brațului în jurul axei.
a.	- pacientul execută mișcarea pasiv pe tot parcursul intervalului: este complet relaxat - kinetoterapeutul inițiază mișcarea
b.	- kinetoterapeutul controlează mișcarea prin priză la nivelul articulației pumnului și la nivelul art. cotului
c.	- kinetoterapeutul inițiază mișcarea de ridicare a brațului în sus pe măsură ce execută rotații ale artic. cotului
d.	- ajuns la final, kinetoterapeutul inițiază și execută coborârea brațului

Atenţie!
- **RR – mişcare pasivă de rotare a unei articulaţii =>"Lasă-mă pe mine să fac mişcarea!".**
- Contraindicat în cazul durerii în timpul rotaţiilor.
- Facilitează amplitudinea articulaţiei.

Tehnici pentru stabilitate

Toate mişcările se fac cu rezistenţă şi izometrie la sfârşitul cursei. Conduc la creşterea stabilităţii proximale a grupei musculare şi a articulaţiei. Nu există mişcări libere parţiale sau ale corpului, ci în cadrul corpului fixat în postură.

1. Contracţia izometrică în zona scurtată (CIS) - *Se execută contracţii izometrice repetate, cu pauză între repetări, la nivelul de scurtare a musculaturii* (fig. 6-18). Se execută, pe rând, pentru musculatura tuturor direcţiilor de mişcare articulară în vederea cîştigării co-contracţiei în situaţia neîncărcată, în cazul în care pacientul nu este capabil să execute direct tehnica. Rezistenţa este aplicată de kinetoterapeut (tabelul 6-9).

Obiectivul tehnicii:

-   Câştigarea co-contracţiei

Dacă pacientul nu reuşeşte direct **CIS**, se exectă întâi **IL** şi **ILO.**

Tabelul 6-9 Exemplu contracţie izometrică în zona scurtată

Contracţie Izometrică în zona scurtată (CIS)	
Faza	*Descriere*
P.I.	Culcat dorsal cu genunchii îndoiţi, picioarele depărtate, tălpile lipite pe sol, braţele depărtate.
a.	- pacientul execută ridicarea bazinului de pe sol şi menţine poziţia timp de 10 secunde *(c.izometrică)*
b.	- kinetoterapeutul aplică rezistenţă uşoară (nu vrem să obţinem contracţia completă a muşchilor!)
c.	- priza se face pe spina iliacă *şi rămâne acolo în timpul menţinerii*
d.	- pacientul revine la sol, se relaxează

Atenție!

▓ **CIS – contracții izometrice repetate, cu pauză, la nivelul de scurtare a musculaturii**

▓ Spre deosebire de IzA, CIS necesită o contracție anterioară, adică lucrăm pe zona musculară scurtată

▓ IL » ILO » CIS

---

2. Izometria alternantă (IzA) – executarea izometriei pe agoniști și pe antagoniști fară să se schimbe poziția segmentului *și fără pauză între contracții* (tabelul 6-10).

IzA pregătește grupele musculare implicat penru SR, atunci când pacientul nu poate răspunde direct la **SR**.

IzA, la rândul ei, este pregătită de succesiunea **IL » ILO » CIS » IzA**

Obiectivele tehnicii:

- promovarea stabilității
- reeducare musculară

Descriera tehnicii:

Dacă pacientul nu va putea menține la CIS, nu se poate trece la IzA. Dacă nu poate menține la IzA, nu va putea trece la SR.

- *Rezistența și priza.* Terapeutul opune rezistență pe tot parcursul schemei de mișcare și schimbă priza astfel încât să poate realiza contracții izometrice atât la agoniști cât și la antagoniști.

- *Creșterea ritmului.* Pe măsură ce pacientul câștigă stabilitate, se mărește progresiv rezistența și viteza aplicării rezistenței. Ritmul se adaptează în funcție de posibilitățile musculare ale pacientului.

Tabelul 6-10 Exemplu izometrie alternată (folosim aparent acelaşi exerciţiu ca la CIS. Observaţi diferenţele!)

Izometrie alternantă (IzA)	
Faza	**Descriere**
P.I.	Culcat dorsal cu genunchii îndoiţi, picioarele depărtate, tălpile lipite pe sol, braţele depărate.
a.	- pacientul execută ridicarea bazinului de pe sol şi menţine poziţia timp de 10 secunde *(c.izometrică)*
b.	- kinetoterapeutul aplică rezistenţă
c.	- priza se face pe spina iliacă apoi se schimbă uşor pe partea laterală, cu policele rămânând pe spina iliacă
d.	- se inversează prizele de mai multe ori în cele 10 secunde de menţinere
e.	- revenire

Atenţie!
- **IzA – izometrie agonistă/antagonistă fără schimbarea poziţiei segmentului**
- IzA – fără pauză între contracţii
- IL » ILO » CIS » IzA » SR

Tehnici pentru facilitarea mobilităţii controlate

Obiectivele urmărite pentru facilitarea mobilităţii controlate sunt enunţate de Marcu (2005) sunt:

Tehnicile pentru facilitarea mobilităţii controlate: IL, ILO, CR, SI, IA

- Tonifierea musculaturii pe parcursul schemei de mişcare;
- Facilitarea obişnuinţei pacientului cu amplitudinea de mişcare;
- Învăţarea şi antrenarea pacientului de a executa singur anumite posturi.

Tehnici pentru facilitarea abilităţii

Se urmăreşte câştigarea abilităţii în afara posturii în locomoţie, şi, prin urmare, rolul principal îl au extremităţile, în timp ce trunchiul este în ortostatism. (Sbenghe, 1993)

Tehnicile utilizate sunt **AI, PR, SN.**

1.   **Progresia cu rezistenţă (PR)** – opoziţia făcută de kinetoterapeut unei forme de locomoţie (Marcu, 2005). De exemplu.: târâre, mers în patrupedie. *Prizele*

se fac de obicei la nivelul centrului de greutate sau, mai general, în punctele care oferă rezistenţă maximală în schema respectivă de mişcare.

Atenţie!
- **PR - opoziţia făcută de kterapeut unei forme de locomoţie**
- Opoziţia de mişcare duce la creşterea recrutării de motoneuroni alpha (vezi introducere FNP)

---

2. **Secvenţialitatea normală (SN)** - succesiunea contracţiilor musculare, având ca rezultat mişcarea coordonată. Se lucrează de la segmentul distal spre cel proximal. Se poate trece la segmnetele proximale numai după ce, cele distale pot execut o mişcare completă.

Un exemplu de utilizare a tehnicii ar fi **CR** şi **ŞI** folosite pentru segmentele cu perturbări în mişcare, apoi **SN** pentru facilitarea coordonării => automatizarea mişcării, reeducarea mişcării.

Atenţie!
- **SN – urmăreşte mişcarea coordonată a succesiunilor musculare**
- Distal -> Proximal
- Obiectiv: automatizare, reeducarea mişcării.

CONCLUZII

În încheiere, prezentăm o clasificare a tehnicilor FNP şi obiectivele lor:

Obiective	*Tehnici*
Iniţiază mişcarea	IR, CR, MARO
Învăţarea mişcării	IR, CR
Facilitarea amplitudinii de mişcare	IR, IL, CR, RO
Întărire	IzA, IL, SR, CR, ILO
Creşterea stabilităţii	IL, IR
Creşterea coordonării şi controlului	SR, ŞI, CR
Creşterea rezistenţei	IL, ŞI, SR
Creşterea amplitudinii de mişcare	IL, ŞI, SR, CR, MARO, RO, RR
Relaxare	IR, SR, RO
Reducerea durerii	SR, RO

Sursa: Adler, 2008, p. 35

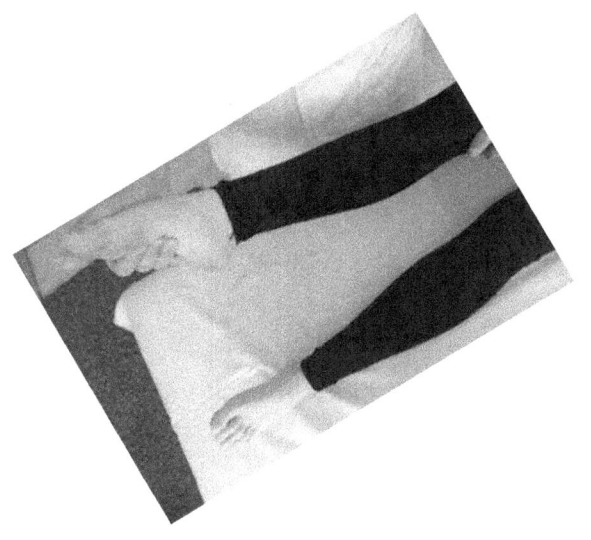

CAPITOLUL 7

Metode folosite în kinetoterapie

OBIECTIVE

La sfârşitul parcurgerii acestui capitol cititorul ar trebui:

■ *Să cunoască cele cinci mari categorii de metode: reeducare posturală, recuperare a afecţiunilor lombare, facilitare neuro-proprioceptivă, educare/reeducare neuromotorie şi relaxare.*
■ *Să poată să transpună în practică tehnicile de facilitare Kabbat codificate pe diagonale.*

CUVINTE CHEIE

Kinetic, akinetic, imobilizare, posturare, contractie, relaxare, facilitare musculară neuroproprioceptivă.

METODE DE REEDUCARE POSTURALĂ

METODA KLAPP

Inițiată de Rudolf Klapp, metoda care îi și poartă numele cuprinde un program de exerciții destinat redresării coloanei vertebrale și creșterea mobilității acesteia. El optează pentru **poziția patrupedă** pentru o activare musculară, în condiția unei coloane orizontale, neîncărcate.

Principii de execuție
- relaxare în poziția inițială (PI) (sprijin pe genunchi / patrupedie), cu menținerea acesteia pe tot parcursul execuției;
- ritmul de execuție al exercițiului (scurtarea sau prelungirea unui timp) se adaptează obiectivului urmărit în momentul aplicării:
    - *întindere axială→mobilizare→realiniere*;
    - *"stretch-reflex"* cu rol facilitator pentru travaliul necesar tonifierii musculare;
    - menținerea poziției finale corective;
- deplasarea membrului superior precede în general deplasarea genunchiului, pentru a crea spațiu și pentru a evita tasarea;
- capul este totdeauna în extensie axială, iar coloana cervicală este delordozată;
- pentru solicitare optimă, în poziția finală se lucrează la limita echilibrului, de aceea coapsa de sprijin va fi aproape verticală (fără a depăși verticala);
- vârful piciorului nu va pierde contactul cu solul (ridicarea lui, în cele mai bune cazuri înseamnă o puternică coaptare a articulațiilor lombare, adesea o basculare a uneia asupra alteia);
- centurile revin obligatoriu la orizontală, cu excepția exercițiilor de derotare a centurilor.

- se verifică permanent echilibrul între tracțiunea exercitată asupra coloanei de greutatea capului și contra-tracțiunea pelvi-podală, ceea ce asigură (o decoaptare), o întindere axială maximă;
- coloana vertebrală este menținută paralel cu solul, astfel se elimină acțiunea nefavorabilă a gravitației putându-se mobiliza în acest fel mai ușor;
- în poziția partrupedă coloana vertebrală se poate decontractura semnificativ permițând obținerea mai ușor a înclinărilor laterale corectoare și pe o amplitudine mai mare;
- efectul corector al mișcării poate fi localizat la nivelul dorit al coloanei.

Atenție!
▌ Toate exercițiile se execută întotdeauna în linie dreaptă, pentru a permite deplasarea corectă a segmentelor corpului!

Poziții lordozante (fig. 7-1 – 7-14) care în funcție de înclinarea trunchiului, facilitează mobilizarea unei anumite zone vertebrale (în toate pozițiile descrise în continuare – inclusiv pozițiile „cifozante" – se execută flexii laterale).

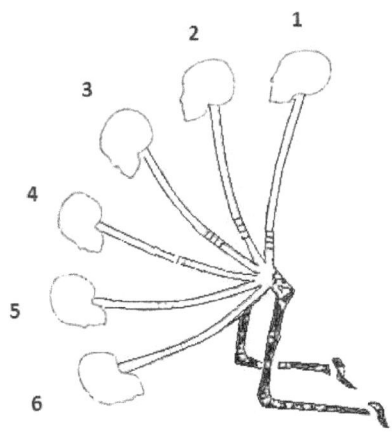

Fig. 7-1 Poziții lordozante

(*Marcu, 2006, p 104*)

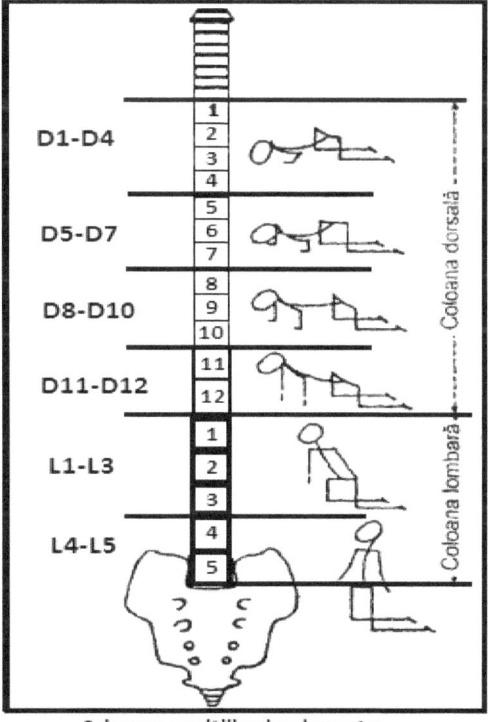

Fig. 7-2   Schema pozitiilor lordozante de start cu actiune corectiva

Trei poziții peste orizontală

1 – segmentul **L4-L5** (fig. 7-1, poziția 1 și fig. 7-2, 7-3 și 7-4), poziție hiperredresantă.

Fig. 7-3   Fig. 7-4

2 – segmentul **L1-L2** (fig. 7-1, poziția 2 și fig. 7-2, 7-5 și 7-6), poziție redresantă la 20°.

Fig. 7-5   Fig. 7-6

3 – segmentul **D11-D12** (fig. 7-1, poziția 3 și fig. 7-2, 7-7 și 7-8), poziție semiredresantă la 40°.

Fig. 7-7   Fig. 7-8

O poziție orizontală

4 – segmentul **D8-D10** (fig. 7-1, poziția 4 și fig. 7-2, 7-9 și 7-10) la 90°.

Fig. 7-9

Fig. 7-10

Două poziții sub orizontală

5 – segmentul **D7-D5** (fig. 7-1, poziția 5 și fig. 7-2, 7-11 și 7-12), poziție semi-coborâtă la 100°.

Fig. 7-11

Fig. 7-12

6 – segmentul **D1-D4** (fig. 7-1, poziția 6 și fig. 7-2, 7-13 și 7-14), poziție coborâtă la 115°.

Fig. 7-13

Fig. 7-14

Poziții cifozante

- în număr de 5, sunt asemănătoare celor lordozante, dar trunchiul este mentinut în cifozare dorsolombară. În aceste poziții, flexibilitatea coloanei dorsale este obtinută în pozițiile peste orizontală, iar a celei lombare în pozițiile de sub orizontală,(fig 7.15 și 7-16)

Atenție!

▪ Pentru musculatura **cervicală**: poz cea mai bună coborâtă cu brațele înainte

▪ Pentru musculatura **dorsală**: orizontală cu mâinile la ceafă

▪ Pentru musculatura **lombară**: poz cea mai bună coborâtă cu brațele înainte

---

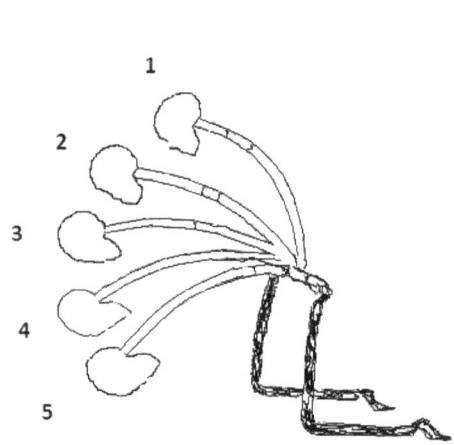

Fig. 7-15 Poziții cifozante

(*Marcu, 2006, p 104*)

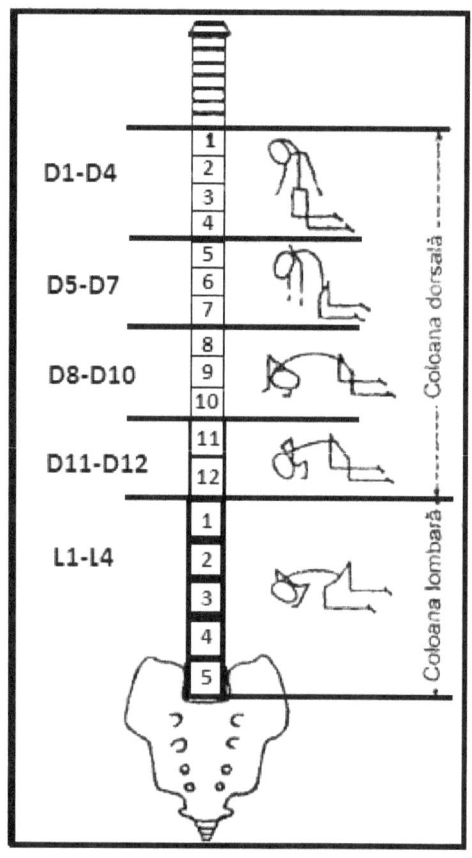

Fig. 7-16   Schema pozitiilor cifozante de start cu actiune corectiva

Poziţii cifozante şi flexii laterale:

1- segmentul **D1 – D4** (fig. 7-15, poziţia 1 şi fig. 7-16, 7-17 şi 7-18)

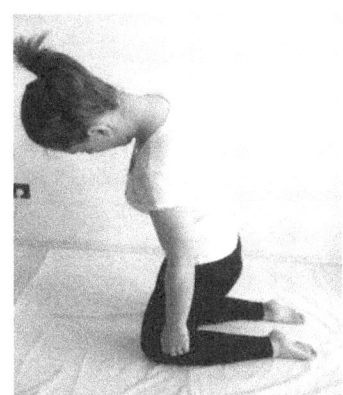

Fig. 7-17   Fig. 7-18

2- segmentul **D5 – D7** (fig. 7-15, poziţia 2 şi fig. 7-16, 7-19 şi 7-20)

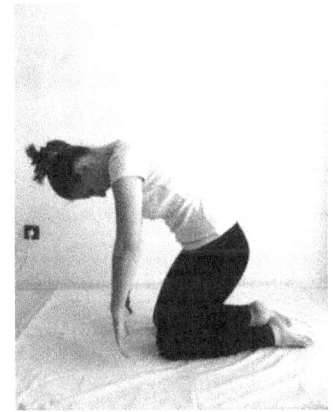

Fig. 7-19   Fig. 7-20

3- segmentul **D8 – D10** (fig. 7-15, poziţia 3 şi fig. 7-16, 7-21 şi 7-22)

Fig. 7-21   Fig. 7-22

4- segmentul **D11 – D12** (fig. 7-15, poziția 4 și fig. 7-16, 7-23 și 7-24)

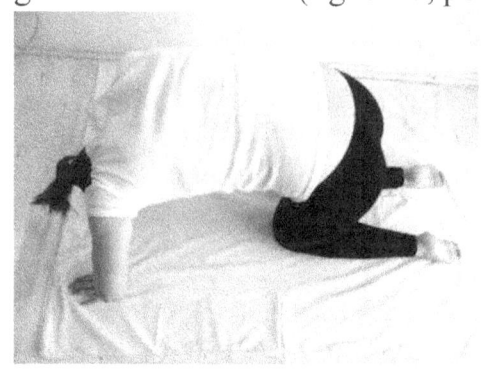

Fig. 7-23

Fig. 7-24

5- segmentul **L1 – L4** (fig. 7-15, poziția 5 și fig. 7-16, 7-25 și 7-26)

Fig. 7-25

Fig. 7-26

Mersul Klapp

Mers încrucișat (fig. 7-27 și 7-28): din patrupedie, deplasare cu braț și picior opus. Este util în scolioza simplă (scolioză în C).

Fig. 7-27

Fig. 7-28

Mers buestru (cămilei), cu braț picior de aceeași parte. Este util în scolioza în "S", de partea scoliozei lombare (fig. 7-29 și 7-30).

Fig. 7-29   **Fig. 7-30**

Exemple de exerciții de reeducare posturală:

1. Stând cu spatele lipit de un plan vertical cu brațele pe lângă corp: contracția musculaturii întregului corp, fără deplasarea vreunui segment, urmată de relaxarea voluntară a grupelor și lanțurilor musculare, păstrând poziția inițială a corpului;

2. Șezând cu genunchii întinși : îndoirea genunchilor la piept cu picioarele în sprijin pe sol, simultan cu ducerea brațelor prin înainte sus cu inspirație,

revenire cu expirație;

Fig. 7-31   **Fig. 7-32**

3. Culcat dorsal cu genunchii ușor îndoiți și adduși: ducerea brațelor de jos în sus, prin lateral cu inspirație, revenire cu expirație. Dosul mâinii trebuie să fie în permanență în contact cu suprafața de sprijin.

METODA VON NIEDERHOFFER

Această metodă a fost inițiata de Dr. von Niederhoffer și are ca scop principal **echilibrarea musculaturii spatelui** utilizând contracțiile **izometrice maxime** ale musculaturii oblice transverse ale trunchiului.

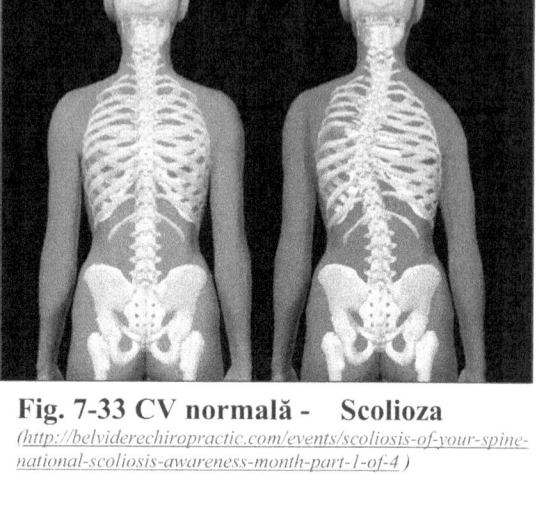

Fig. 7-33 CV normală -   Scolioza
(*http://belviderechiropractic.com/events/scoliosis-of-your-spine-national-scoliosis-awareness-month-part-1-of-4*)

Ea se folosește în principal în tratamentul *scoliozelor*, dar și în diverse discopatii și spondilozii.

În paralel se recomandă și:

- Masaj și întinderi tegumentare;
- Educație posturală;
- Exerciții de corectare a respirației(pentru mărirea capacității vitale).

Metoda propusă de von Niederhoffer constă în realizarea unor contracții izometrice, care se repetă de câteva ori.

Exista 3 faze, fiecare având o durată egală de aproximativ 3-4 secunde (fig. 7-34):

- *contracția progresivă maximă* (faza activă);
- *menținerea* (faza de platou);
- *scăderea treptată* (faza de relaxare).

Tonifierea se adresează musculaturii concave atunci când aceasta este alungită. Pentru solicitarea corectă a grupelor musculare, în timpul ședinței se vor folosi următoarele poziții: *decubit ventral, decubit lateral* și *așezat pe scaun lateral de scara fixă*.

Faza activa   Faza de platou   Faza de relaxare

Fig. 7-34 Fazele contracțiilor izometrice von Niederhoffer

Exercițiile propuse de von Niederhoffer nu sunt variate, câte un exercițiu de tracțiune și unul de împingere pentru fiecare poziție.

Exemple de exerciții

Exercițiul de tracțiune din DV (decubit ventral)
Activitate:

Pi: dv, capul răsucit de partea concavă, membrul superior de partea concavă este în abducție și rotație externă, cotul flectat la 90°. Priza este în jurul brațului, imediat sub axilă și caută poziția în care marginea spinală a omoplatului este paralelă cu coloana vertebrală. Contrapriza este pe bazinul homolateral.

T1 - kinetoterapeutul trage încet, progresiv membrul superior în ax împreună cu omoplatul, în timp ce pacientul se opune;

T2- se menține această tracțiune constantă;

T3 - revenire la Pi.

Tehnica: T1-T2 - contracție izometrică a adductorilor omoplatului; T3 – relaxare progresivă.

Elemente : prizele, conștientizarea pacientului, T1=T2=T3= 3-4 secunde.

METODA SCHROTH

Această metodă a fost inițiată de către Katharina Schroth în 1921, în urma corecției propriei scolioze. Actualmente este una din cele mai cunoscute și utilizate metode folosite în tratamentul cifozelor și, în special al **scoliozelor**.

Scoliozele pot avea una sau mai multe curburi, una fiind principală, iar alta pentru compensarea poziției. Din acest motiv musculatura spatelui se dezvoltă asimetric (fig. 7-34).

Prin devierea laterală a coloanei se produce și rotația vertebrală.

Programul de exerciții Schroth este singurul care abordează scoliozele **tridimensional** (în cele trei planuri: frontal, sagital, transvers).

Prin acest program se urmărește:

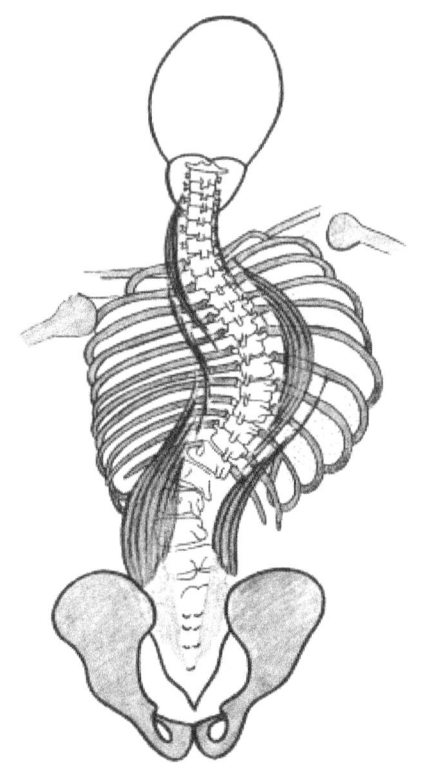

- realizarea unei *inspirații maximale*, în 3-4 timpi (pacientul trebuie să localizeze expansiunea toracică inspirând cranial și înspre concavitate, realizând totodată aliniamentul corporal);

Fig. 7-34 Musculatură alungită de partea concavității și scurtată de partea convexității

- realizarea *expansiunii hemitoracelui concav*, urmată de expirație cu „golirea gibozității”;

http://www.schrothmethod.com/abo

„Inspirul realizează expansiunea hemitoracelui concav în lateral, posterior și cranial, iar a hemitoracelui convex înăuntru, anterior și cranial. Expirația se efectuează cu "gura deschisă", prelung dar exploziv, cu timpi forte" (Marcu, 2006, p. 106).

Schroth pune accent deosebit pe respirație, susținând că o bună redresare a coloanei are loc în momentul în care toracele este golit de aer.

Obiective urmărite

- micșorarea unghiului scoliozei (unghiul Cobb);
- stoparea progresiei curburii scoliozelor;
- îmbunătățirea respirației;
- ameliorarea durerilor de spate;
- derotarea coloanei vertebrale.

Programul Schroth urmăreşte *formarea unei poziţii corecte a corpului şi menţinerea acesteia de-a lungul zilei*. El se poate aplica atât în cazul copiilor, cât şi al adulţilor.

Exemple de exerciţii

➢ **Exerciţii de corecţie posturală pasive - posturări**: se fac corecţii în cele trei planuri ale spaţiului, prin perne sub şold, umăr, genunchi, gibozitate. Plasarea lor depinde de poziţia iniţială: stând, aşezat, culcat ventral, dorsal, lateral, sprijin pe genunchi. Schroth propune (fig. 7-34) culcat lateral, de partea concavă dorsală, perniţă sub gibusul convex lombar. (Serbescu, 2008, p. 41);

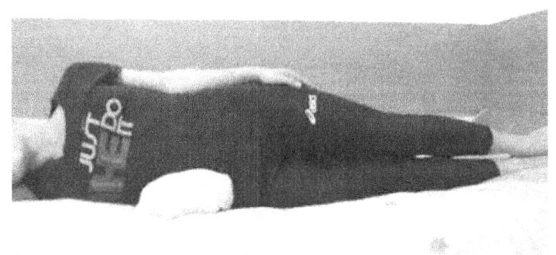

Exerciţiu de asuplizare*: sprijin pe genunchi (trunchiul suspendat-relaxat) între cele două centuri: se realizează o mişcare ondulatorie a coloanei; subiectul cifozează mai întâi lombele, apoi realizează extensia segmentului dorsal şi cervical. Mişcarea rahisului este asemănătoare cu cea a "spatelui de pisică" a lui Kalpp, dar întinderea musculară este mai mică.

Fig. 7-34

(Serbescu, 2008, p. 42)

Fig. 7-35

Fig. 7-36

METODE DE RECUPERARE A AFECȚIUNILOR LOMBARE

METODA WILLIAMS

Programul de exerciții inițiat de Dr. Paul Williams, se adresează în principal persoanelor cu **lombalgie cronica** de natura discartrozica. Exercițiile au fost concepute pentru bărbați sub 50 de ani și femei sub 40. Pacienții prezentau radiografic îngustarea spațiului intraarticular din zona lombara.

Scopul acestei metode este reducerea durerii și stabilitatea trunchiului în partea inferioară prin dezvoltarea musculaturii abdomenului, a fesierului mare și a mușchilor ischiogambieri, odată cu întinderea pasiva a flexorilor articulației șoldului.

Obiective principale

- reducerea durerii;
- asigurarea stabilității trunchiului inferior, prin dezvoltarea musculaturii abdominale, mușchilor ischiogambieri și fesier mare, concomitent cu întinderea pasiva a flexorilor șoldului și a mușchilor sacrospinali.

Programul Williams cuprinde 3 faze, care se vor aplica în funcție de perioada în care se afla pacientul:

✓ *perioada acută:* pacientul prezintă dureri lombosacrate intense, cu sau fără iradiere, pe care nu le poate calma nici întins în pat, însoțite de contractura musculara lombara;

✓ *perioada subacută:* durerile sunt mai reduse, cele de repaus dispar, pacientul se poate deplasa, durerea fiind suportabilă dacă nu se mobilizează coloana;

✓ *perioada cronică:* durerile sunt moderate când pacientul își mobilizează coloana; în stând și în mers ele pot apărea după mai mult timp;

✓ *perioada de remisiune completă:* pacientul nu mai prezintă simptome, dar durerea poate apărea oricând.

> **Atenţie!**
> ▪ În perioada acuta **nu** se recomandă exerciţiile din programul Williams!
> ▪ Accentul va fi pus pe relaxarea generală şi posturarea în poziţii antalgice.

Model 1 – Program exerciţii

Faza I Williams (exerciţiile trebuie efectuate de 2 ori pe zi, de 3-5 ori fiecare):

Exerciţiul 1:- decubit dorsal cu genunchii îndoiţi şi încet permiţându-le să "cadă" pe podea în poziţia întinsă, relaxat; se repeta de 5 ori (pentru promovarea flexibilităţii lombare şi a ischiogambierilor- musculatura posterioară a coapsei).

Exerciţiul 2: - culcat dorsal: se flectează şi se extind genunchii (fig. 7-37 şi 7-38).

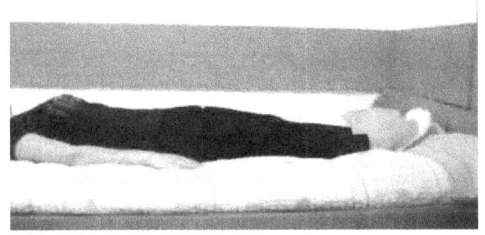

Fig. 7-37   Fig. 7-38

Exerciţiul 3: - culcat dorsal: se flectează genunchii, apoi se aduc ambii genunchi deasupra pieptului şi cu ambele mâini se trage de genunchi spre piept (fig. 7-39 şi 7-40); se menţine această poziţie 10 sec., apoi se revine la poziţia iniţială cu picioarele întinse; se repeta de 3 ori (pentru promovarea flexibilităţii lombare şi a ischiogambierilor).

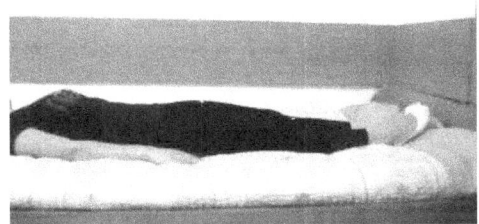

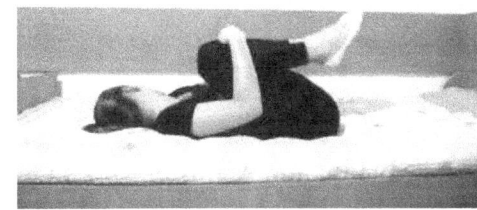

Fig. 7-39   Fig. 7-40

Exercițiul 4: - culcat dorsal cu picioarele pe podea, mâinile unite în spatele gatului, se ridică un genunchi cât se poate de aproape către piept; se menține poziția 10 secunde; se revine în poziția neutra inițiala și se repeta cu piciorul opus de 5 ori cu fiecare picior (pentru elasticitatea lombara, ischiogambieri, iliopsoas, pentru a crește puterea musculaturii abdominale).

Exercițiul 5: – în decubit dorsal cu mâinile deasupra capului și cu genunchii îndoiți, se încearcă lipirea zonei lombare de podea și în același timp se contractă musculatura abdominală; se menține aceasta poziție 10 secunde și se repeta de 5 ori (pentru creșterea puterii musculaturii abdominale superioare și inferioare).

Exercițiul 6: - în șezut pe scaun cu mâinile pe lângă corp, aplecarea capului între genunchi, permițând mâinilor să ajungă pe podea; se menține poziția 3 secunde; se aduce corpul în poziția inițială ; se repetă de 5 ori (pentru elasticitate lombara și a ischiogambierilor, cât și pentru creșterea forței musculaturii lombare inferioare).

Faza a II-a a programului Williams (exercițiile trebuie efectuate de 2 ori/zi timp de 4 luni ; dacă la sfârșitul acestei faze totul se desfășoară confortabil, se poate trece la faza III):

Exercițiul 7: - în decubit dorsal cu ambii genunchi îndoiți, picioarele sunt pe podea; rotarea bazinului și a picioarelor spre stânga și apoi spre dreapta (fig. 7-41 și 7-42); se repetă de 5 ori (pentru promovarea elasticității lombare și a ischiogambierilor);

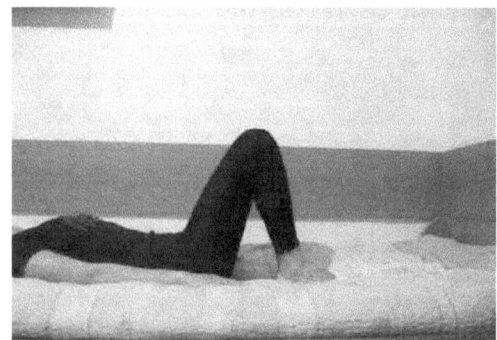

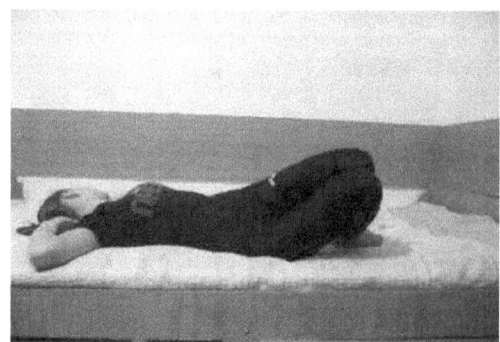

Fig. 7-41   Fig. 7-42

Exercițiul 8: - culcat dorsal cu ambele membre inferioare întinse, se aduce piciorul drept pe genunchiul stâng; se rotește genunchiul flectat spre dreapta și apoi spre stânga în măsura confortului; se repetă apoi cu membrul inferior opus, de 5 ori de fiecare parte (pentru elasticitatea rotatoare a șoldurilor).

Exercițiul 9: - din culcat dorsal, se ridică un picior deasupra podelei (fig. 7-43 și 7-44), se menține 10 sec., apoi se revine cu piciorul pe podea; se repetă de 5 ori (pentru creșterea forței musculaturii abdominale).

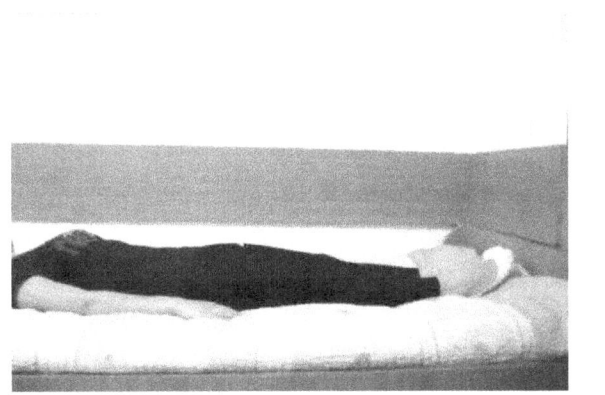

Fig. 7-43   Fig. 7-44

Exercițiul 10: - în ortostatism: genuflexiuni cu mâinile în sprijin pe spătarul scaunului, spatele perfect drept, călcâiele rămân pe sol.

Exercițiul 11: - stând cu mâinile pe un scaun/masă; genuflexiune cu revenire în poziția inițială (pentru creșterea forței musculaturii anterioare a coapsei-cvadriceps).

Exercițiul 12: - stând, prin inspir și expir amplu, se apleacă în față ușor trunchiul din șolduri, cu genunchii întinși; se încearcă atingerea podelei cu degetele mâinilor; se repetă de 5 ori (pentru elasticitatea lombară).

În perioada cronică se continuă creșterea supleții lombare și tonifierea musculaturii slabe, creșterea supleții lombare prin exerciții de basculare a bazinului.

Faza III a programului Williams care cuprinde următoarele exerciții:

Exercițiul 13: - culcat dorsal cu o pernă sub cap, șoldurile și genunchii sunt flectați, picioarele pe podea, cu călcâiele cât mai apropiate de fese; pacientul presează ferm lomba pe podea, contractând mușchii fesieri și abdominali.

Apoi este basculat bazinul prin ridicarea feselor de pe podea, dar cu menținerea contactului lombei aplatizate; cea mai frecventă eroare este reprezentată de ridicarea și a zonei lombare împreuna cu fesele, crescând astfel curbura lombara și obținând efectul contrar-accentuarea durerii; se efectuează de 10 ori de 2 ori/zi, treptat ajungându-se la 20 de 2 ori/zi la cei peste 50 ani, respectiv 40 de 2 ori/zi la ceilalți.

Gradat după o perioada de timp, flexia șoldurilor și a genunchilor este redusă până ajung sa fie întinse complet, iar după 4 săptămâni se poate trece la exercițiile din picioare.

Exercițiul 14: - stând, cu spatele la perete și călcâiele la 25-30 cm. de acesta; se aplica sacrul și lomba aplatizate pe perete; se apropie treptat călcâiele de perete, menținând contactul lombei cu acesta.

Exercițiul 15: - decubit dorsal: se executa bicicleta, cu pelvisul mult basculat înainte (fig. 7-45 și 7-46).

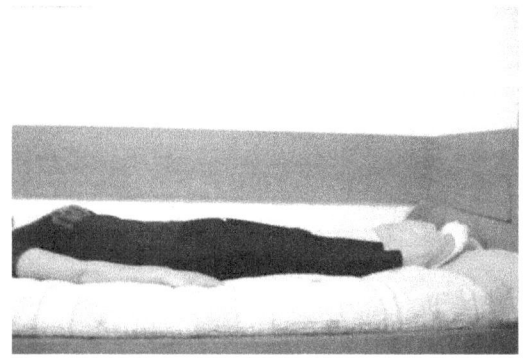 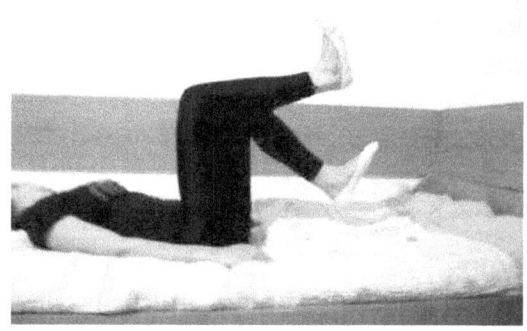

Fig. 7-45   Fig. 7-46

> **Atenție!**
> ▪ Aceste exerciții nu sunt standard!
> ▪ Ele trebuie să varieze în funcție de pacient (de localizarea afecțiunii, vârsta, profesie).

De exemplu pentru cei a căror activitate profesională constă în utilizarea mâinilor și aplecarea în față a trunchiului, programul trebuie sa fie axat pe consolidarea sistemului vertebral și a ischiogambierilor. Pentru cei care stau mult în picioare, programul se orientează pe tonifierea musculaturii de susținere pe verticala a coloanei vertebrale (adaptat după http://dralinpopescu.ro/2010/programul-williams.html).

Model 2 – Program exerciții

Exercițiul 1: Din decubit dorsal, flexie dorsală și flexie plantară. Se efectuează 2 x 10 repetări cu fiecare picior (fig. 7-47 și 7-48).

Fig. 7-47   **Fig. 7-48**

Exercițiul 2: Din decubit dorsal cu sprijin pe tălpi, extensia gambei cu flexia dorsală a plantei. Piciorul întins se ridică. Se efectuează 2 x 10 repetări cu fiecare picior (fig. 7-49).

Fig. 7-49

Exercițiul 3: Din decubit dorsal cu sprijin pe tălpi, ridicări de bazin. Coloana lombară rămâne pe saltea se ridică doar puțin fesierii (fig. 7-50).

Exercițiul 4: Din decubit dorsal cu sprijin pe tălpi, flexia coapsei pe trunchi, gamba rămânând flexată pe coapsă (fig. 7-51).

Fig. 7-50

Exercițiul 5: Din decubit dorsal cu sprijin pe tălpi, mâinile pe coapsă (partea anterioară a picioarelor). Mâinile alunecă în sus pană la genunchi și revin. Acest exercițiu este contraindicat pentru spondiloza cervicala, deoarece accentuează curbura cervicala (fig. 7-52 și 7-53).

Fig. 7-51

Fig. 7-52

Fig. 7-53

Exercițiul 6: Din decubit dorsal cu sprijin pe tălpi, flexia coapsei pe trunchi, gamba rămânând flexată pe coapsă, concomitent cu ridicarea capului stânga – dreapta alternativ. Se efectuează 2 x 10 repetări, alternativ cu fiecare picior (fig. 7-54).

Fig. 7-54

Exercițiul 7: În aceeași poziție, flexia simultană a coapselor pe trunchi, genunchii rămânând îndoiți. Este un exercițiu dificil, care s-ar putea sa nu fie efectuat de pacienții cu o discopatie acută. Dacă se poate face, se efectuează maxim zece repetări.

METODA McKENZIE

Această metodă a fost iniţiată de către fizioterapeutul Robin McKenzie pentru tratamentul **lombo-sacralgiilor** şi constă dintr-un program de exerciţii special concepute, individualizate pe fiecare pacient în parte, pentru *localizarea şi eliminarea durerii*, atât în cazurile cronice, cât şi în cele acute.

Obiectivele tratamentului

- reducerea durerii şi contracturii;
- recuperarea funcţionalităţii la nivelul coloanei lombare;
- prevenirea apariţiei recurente a durerii.

În timpul tratamentului se urmăreşte *corectarea poziţiei* cu neutralizarea simptomelor, pacientul evitând pe cât posibil activităţile sau poziţiile care cresc presiunea intradiscală, cum ar fi aplecările de trunchi spre înainte sau exerciţiile cu flexia trunchiului.

Pentru menţinerea coloanei în poziţie lordozată de-a lungul zilei, McKenzie recomandă folosirea de role lombare sau scaune speciale.

Atenţie!
█ Poziţia prelungită de aşezat cu coloana flectată accentuează lombalgiile!

Durerile de coloană au fost clasificate de McKenzie în 3 sindroame: **postura deficitară** (când la sfârşitul mişcării apare durere a structurilor normale), **disfuncţie** (când la sfârşitul mişcării apare durere cauzată de o structură anatomică degenerată: fibroză, aderenţe etc.) şi **dezechilibru** (întreruperea continuităţii structurii anatomice în timpul mişcării). Acestea pot apărea la nivel cervical, toracal, dar mai ales lombar, sindromul de dezechilibru fiind cel mai frecvent.

Programul de exerciţii se va realiza frecvent, la 2-3 ore, importantă fiind educaţia şi implicarea activă a pacientului; la început şedinţa se va supraveghea atent de către kinetoterapeut, dar treptat pacientul va învăţa să se trateze singur, scăzând astfel şansele de recidivă.

Exemplu de exerciţiu

Din decubit ventral cu palmele pe sol în dreptul omoplaţilor (fig. 7-55 şi 7-56), coatele îndoite: extensia trunchiului, cu menţinerea bazinului pe sol, timp de 5 secunde şi revenire la poziţia iniţială.

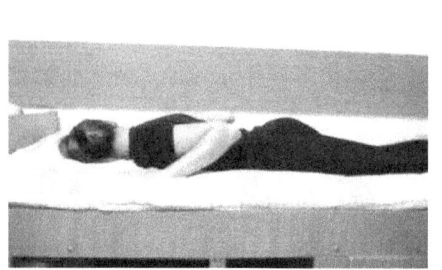

Fig. 7-55   Fig. 7-56

METODE DE FACILITARE NEURO-PROPRIOCEPTIVĂ

METODA KABAT

Herman Kabat a dezvoltat o metodologie de recuperare neuromotorie pornind de la studiile neurofiziologice ale mişcării, comportamentului motor şi învăţării motorii. Metoda se numeşte "de facilitare neuroproprioceptivă" şi se aplică în: leziuni de neuron motor periferic, recuperarea insuficienţei motorii cerebrale, leziuni de neuron motor central.

Folosirea unor stimuli proprioceptivi variați, care se adaugă la eforturile voluntare ale bolnavului, are ca urmare facilitarea funcției și o contracție musculară mai puternică decât cea care poate fi provocată numai prin efort voluntar. Facilitarea maximă se obține prin exercițiu intens, cu maximul de efort și rezistență.

Creierul ignoră acțiunea proprie muschiului, el recunoaste numai mișcarea.

Autorul subliniază că mișcarea pasivă nu realizează nimic în mod direct în ceea ce privește ameliorarea funcției mușchilor paralizați, întrucât niciun fel de activitate voluntară nu este provocată în grupurile motorii.

Principiile metodei Kabat

1. Dezvoltarea neuromotorie normală se face în sens cranio-caudal și proximo-distal;
2. Dezvoltarea fetală este caracterizată de răspunsurile reflexe secvențiale la stimuli exteroceptivi (flexia gâtului precede extensia, adducția umărului precede abducția, rotația internă o precede pe cea externă, etc);
3. Dezvoltarea comportamentului motor este legată de dezvoltarea receptorilor senzitivi, vizuali, auditivi, etc;
4. Întregul comportament motor este caracterizat de mișcări ritmice, reversibile, executate în amplitudini complete de flexie și extensie;
5. Dezvoltarea motorie implică mișcarea combinată ale membrelor bilateral simetric, homolateral, bilateral asimetric, alternativ reciproc, diagonal reciproc;
6. Dezvoltarea motorie include și inversarea rapidă dintre funcțiile antagoniste, cu predominanța flexiei sau extensiei;
7. Dezvoltarea motorie reflectă și direcția mișcării: de la verticală, la orizontală și apoi la oblică sau diagonală.

Kabat face următoarele *precizări*, considerate esențiale pentru mișcarea voluntară complexă:

- Folosirea schemelor de mișcare în spirală și diagonală;
- Mișcarea activă se derulează de la distal spre proximal în timp ce stabilitatea articulară recunoaște sensul invers;

- Folosirea rezistenţei maximale în scopul obţinerii iradierii în cadrul schemei de mişcare sau în grupele musculare ale schemei heterolaterale.
- Utilizarea de tehnici şi elemente ce facilitează dezvoltarea mişcării sau a posturii (poziţionare, contact manual, întinderi musculare, presiuni articulare, rezistenţa la mişcare etc).

Procedeele de facilitare folosite sunt următoarele:

- *rezistenţa maximă* până la anularea mişcării active;

- *întinderea*, ce poate activa un muşchi paretic sau plegic dacă i se opune şi o rezistenţă;

- *schemele globale ale mişcării*, care sunt de obicei mai eficace în ceea ce priveşte facilitarea (fenomenul de "iradiere");

- *alternarea antagoniştilor*, ce se bazează pe faptul că după provocarea reflexului de flexie, excitabilitatea reflexului de extensie este mai mărită. Modalităţile de alternare ale antagoniştilor sunt: inversarea lentă (IL), inversarea lentă cu efort static (ILO), inversare agonistică (IA), stabilizarea ritmică (SR), inversare lentă-relaxare (contracţie-relaxare-contracţie), inversare lentă cu efort static şi relaxare (ILO + relaxare), combinarea stabilizării ritmice (SR) cu inversarea lentă-relaxare. (după Marcu, 2006, p. 101-102)

Principii metodice:

1. Poziţia Kinetoterapeutului

2. Componentele de mişcare se vor poziţiona în zona alungită, din care musculatura poate dezvolta forţa maximă, ceea ce corespunde zonei scurte pentru muşchii schemei antagoniste.

3. Schema de mişcare e iniţiată de componenta de rotaţie.

4. Schemele de mişcare se vor efectua iniţial cu musculatura puternică.

5. Schemele de mişcare se efectuează activ liber, activ asistat şi activ cu rezistenta.

Atenţie!

Componentele principale ale schemei de mişcare sunt:

- Flexie sau extensie, abducţie sau adducţie, rotaţie interna sau externă.
- Diagonalele se efectuează pe câte două direcţii: de jos în sus şi invers.

DIAGONALELE KABAT PENTRU MEMBRELE SUPERIOARE

■ **La nivelul umărului:** flexia şi extensia sunt combinate cu abducţia şi adducţia (fig. 7-57).

☞ Rotaţia externă e întotdeauna combinată cu flexia, iar rotaţia internă cu extensia.

☞ Supinaţia antebraţului şi abducţia mâinii se combină cu flexia şi rotaţia externă a umărului.

☞ Pronaţia şi adducţia se combină cu extensia şi rotaţia interna a umărului.

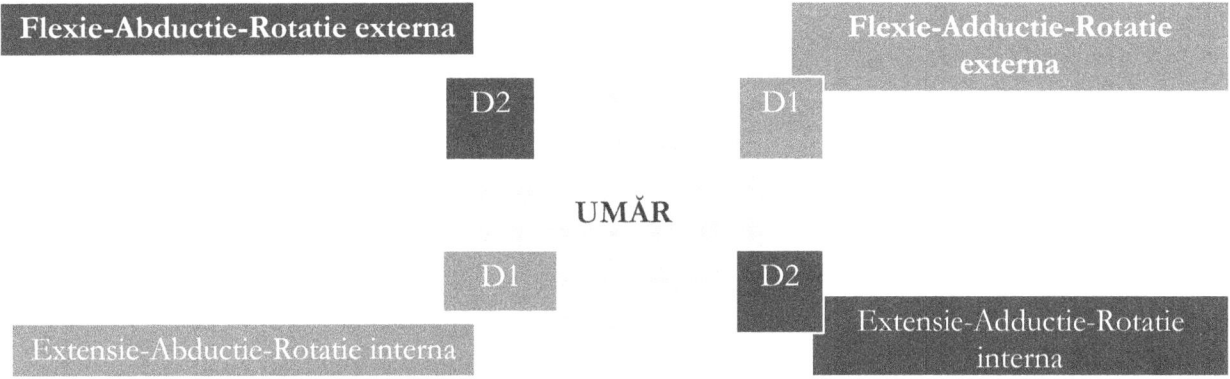

Fig. 7-57 *Poziţii* iniţiale pentru schemele de jos în sus (agoniste)=*mişcări* în schemele executate de sus în jos şi *mişcări* în schemele executate de jos în sus (agoniste)=*poziţii* iniţiale pentru schemele de sus în jos (antagoniste).

■ **Flexia mâinii:**

☞ Se asociază cu adducţia umărului, iar extensia cu abducţia. Flexia şi adducţia degetelor sunt însoţite de flexia mâinii şi adducţia umărului; extensia şi abducţia degetelor se asociază cu extensia şi abducţia umărului.

■ **Degetele:**

☞ Se înclină de partea radială concomitent cu supinaţia antebraţului şi flexia-rotaţia externă a umărului.

☞ Înclinarea ulnară se însoţeşte de pronaţia antebraţului şi extensia-rotaţia internă a umărului.

☞ Flexia policelui se asociază cu flexia-adducţia-rotaţia externa a umărului.

☞ Abducția policelui se combina cu extensia lui în secvența abducție-extensie-rotație internă a umărului.

☞ Flexia policelui se asociază cu adducția umărului, iar extensia lui cu abducția umărului.

Diagonala 1-Mișcarea de jos în sus Flexia-Adducția-Rotația externă

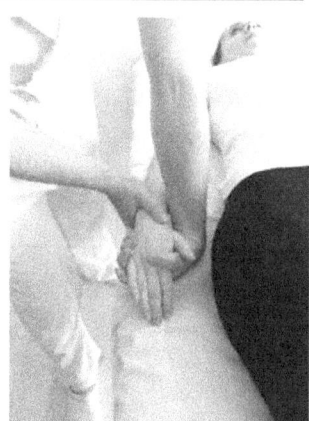

Fig. 7-58

■ Poziția inițială a kinetoterapeutului: stând lateral dreapta, la nivelul brațului pacientului, greutatea corpului e repartizată pe membrul inferior drept poziționat paralel cu diagonala mișcării, stângul perpendicular pe acesta.

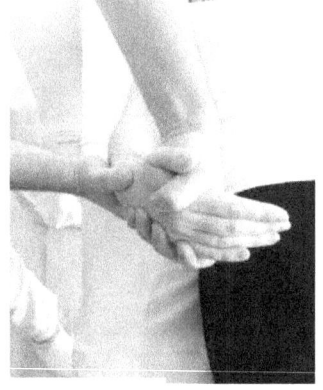

■ Priza: kinetoterapeutul cuprinde cu mâna stângă fața palmară a mâinii drepte a pacientului, astfel încât policele se sprijină pe metacarpianul II, iar degetele II-V pe marginea ulnară.

Fig. 7-59

■ Poziția inițială (fig. 7-60):
- *umăr*: extensie, ușoară abducție, rotație internă,
- *antebraț*: pronație maximă,
- *mâna*: extensie, adducție,
- *degete*: extensie;
- *police*: extensie abducție.

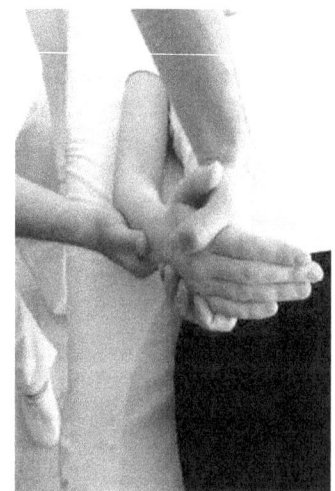

■ Din această poziție membrul superior drept descrie o mișcare în diagonala la comandă: "acum prinde și trage mâna mea la urechea ta stânga."

Fig. 7-60

Mişcarea constă din (fig. 7-61 şi 7-62):

- *degete*: flexie
- *police*: flexie, adducţie;
- *antebraţ*: supinaţie

- *mâna*: flexie, abducţie (înclinare radiala)
- *umăr*: adducţie, flexie, rotaţie externa.

Fig. 7-61

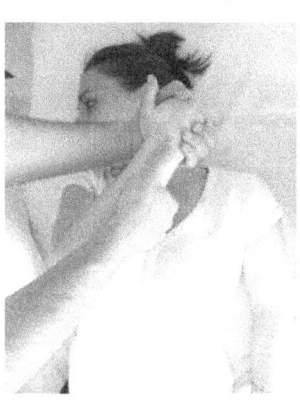

Fig. 7-62

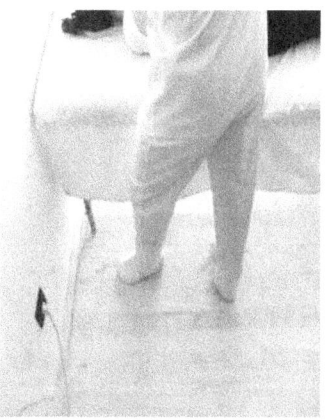

■ Poziţia finală a kinetoterapeutului: în cursul mişcării, prin pivotare kinetoterapeutul îşi transferă greutatea corpului de pe membrul inferior drept pe stângul şi se poziţionează astfel: dreptul perpendicular şi stângul paralel cu diagonala mişcării (fig. 7-63).

Fig. 7-63

Diagonala 1- Mişcarea de sus în jos: Extensia-Abducţia-Rotaţia internă

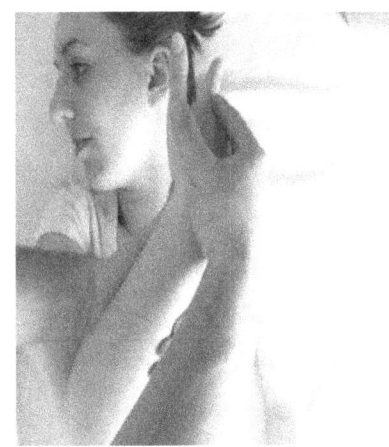

Fig. 7-64

■ Poziţia iniţiala a kinetoterapeutului: stând lateral dreapta, greutatea corpului e repartizată pe membrul inferior stâng, poziţionat paralel cu direcţia de mişcare, dreptul perpendicular pe acesta (corespunde poziţiei finale a diagonalei D1-Flexie).

■ Priza (fig. 7-64): kinetoterapeutul schimbă priza, prinde cu mâna dreaptă faţa dorsală a mâinii omonime a pacientului astfel: policele se sprijină pe articulaţia metacarpofalangiană I, iar degetele II-V se aplică peste degetele III-V stimulând prin presiuni exteroreceptorii eminenţei hipotenare.

■ După iniţierea mişcării, kinetoterapeutul aplică degetele mâinii stângi pe marginea ulnară a antebraţului, deasupra arterei radiocarpiene şi exercita presiuni (fig. 7-65).

■ Poziţia iniţială corespunde celei finale a mişcării de jos în sus:

- umăr: flexie, adducţie, rotaţie externă;
- antebraţ: supinaţie
- mână: flexie, abducţie (înclinare radiala)

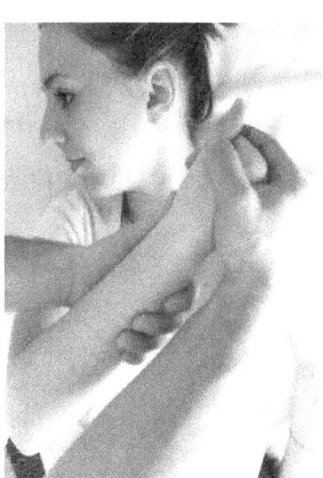

Fig. 7-65

- degete: flexie;
- police: flexie, adducţie.

Din această poziţie mişcarea se execută în diagonala la comanda: "acum împinge!".

■ Mişcarea reprezintă revenirea în poziţia iniţială a mişcării de jos în sus (fig. 7-66)

- degete: extensie, în special degetul mic şi inelarul;
- police: extensie, abducţie;
- mâna: extensie, adducţie (înclinare ulnară);

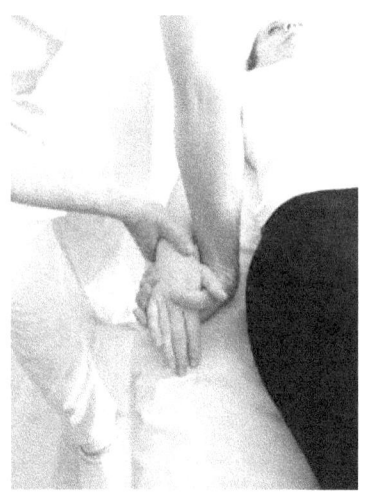

Fig. 7-66

- antebraţ: pronaţie;
- umăr: extensie, abducţie, rotaţie interna;
- scapula: adducţie.

■ Poziţia finala a kinetoterapeutului: în cursul mişcării, kinetoterapeutul îşi transferă greutatea corpului de pe membrul inferior stâng pe dreapta. Prin pivotare membrul inferior stâng se poziţionează perpendicular pe direcţia mişcării, iar dreptul paralel cu acesta (fig. 7-67).

Aceasta schema de mişcare se poate executa cu flexia sau extensia cotului.

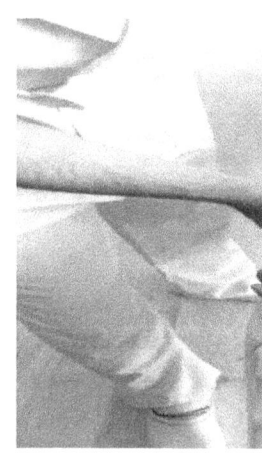

Fig. 7-67

Diagonala 2-Mişcarea de jos în sus Flexia-Abducţia-Rotaţia externă

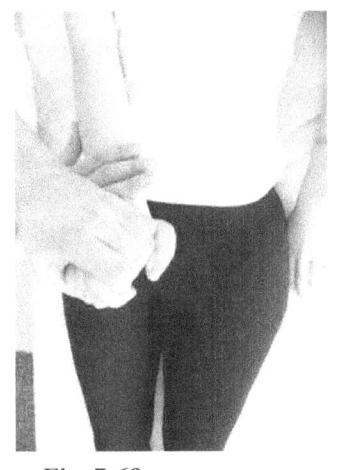

Fig. 7-69

■ Poziţia iniţială a kinetoterapeutului: stând lateral dreapta, greutatea corpului e repartizată pe membrul inferior drept, poziţionat paralel cu diagonala de mişcare, stângul perpendicular pe acesta.

■ Priza (fig. 7-69): kinetoterapeutul cuprinde cu mâna stânga, faţa dorsală a mâinii drepte a pacientului. Cu mâna dreaptă kinetoterapeutul exercită presiuni în 1/3 inferioară a antebraţului, faţa posterioară.

■ Poziţia iniţială (fig. 7-70):

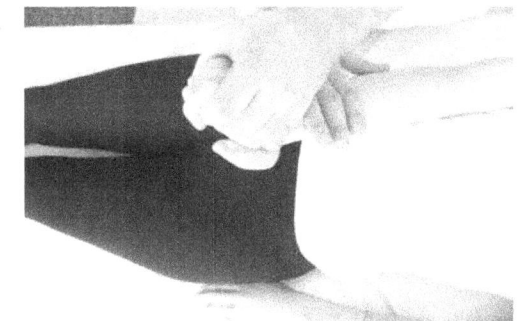

Fig. 7-70

- umăr: extensie, adducţie, rotaţie internă;

- antebraţ: pronaţie;

- mâna: flexie, adducţie (înclinare ulnară);

- degete: flexie;

- police: flexie, abducţie.

■ Din aceasta poziţie se execută mişcarea în diagonala la comanda "acum împinge". Mişcarea în diagonală constă din (fig. 7-71):

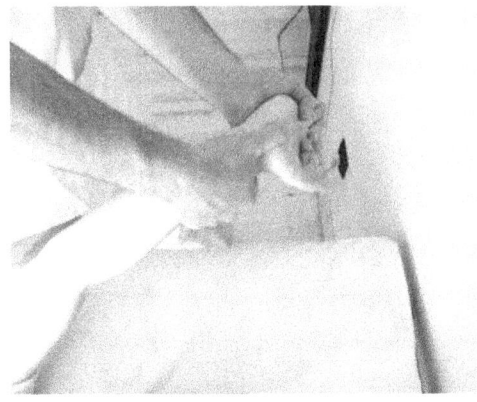

Fig. 7-71

- degete: extensie, în special medius şi index;

- police: extensie;

- mâna: extensie, abducţie (înclinare radială);

- antebraţ: supinaţie;

- umăr: flexie, abducţie, rotaţie externă;

- scapula: adducţie.

■ Poziția finală a kinetoterapeutului (fig. 7-72): în cursul mişcării kinetoterapeutului îşi transferă greutatea corpului pe membrul inferior stâng. Prin pivotare membrul inferior stâng se poziționează paralel cu direcția mişcării, iar dreptul perpendicular cu acesta (corespunde poziției inițiale a mişcării de sus în jos în diagonala D1-Flexie).

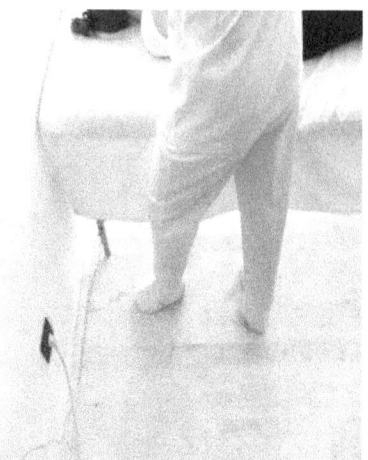

Fig. 7-72

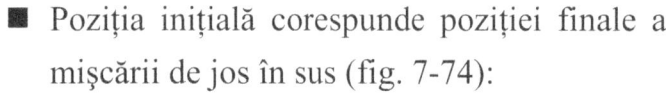

Diagonala 2-Mişcarea de sus în jos Extensia-Adducţia-Rotaţia internă

■ Poziția inițială a kinetoterapeutului (fig. 7-73): stând lateral dreapta, greutatea corpului e repartizată pe membrul inferior stâng poziționat paralel cu direcția de mişcare, dreptul perpendicular pe acesta (corespunde poziției finale a diagonalei D2-Flexie).

■ Priza (fig. 7-73): kinetoterapeutul schimbă priza şi cuprinde cu mâna dreaptă faţa palmara a mâinii omonime a pacientului, plasând policele pe articulaţia metacarpo-falangiană I, în timp ce degetele II-V execută întinderi ale degetelor omonime, opunându-se flexiei acestora.

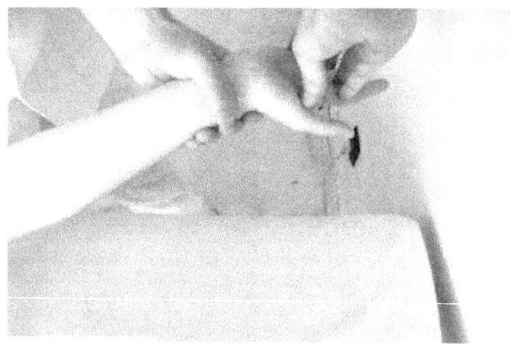

Fig. 7-73

■ Poziția inițială corespunde poziției finale a mişcării de jos în sus (fig. 7-74):
- umăr: flexie, abducţie, rotaţie externă;
- antebraţ: supinaţie;
- mâna: extensie, abducţie;
- degete: extensie; police: extensie.

Fig. 7-74

■ Din această poziție se execută mișcarea în diagonală la comanda: "acum prinde și trage în jos mâna mea." (fig. 7-75)

Fig. 7-75

■ Mișcarea reprezintă revenirea în poziția inițială a mișcării de jos în sus (fig. 7-76 și 7-77).

- degete: flexie, în special mediusul și indexul;

- policele: abducție;

- mâna: flexie, adducție;

- antebraț: pronație;

- umăr: extensie, adducție, rotație interna;

- scapula: abducție

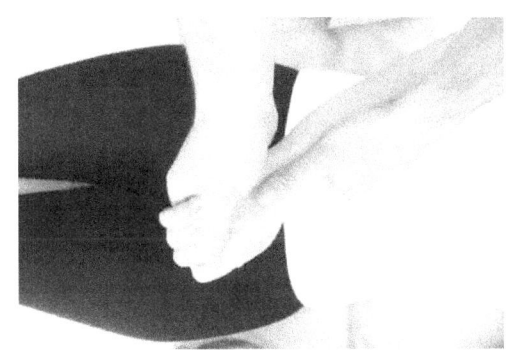

Fig. 7-77

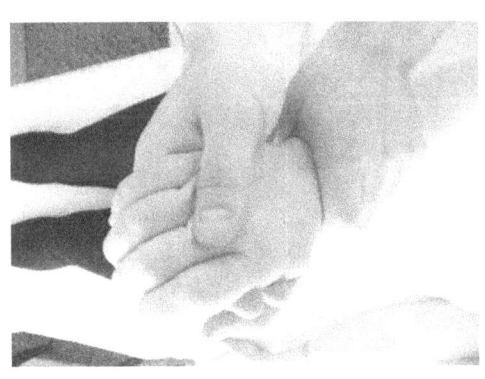

Fig. 7-76

■ Poziția finală a kinetoterapeutului (fig. 7-78): în cursul mișcarii kinetoterapeutului își transferă greutatea corpului pe membrul inferior drept. Prin pivotare membrul inferior stâng se poziționează perpendicular pe direcția diagonalei, iar dreptul paralel cu acesta (corespunde poziției inițiale D2-Flexie).

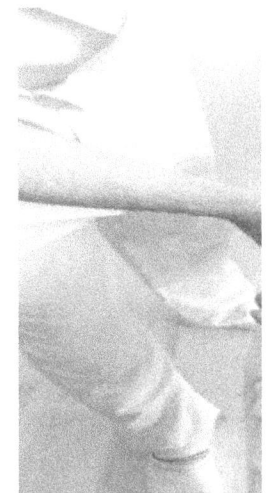

Fig. 7-78

DIAGONALELE KABAT PENTRU MEMBRELE INFERIOARE

Diagonala 1 - Mişcarea de jos în sus: Flexia-Adducţia-Rotaţia externă

- Pacientul este în decubit dorsal, cu membrul inferior extins, în abducţie, cu uşoară rotaţie internă a şoldului, piciorul se află extins în pronaţie. Kinetoterapeutul stă de partea membrului inferior respectiv mâna omoloagă cuprinde piciorul peste faţa sa dorsală, astfel încât cele patru degete se aşează peste marginea internă a piciorului, cealaltă mână se aseaza pe faţa internă a coapsei (Fig.7-79).

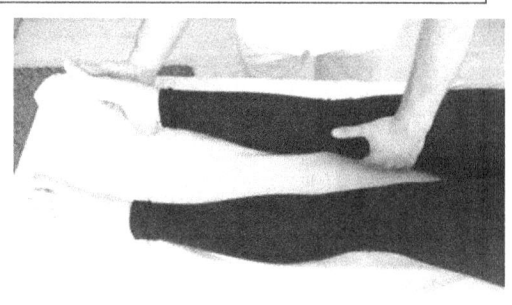

Fig. 7-79

- Exerciţiul se execută cu genunchiul în extensie şi are loc gradat: extensia degetelor piciorului (fig. 7-80), flexia dorsală a piciorului şi supinaţia sa (fig. 7-81,7-82), adducţia coapsei (fig. 7-83), flexia coapsei (fig. 7-84) şi rotaţia externă a coapsei (fig. 7-85). Intreg ansamblul de mişcări se execută sub rezistentă.

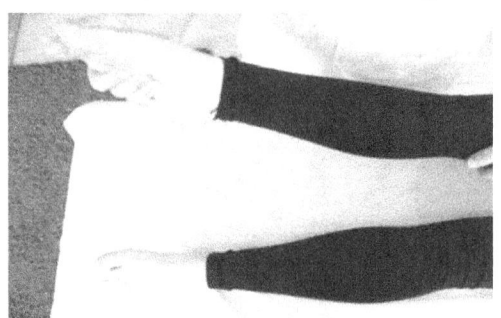

Fig. 7-80

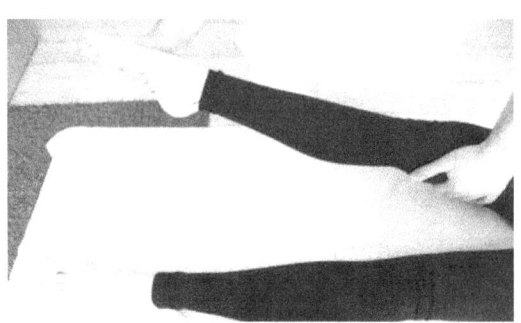

Fig. 7-81

Fig. 7-82

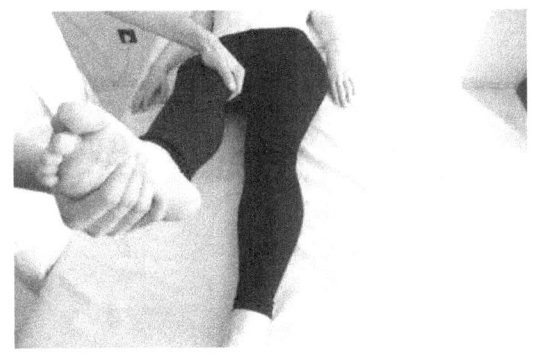

Fig. 7-83

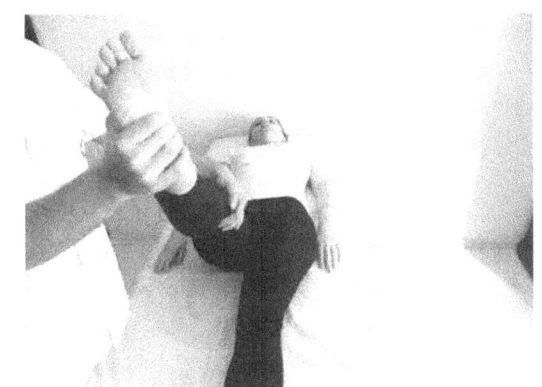

Fig. 7-84

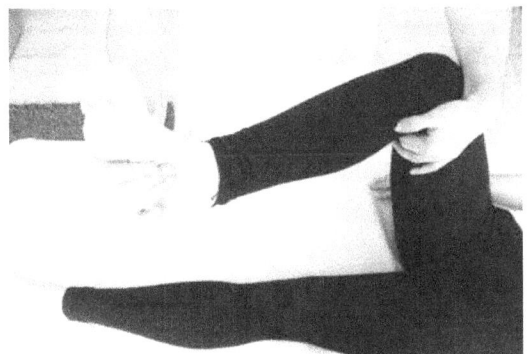

Fig. 7-85

Diagonala 1 - Mişcarea de sus în jos. Extensia-Adducţia-Rotaţia internă

■ Din poziţia de la sfârşitul mişcării de jos în sus se fac: flexia degetelor extensia piciorului (fig. 7-86), extensia, abducţia şi rotaţia internă a coapsei (fig. 7-87).

Fig. 7-86

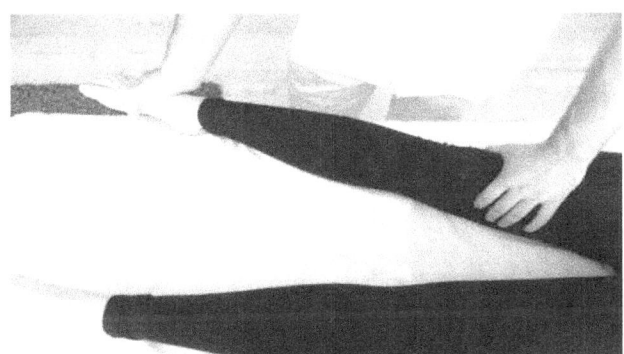

Fig. 7-87

Diagonala 2 Mişcarea de jos în sus: Flexia-Adducţia-Rotaţia internă

■ Pacientul este în decubit dorsal, cu membrul inferior addus, dincolo de linia mediana, uşor rotat în afara, piciorul în extensie şi supinaţie, degetele flectate. Kinetoterapeutul stă pe partea membrului inferior respectiv. Mâna omoloaga cuprinde piciorul peste faţa sa dorsală, astfel încât cele patru degete se aşeaza peste marginea internă a piciorului, cealaltă mâna se aseaza pe faţa externă a coapsei (fig. 7-88).

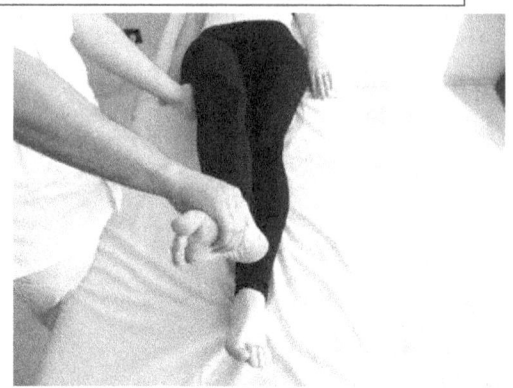

Fig. 7-89

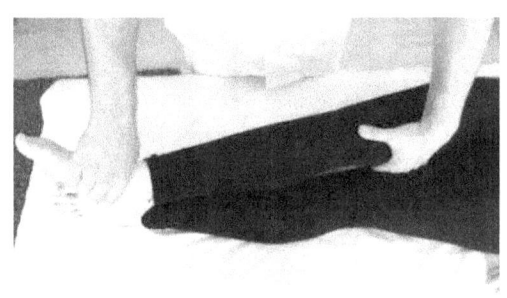

Fig. 7-88

■ Mişcarea: se efectuează extensia degetelor, flexia dorsală şi pronatia piciorului (fig. 7-89), flexia coapsei cu abducţie şi rotaţia internă a piciorului (fig. 7-90). Mişcarea are loc în amplitudinea sa maximă.

■ La sfârşitul mişcarii de sus în jos a diagonalei, se continua extensia soldului (fig. 7-91) cu flexia genunchiului, în afara mesei de tratament (fig. 7-92). În mişcarea inversă se execută mai întâi extensia genunchiului, apoi flexia coapsei cu rotaţia internă din momentul în care se ridică de la planul mesei. Se execută flexia genunchiului din partea finală a celei de a II-a diagonale.

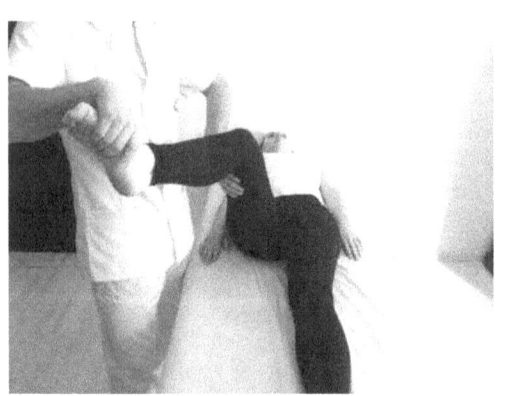

Fig. 7-90

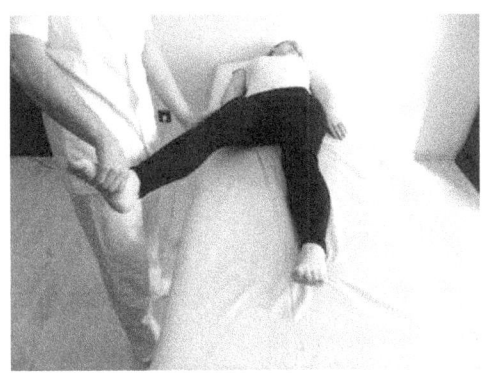

Fig. 7-91

Fig. 7-92

PE SCURT

Tehnica de facilitare Kabat a fost în prezent codificată pe **diagonale**. "Textul" diagonalei reprezintă poziția finală a mişcării.

Membru superior

> *Diagonala 1 flexie, extremitatea superioară (D1F, ES)*

Scapula:	ridicare+abducție+rotație în sus;
Braţ:	flexie+abducție+rotație externă;
Cot:	flexie, sau extensie, sau imobilizare ;
Pumn + degete:	flexie+deviație radială ;
Police:	adducție

> *Diagonala 1 extensie, extremitatea superioară (D1E, ES)*

Scapula:	coborâre+adducție+rotație în jos;
Braţ:	extensie+abducție+rotație internă;
Cot:	idem D1F, ES ;
Pumn şi degete:	extensie+deviație cubitală ;
Police: abducție ;	

> *Diagonala 2 flexie, extremitatea superioară (D2F, ES)*

Scapula:	ridicare+adducție+rotație în sus;
Braţ:	flexie+abducție+rotație externă;
Cot:	flexie, sau extensie, sau imobilizare;

Pumn şi degete:　　　　　extensie+deviaţie radială;

Police:　　　　　　　　　extensie;

➢ *Diagonala 2 extensie, extremitatea superioară (D2E, ES)*

Scapula:　　　　　　　　coborâre+abducţie+rotaţie în jos;

Braţ:　　　　　　　　　　extensie+adducţie+rotaţie internă;

Cot:　　　　　　　　　　　idem D1F, ES;

Pumn şi degete:　　　　　flexie+deviaţie cubitală;

Police:　　　　　　　　　opozabil degetelor;

Membru inferior

➢ *Diagonala 1 flexie, extremitatea inferioară (D1F, EI)*

Pelvis:　　　　　　　　　basculat înainte;

Coapsa:　　　　　　　　　flexie+adducţie+rotaţie externă;

Genunchi:　　　　　　　　flexie, sau extensie, sau imobilizat ;

Picior şi degete:　　　　　flexie dorsală+inversie ;

➢ *Diagonala 1 extensie, extremitatea inferioară (D1E, EI)*

Pelvis:　　　　　　　　　basculat înapoi;

Coapsa:　　　　　　　　　extensie+abducţie+rotaţie internă;

Genunchi:　　　　　　　　indem D1F, EI ;

Picior şi degete:　　　　　flexie plantară+eversie;

➢ *Diagonala 2 flexie, extremitatea inferioară (D2F, EI)*

Pelvis:　　　　　　　　　ridicare

Coapsa:　　　　　　　　　flexie+abducţie+rotaţie internă;

Genunchi :　　　　　　　　idem D1F, EI;

Picior şi degete:　　　　　flexie dorsală+eversie;

➢ *Diagonala 2 extensie, extremitatea inferioară (D2E, EI)*

Pelvis:　　　　　　　　　coborât;

Coapsa:　　　　　　　　　extensie+adducţie+rotaţie externă;

Genunchi:　　　　　　　　idem D1F, EI;

Picior şi degete:　　　　　flexie plantară+inversie.

Scheme de lucru:

- *Schema bilaterală simetrică (BS)*

Executarea bilaterală a unei diagonale 1 sau 2 la membrele superioare sau la membrele inferioare - ambele membre execută aceeaşi diagonală, în acelaşi sens (flexie sau extensie);

- *Schema bilaterală simetrică reciprocă (BSR)*

Ca la BS, dar în timp ce un membru execută diagonala de flexie, celălalt execută pe cea de extensie, dar diagonala este aceeaşi;

- *Schema bilaterală asimetrică (BA)*

Un membru execută D1, celalalt D2, dar ambele pe flexie sau extensie - pe membrele superioare sau pe cele inferioare;

- *Schema bilaterală asimetrică reciprocă(BAR)*

Ca la BA, dar un membru face o diagonală pe flexie, iar celălalt membru face cealaltă diagonala pe extensie.

(după Sbenghe, 1999)

Schemele de facilitare Kabat sunt utilizate:

- *pasiv*, de către kinetoterapeut;
- *activ*, prin mişcare liberă, fără rezistenţă şi fără ghidaj;
- *activo-pasiv*, mişcare liberă, dar cu ghidaj din partea kinetoterapeutului;
- *activ, cu rezistenţă*, pentru creşterea forţei.

> **De reţinut!**
> Comenzile verbale sunt:
> ■ *"Ţine!", "Rezistă!"*- în cadrul contracţiilor izometrice;
> ■ *"Trage!", "Împinge!"*- în cadrul contracţiilor concentrice;
> ■ *"Lasă să meargă!", "Lasă să mişte!"*- în cadrul contracţiilor excentrice.

METODA MARGARET ROOD

Această metodă a fost iniţiată de către Margaret Rood în 1950 şi se adresează persoanelor cu **afecţiuni ale sistemului nervos**.

Metoda propusă de Margaret Rood se bazează pe *dezvoltarea funcţiilor vitale şi senzoriale*, prin facilitarea sau inhibarea unor mişcări. Acest lucru este posibil prin utilizarea stimulilor senzoriali, şi anume prin: mângâieri uşoare, vibraţii, presiuni, ciocănituri la nivelul articulaţiilor, stimulări cu cuburi de gheaţă, pensularea.

Metoda se bazează pe dezvoltarea funcţiei motorii în patru **etape**:

1. **mobilitatea** (etapa dezvoltării copilului de la 0-3 ani): copilul este capabil să se rostogolească lateral, să ia "postura păpuşii înalte";
2. **stabilitatea**: copilul îşi poate menţine echilibrul în diferite poziţii stabile (ortostatism, pe genunchi, patrupedie);
3. **mobilitatea controlată**: presupune introducerea de mişcări mai complexe, care să necesite o bună coordonare, orientare în spaţiu, din poziţii stabile;
4. **abilitatea/îndemânarea**: cuprinde mişcările perfecţionate, trecerea de la o poziţie la alta sau de la o mişcare la alta realizându-se cu uşurinţă.

METODE DE EDUCARE/REEDUCARE NEUROMOTORIE

CONCEPTUL BOBATH

Conceptul iniţiat de soţii Berta şi Karel Bobath (fig. 7-93) s-a aplicat iniţial la copii cu **encefalopatie sechelară infantilă**, fiind apoi extins şi în tratamentul **adultului hemiplegic**.

Fig. 7-93 Sotii Bobath: Berta si Karl n1907respectiv 1906, decedati 1991
Ea: fizioterapeut
El: medic

Ea descoperă la începutul anilor 1940 că spasticitatea nu este un fenomen constant, inevitabil şi neinfluenţabil aşa cum se credea până atunci. Descoperirea a fost făcută în timp ce trata un rănit de război şi a observat că prin anumite mişcări şi poziţionări ale pacientului spasticitatea se reducea.

Bazele neuropsihologice ale fenomenului sunt explicate mai târziu de Karl Bobath susţinând astfel observaţiile doamnei Bobath.

În prezent terapia Bobath se aplică cu succes în cazul persoanelor cu accident vascular cerebral, tetrapareză spastică, Parkinson, scleroză multiplă, leziuni cerebrale, probleme de echilibru, leziuni ale măduvei (fig. 7-94).

Conceptul Bobath necesită o muncă interdisciplinară (fizioterapeuţi, ergoterapeuţi, logopezi, psihologi, asistenţi medicali). Este un concept şi nu o tehnică (nu există tehnici de îngrijire, metode sau exerciţii ce se aplică indiferent de pacient, ci se raportează la posibilităţile individuale ale pacienţilor)

Scopul acestei terapii este ca pacientul să primească cât mai multe senzaţii posibile asupra tonusului, posturii şi mişcării. Nu se urmăreşte tonifierea musculaturii paralizate, deoarece aceasta va creşte spasticitatea, ci facilitarea mişcărilor pe partea lezată.

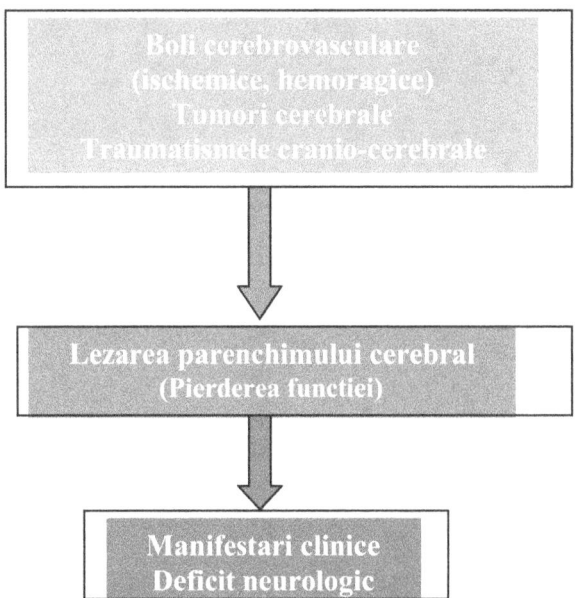

Fig. 7-94 Fiziopatologia deficitului neurologic

Kinetoterapeutul are un rol principal în această terapie. El nu urmăreşte să-i învețe pe pacienți mişcări noi, ci le facilitează, le face să fie posibile prin :

- mobilizări ale articulațiilor rigide;
- tonifierea muşchilor slăbiți;
- alungirea muşchilor scurți.

În cadrul posturilor anormale ale bolnavilor spastici se găsesc anumite "puncte cheie", care *facilitează mişcările active şi reduc spasticitatea*. Principalele puncte sunt reprezentate de marile articulații ale corpului:

PROXIMALE	- Gâtul
	- Coloana
	- Umărul
	- Şoldul
DISTALE	- Pumnul
	- Glezna
	- Degetele mâinii
	- Degetele picioarelor

Principii:

1. **Creierul** este un organ al percepției și integrării (*preia informații, senzații* din mediu și din propriul corp, *le prelucrează*, reacționând și *răspunzând* la ele);

2. Creierul funcționează ca *un întreg*, o unitate. Părțile creierului sunt „aliniate ierarhic" (după dinamica dezvoltării). Etajele superioare (mai târziu formate) inhibă activitatea etajelor inferioare, deci inhibiția este o „acțiune activă".

3. Creierul este capabil să „învețe" pe tot parcursul vieții datorită *plasticității* lui. Are posibilitatea să se *reorganizeze* și astfel să *refacă funcții senzitivo-motorii pierdute.*

4. **Mișcarea**(răspunsul motor la un stimul senzitiv), după Bobath, nu este o contracție izolată a unei grupe musculare, ci este declanșarea unei *engrame* tipice omului (atingere, prehensiune, mers, ridicare, aruncare, etc.).

5. Mișcarea unui segment al corpului este influențată de *postura și tonusul mușchilor segmentelor adiacente.* Totodată, mișcările corpului în spațiu depind de poziția inițială a acestuia.

6. Un organism sănătos se poate adapta oricărei senzații primite din periferie. La om, efectul forței gravitaționale asupra controlului postural este de o importanță majoră.

7. Mecanismul de control postural normal funcționează *datorită reflexelor spinale, reflexelor tonice, reflexelor labirintice, reacțiilor de redresare și reacțiilor de echilibru.*

8. Pentru un răspuns motor corespunzător, trebuie să existe atât o *cale motorie funcțională*, cât și o *cale senzitivă intactă.*

9. Senzitivul și motricitatea se influențează reciproc atât de puternic încât se poate vorbi doar de *senzoriomotoric*. În actul de însușire a unei mișcări se învață senzația ei, și, la declanșarea unei mișcări activ-voluntare, se face apel la senzațiile de *feed-back* primite în timpul mișcării anterioare.

10. *Sistemul telereceptiv* (vizual, auditiv, gustativ, olfactiv), acționează concomitent cu *proprioecpția* ocupând un rol important pentru orientarea în spațiu și recunoașterea propriului corp sau a mediului înconjurător.

11. Inhibarea sau, după P. Davis, „suprimarea inhibiției reflexe, este generatoare de hipertonie", dar prin utilizarea mișcărilor sau posturilor reflex-inhibitorii se

suprimă sau reduc reacţiile posturale anormale şi se facilitează în acelaşi timp mişcările active conştiente, voluntare şi automate.

12. Schimbarea *pattern*-urilor (engramelor, schemelor de mişcare) anormale, deoarece este imposibil să se suprapună o schemă de mişcare normală peste una anormală.

13. Mişcările anormale se datorează eliberării reflexelor tonice de sub control nervos superior.

14. Orice mişcare din corpul omenesc are ca scop o atitudine. Atitudinea este rezultanta unui raport între forţa musculară a omului şi forţa gravitaţională.

15. Ontogenetic, *reacţiile de redresare* apar primele. Astfel copilul mic nu are nici o atitudine formată, adică el încă nu are mijloace de a lupta contra gravitaţiei. Treptat apar reacţiile de redresare: începe prin a-şi ţine capul, învaţă să se rostogolească etc.

16. *Reacţiile de echilibrare* apar după ce o atitudine este obţinută şi trebuie menţinută. Acest lucru se realizează prin reflexele (mecanismele) de echilibrare. Deoarece la copilul cu encefalopatie sechelară infantilă aceste mecanisme sunt deficitare, ele trebuie stimulate. Aceasta este etapa a doua a tehnicii Bobath, exerciţii de formare, obţinere şi menţinere a echilibrului.

Manifestările clinice pot fi:

1. „Vizibile":

- hemipareze/ hemiplegii;
- spasticitate = poziţii vicioase ale membrelor;
- hemihipestezii = tulburări de sensibilitate pe jumătate din corp;
- pareze nervi cranieni:
    - IX; X; XII - tulburari de deglutiţie,
    - VII – pareze faciale,
    - III – tulburări de mobilitate globi oculari (diplopii = imagini duble),
    - II- tulburări de câmp vizual.
- - tulburări de vorbire (afazii);
- - incontinenţă;
- - tulburări ale stării de conştientă (coma).

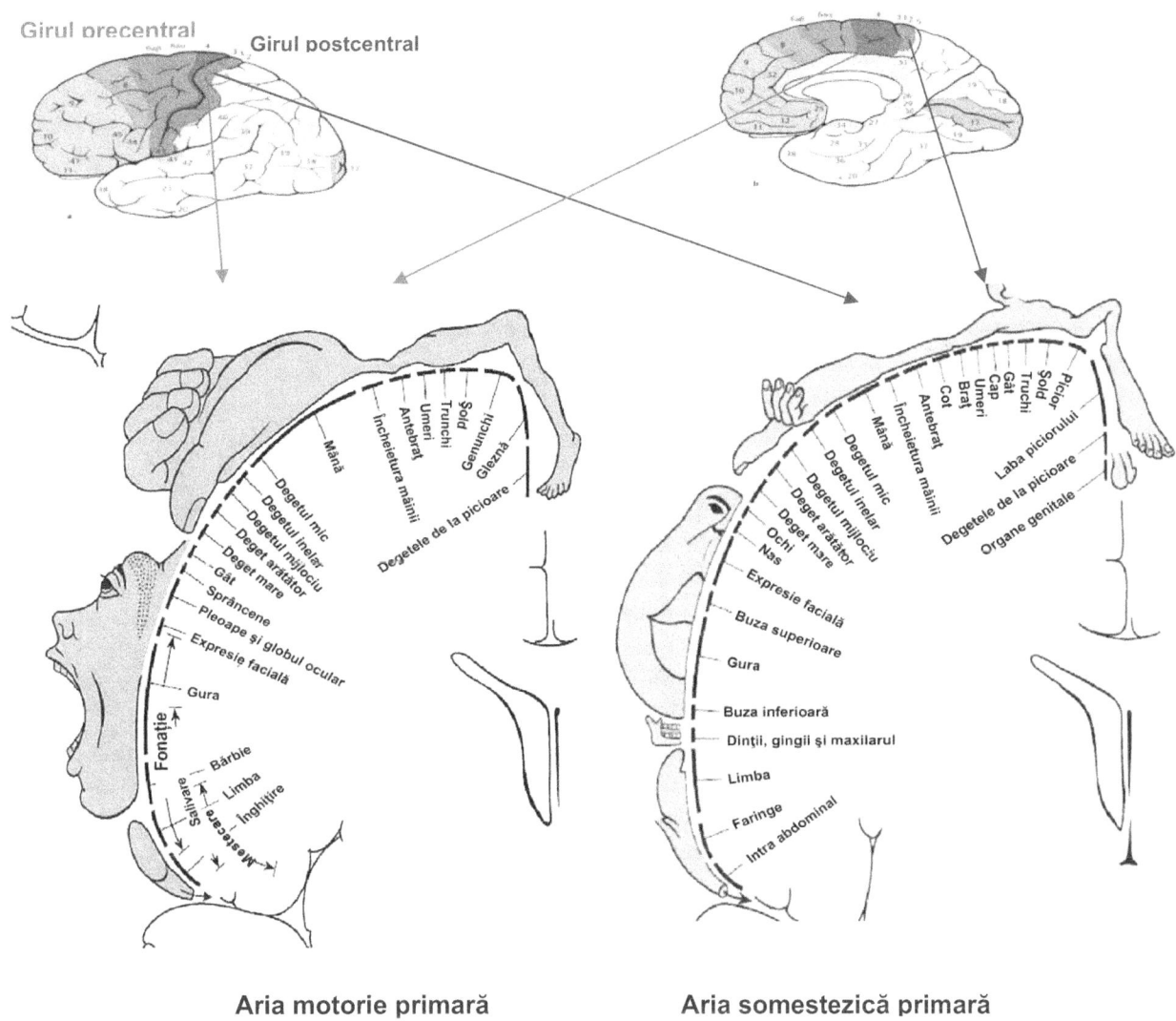

Aria motorie primară   **Aria somestezică primară**

Fig. 7-95 Aria motorie primară şi aria somestezică primară

2. „Nevizibile" (neuropsihologice)

- apraxie = deficienţă în efectuarea mişcărilor coordonate (nu ştie succesiunea mişcării de îmbrăcare, spălare, mestecare),
- Anosognosie (nerecunoaşterea bolii/ deficienţelor),
- tulburări de orientare temporo-spaţială,
- neglect (neglijarea hemicorpului, frecvent în afecţiuni ale emisferei cerebrale drepte).

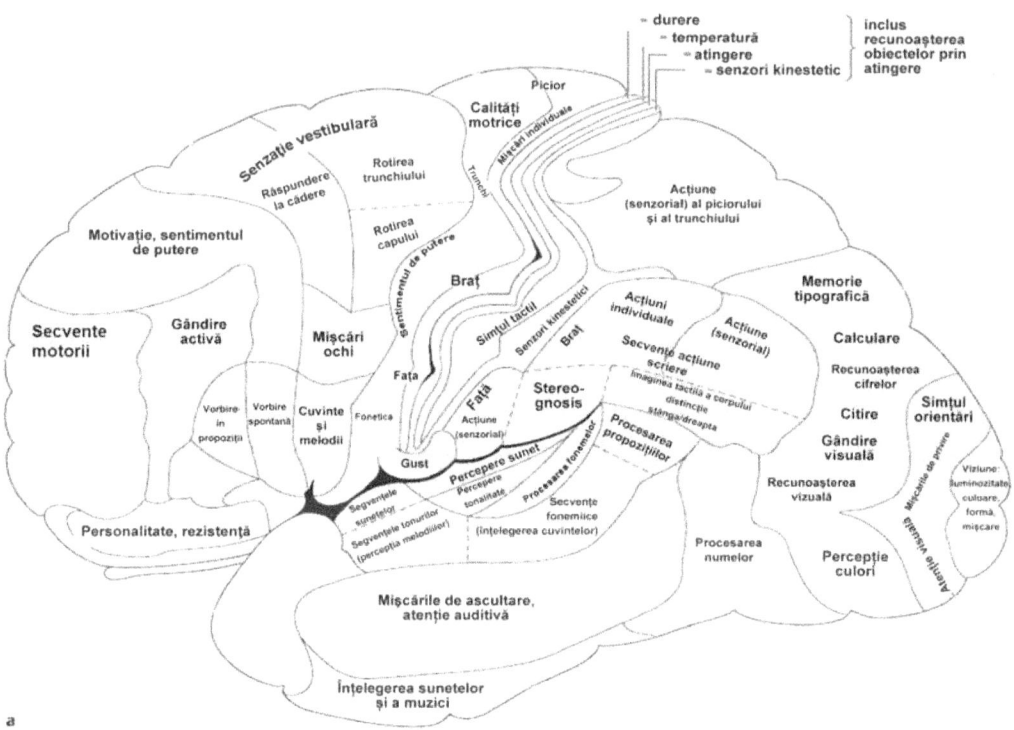

Fig. 7-96 a. Fata externa (supero-laterala) a emisferei cerebrale - localizarea funcțională la nivelul cortexului

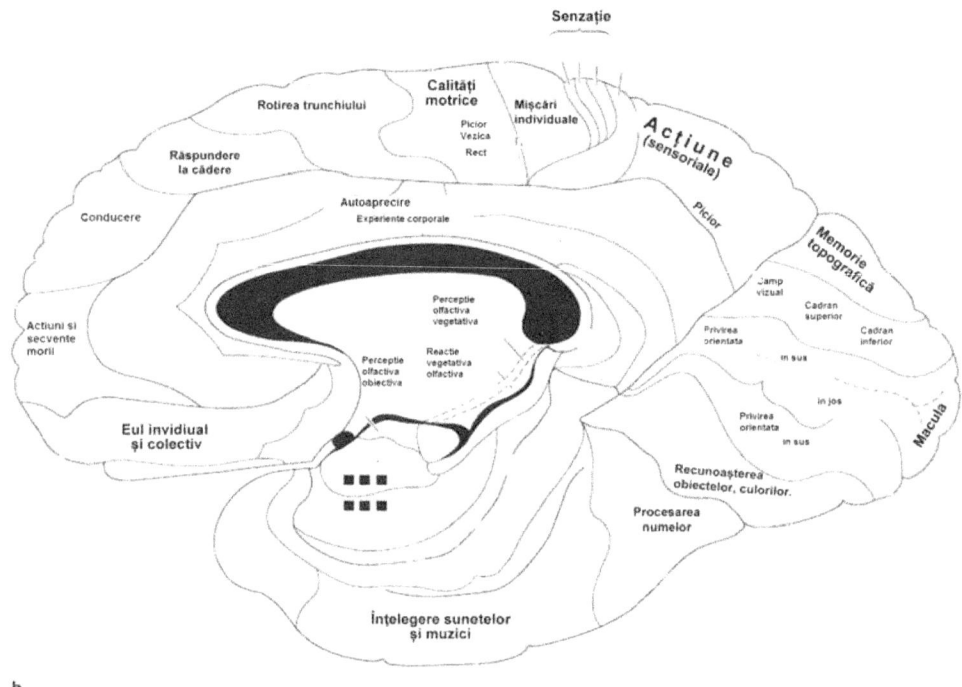

Fig. 7-96 b.Fața medială a emisferei cerebrale - localizarea funcțională la nivelul cortexului

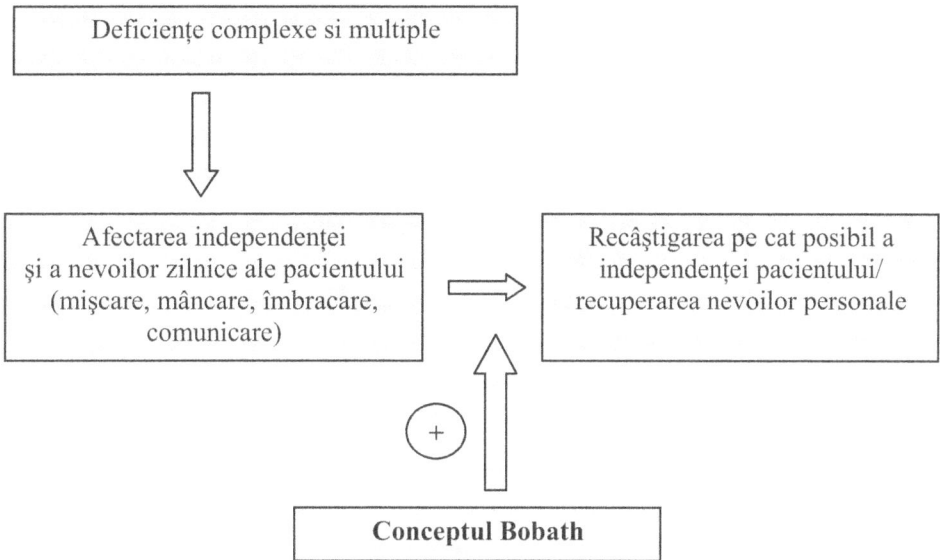

Fig. 7-97   Rolul metodei Bobath

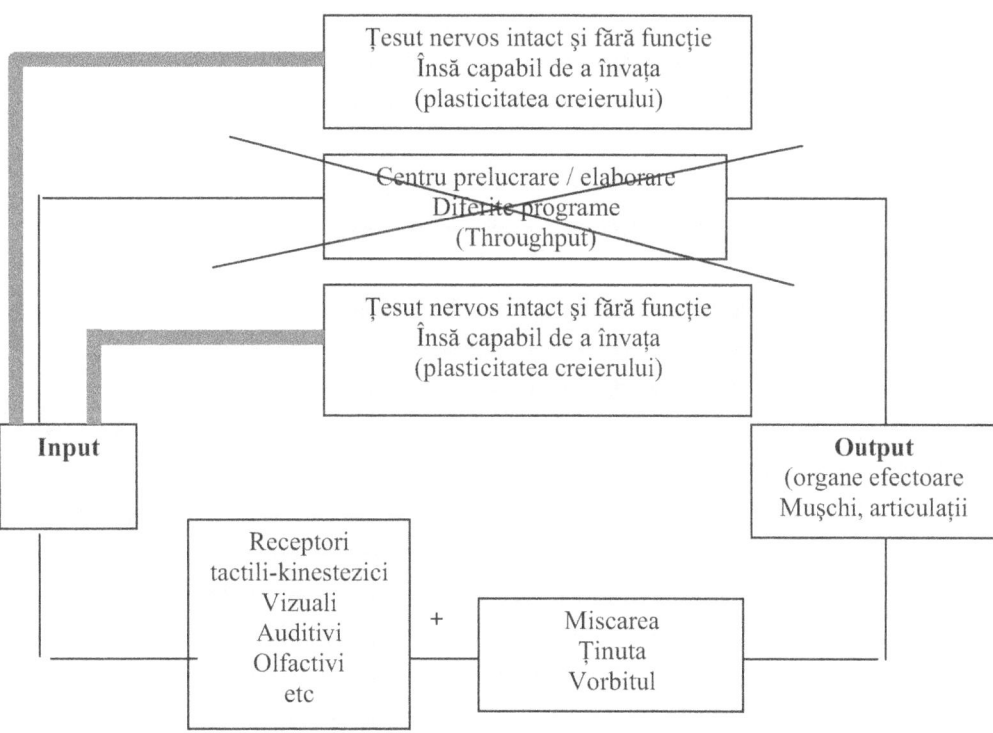

Fig. 7-98   Modelul funcţional al creierului

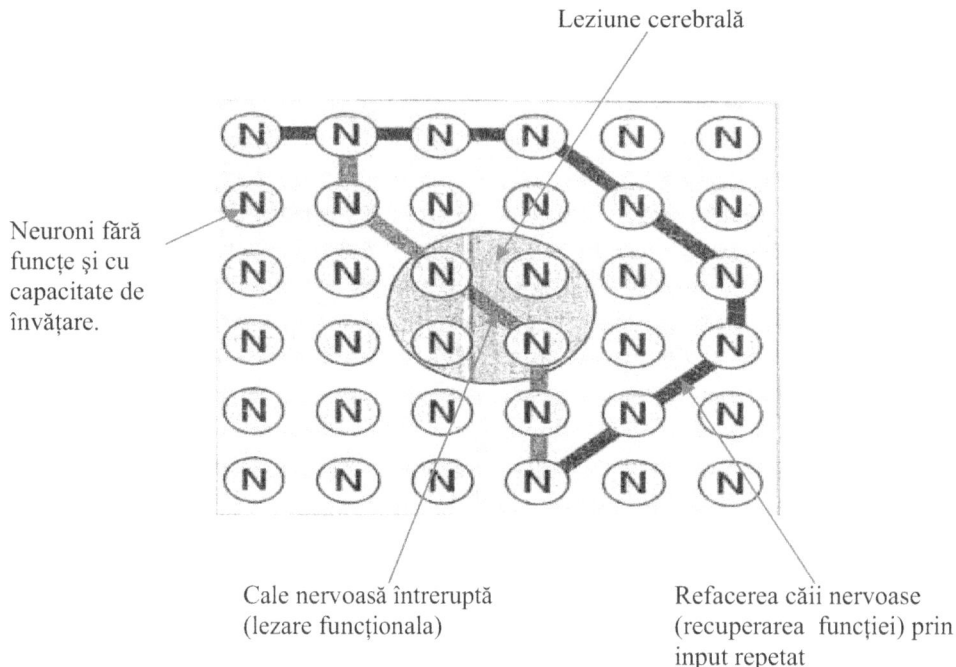

Fig. 7-99 Schema procesului de învățare

Pentru inițierea și dirijarea procesului de învățare a creierului, este important (fig. 7-99):

- să ajungă stimul corect la nivelul creierului,
- să împiedic să ajungă stimuli greșiți la creier,
- să se repete des stimulii corecți (a evita însă obișnuința)

Procesul de învățare este cel mai eficient în cazul stimulilor tactili-kinestezici (sunt reținute 80% din informațiile primite spre deosebire de cele verbal-auditive care sunt reținute 20-40%)

Conceptul de 24h

Recuperarea funcțiilor (neurologice) pierdute nu are loc prin repetarea stupida de mișcări singulare/izolate ci prin exersarea de activității zilnice: modificarea poziției în pat, mâncare, igiena corporala, îmbrăcare etc. Astfel s-a dezvoltat conceptul de 24h.

Ca și în cazul dezvoltării copilului importanta nevoilor dobândite are următoarea ierarhie:

1. Nevoia de *a bea,*

2. Nevoia de *a mânca;*

3. Nevoia de *a şedea* (stă aşezat);

4. Nevoia *de a sta;*

5. Nevoia *de a merge;*

6. Nevoia *de a fi continent.*

O atentie deosebita trebuie acordata ordinii in care se incearca recuperarea deficientelor (nevoilor). Ea tine de importanata acestora in inducerea starii de bine a pacientului.

De cele mai multe ori prin terapia aplicată se schimbă importanța nevoilor. Astfel "nevoia de a merge" capătă rapid locul central în cadrul terapiei. Urmează îndeaproape "nevoia de a fi continent" prin faptul ca ea (incontinenţa) consumă mult prea multă muncă din partea terapeutului (mobilizare, dezbrăcat, spălat, etc).

De fapt "nevoia de a bea şi de a mânca" trebuie să se afle în centrul terapiei. Chiar dacă pacientul are probleme de deglutiție (risc aspirație) şi temporar nu este posibilă alimentația orală, igiena orală este foarte importantă.

1. Nevoia de a bea şi mânca (Tractul facio-oral)

Ca urmare a paraliziei muşchilor: mimicii, masticatori, limbii, deglutiţiei controlaţi de nervii cranieni V, VII, IX, XII apar următoarele deficiențe la nivelul feţei şi la nivel oral (fig. 7-100 şi 7-101):

- lipsa închiderii pleoapei produce lacrimaţia permanentă a ochiului şi eventual uscarea corneei.

- paralizia musculaturii mimicii duce la asimetrii optice la nivelul feţei afectarea mimicii normale. De asemenea pareza musculaturii obrajilor afectează suplimentar masticaţia.

- lipsa închiderii buzelor produce o pierdere de salivă şi de resturi alimentare necontrolată, precum şi dificultăţi la deglutiţia pentru solide şi lichide .

Fig. 7-100

Fig. 7-101

- paralizia musculaturii limbii afectează mişcările coordonate ale limbii. Transportul alimentelor în cavitatea bucala este astfel perturbat, rezultând dereglări ale procesului de masticaţie şi a fazei I a deglutiţiei.

Tulburările de sensibilitate (hiperestezii/parestezii) la nivelul feţei şi al cavităţii bucale (ex: senzaţia de amorţeală ca după o anestezie locală la stomatolog) îngreunează controlul asupra procesului de golire a cavitaţii bucale. Astfel rămân resturi alimentare (mai ales pe partea afectata) ce pot produce leziuni respectiv infecţii la nivelul mucoasei bucale (stomatite, parotidite) şi halenă.

Prin afectarea coordonării limbii şi a faringelui apar tulburările de deglutiţie: imposibilitatea de deglutiţie, împingerea involuntară a bolului alimentar spre exterior, aspirarea de resturi alimentare.

Modificările date de pareze la nivelul feţei şi cavitaţii bucale pot atrage după sine şi probleme de aşezare şi funcţionare a protezelor dentare.

De aici rezultă două aspecte importante pe care trebuie să se concentreze recuperarea în afecţiunile tractului facio-oral:

A: Igiena orală;

B: Alimentaţia orală (deglutiţia pentru solide şi lichide).

A: Igiena orală

- Trebuie făcută de mai multe ori pe zi şi în cazul în care pacientul nu beneficiază încă de o alimentaţie orală (profilaxia infecţiilor orale);
- La pacienţii ce sunt alimentaţi oral igiena bucală se face după fiecare masă prin: periajul dinţilor, clătirea cavitaţii bucale pentru îndepărtarea resturilor alimentare (fig. 7-102).

Periajul se realizează de preferat cu o perie electrică (nu necesita multă forță din partea pacientului) iar peria trebuie să aibă un mâner gros pentru o prindere mai bună.

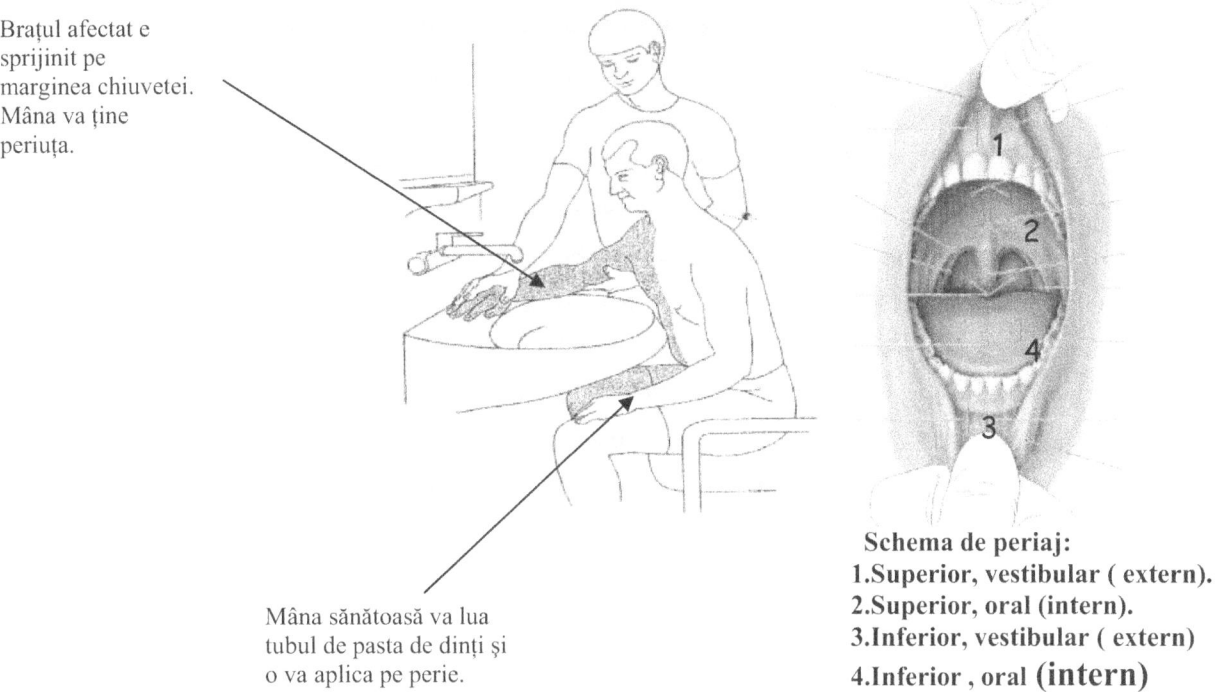

Brațul afectat e sprijinit pe marginea chiuvetei. Mâna va ține periuța.

Mâna sănătoasă va lua tubul de pasta de dinți și o va aplica pe perie.

Schema de periaj:
1.Superior, vestibular (extern).
2.Superior, oral (intern).
3.Inferior, vestibular (extern)
4.Inferior , oral (intern)

Fig. 7-102 Tehnica periajului

Efecte secundare (favorabile) ale periajului :

- Stimularea mecanică și vibratorie (peria electrică) a părții afectate,
- Stimularea papilelor gustative și a circulației sangvine prin pasta de dinți și a soluțiilor de igienă orală folosite (ex: Salviathymol, suc de lămâie diluat) (INPUT)

B: Alimentația orală (deglutiția pentru solide și lichide, fig. 7-103 și 7-104)

Pe lângă rolul pur biologic (asigurarea organismului cu substanțe nutritive) consumul de alimente lichide și solide mai are și alte rolului importante:

- plăcere, autosatisfacere;
- socializare, statut social (cu cine mănânc?, ce mănânc?, cum mănânc?);

Atenție!

■ Dacă pacientul nu prezintă reflex de tuse este interzisă administrarea de mâncare sau lichide indiferent de formă sau cantitate .

Obiectivele terapiei cavitaţii orale sunt:

- reînvăţarea mişcărilor de masticaţie;
- stimularea actului de deglutiţie;
- stimularea sensibilităţii feţei şi a cavitaţii orale;
- refacerea mimicii şi simetriei faciale;
- îmbunătăţirea vorbirii.

Premise:

➢ Pacientul are nevoie de mult timp şi linişte în timpul terapiei;

➢ Fizioterapeutul are nevoie de timp şi răbdare;

➢ Spectatorii deranjează atât pacientul cât şi fizioterapeutul;

➢ Pacientul nu trebuie suprasolicitat (cauzează frustrare şi agresivitate la pacient);

➢ Exerciţiile şi alimentaţia trebuie pregătite: pacientul este informat cu privire la ce urmează şi este motivat;

➢ Preferinţele alimentare ale pacientului trebuie cunoscute şi respectate;

➢ Pacientul să aibă încredere în terapeut (faţa şi gura fac parte din regiunile intime ale corpului);

➢ Saliva şi resturile alimentare să fie îndepărtate rapid prin tamponare (nu cu lingura şi apoi redate pacientului!!!);

➢ Pacientul este vigil şi nu este extenuat de alte terapii.

Materiale necesare:

1. Compresii, prosop (pentru îndepărtarea salivei/ resturilor de la nivelul gurii);
2. Perie dinţi (de preferat electrică);
3. Cuburi de gheaţă sau "Eislutscher" (îngheţarea beţigaşe cu cap de vată îmbibat înainte, de exemplu în Glicerina cu suc de lămâie);
4. Beţigaşe cu vată;

În afara cavitaţii bucale nu se folosesc mănuşi iar pentru cavitatea bucala se folosesc mănuşi.

5. Spatule de lemn;

6. Apă de gură cu gust puternic (Salviathymol, suc de lămâie diluat, ceai de mentă concentrat etc.).

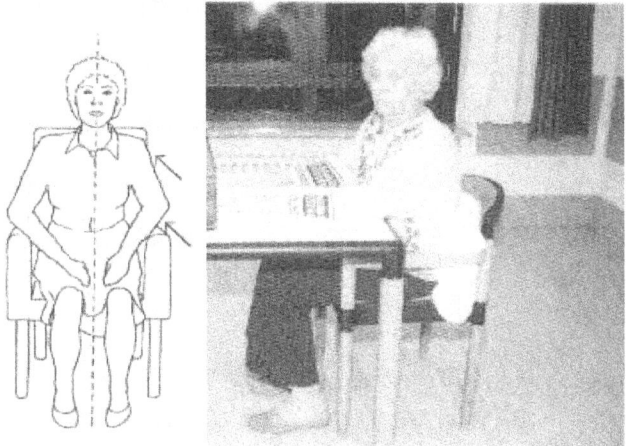

Fig. 7-103 Pacientul aşezat la masă astfel încât poziţia capului să fie perpendiculara pe sol.

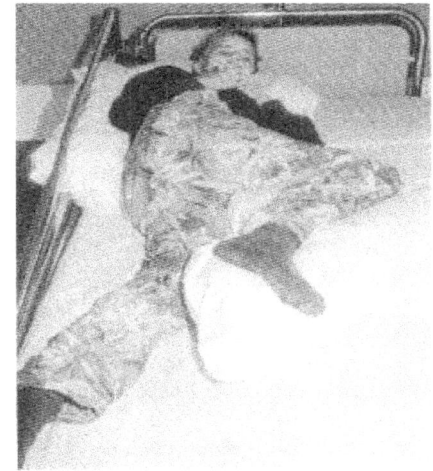

Fig. 7-104 Pacientul ce încă nu poate sta la masa este aşezat pe partea afectata astfel încât capul să fie bine susţinut.

Exerciţii pentru motricitatea facială şi orală (fig. 7-105 şi 7-106):

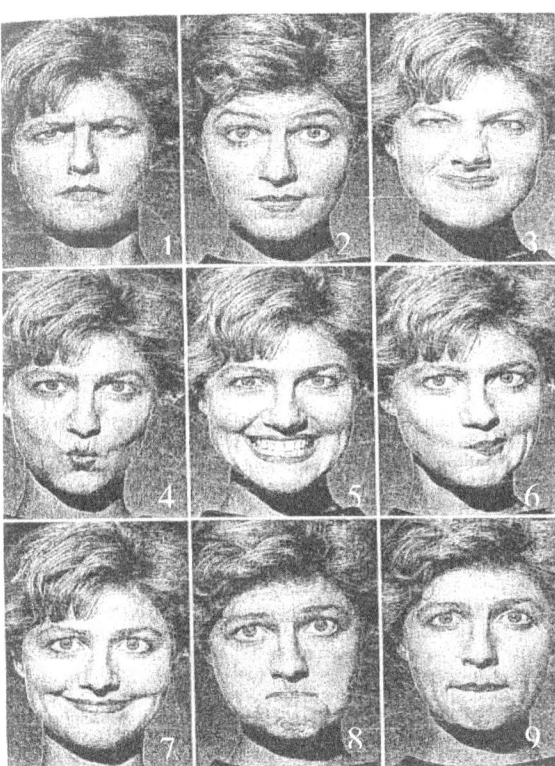

Fig. 7-105

1. Împreunarea sprâncenelor

2. Ridicarea sprâncenelor

3. Ridicarea nasului

4.Ascuţirea gurii

5. Arătarea dinţilor

6. Tragerea gurii la dreapta şi la stânga

7. Ridicarea colţurilor gurii

8. Mişcarea buzei inferioare peste cea superioară

9. Mişcarea buzei superioare peste cea inferioară

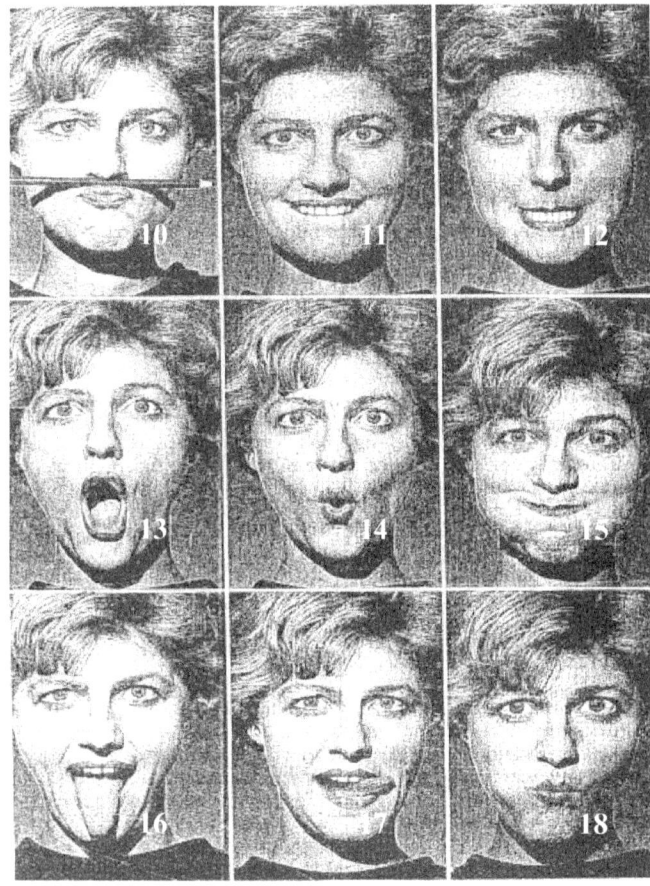

Fig. 7-106

10. Ţinerea creionului între buza superioară şi nas

11.Muşcarea buzei inferioare

12.Muşcarea buzei superioare

13.Deschiderea mare a gurii

14. Deschiderea mică a gurii

15. Umflarea obrajilor şi transferul aerului dintr-o parte în alta

16. Scoaterea limbii

17. Lingerea circulară a buzelor

18. Împingerea cu limba în obraji (stânga/dreapta)

Exemple de alte exerciţii posibile:
- ✓ Închiderea ochilor;
- ✓ Tragerea în jos a colturilor gurii;
- ✓ Aspirarea obrajilor;
- ✓ Mişcarea activă a mandibulei;
- ✓ Mişcarea pasivă a epiglotci lateral, superior, inferior;
- ✓ Masaj facial al parţii neafectate;
- ✓ Stimularea cu gheaţă (exterior) a obrazului afectat.

Exerciţii pentru stimularea sensibilităţii şi motricităţii cavitaţii orale (fig. 7-107 şi 7-108)

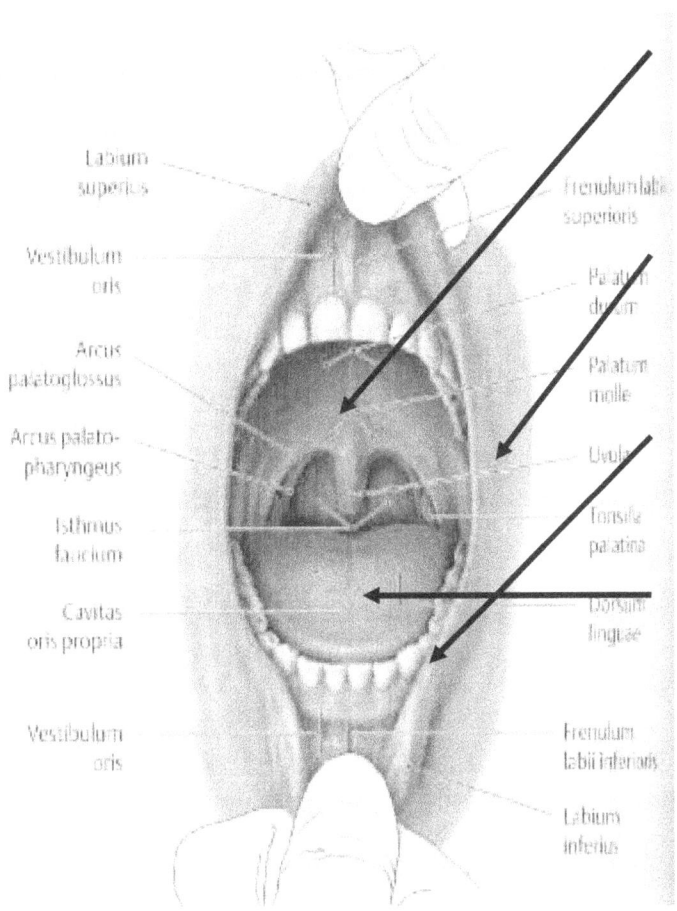

Fig. 7-107

Palatul dur: se freacă prin surprindere cu un beţigaş cu vată determinând ca limba să urmărească acest stimul neplăcut.

Obraz: Suprafaţa interna este mângâiata cu degetul mic, se cere pacientului să urmărească cu limba degetul.

Dinţii şi arcada dentara: Palparea cu degetul mic a dinţilor şi a arcadelor dentare, se cere pacientului sa urmărească cu limba degetul.

Limba:

1.Spatula se înfăşoară într-o compresă umedă şi se freacă energic limba (stimularea sensibilităţii)

2.Se apucă cu o compresă limba, se trage cu grijă în afara cavităţii bucale şi este mişcată sus/jos, stânga/ dreapta.

Fig. 7-108

Buzele: sunt umezite cu apă de gură şi apoi sunt linse cu limba.

Sugerea unei compresii îmbibate cu ceai/soluţii orale).

Limba: împingerea cu limba din gura a unui beţigaş cu vată.

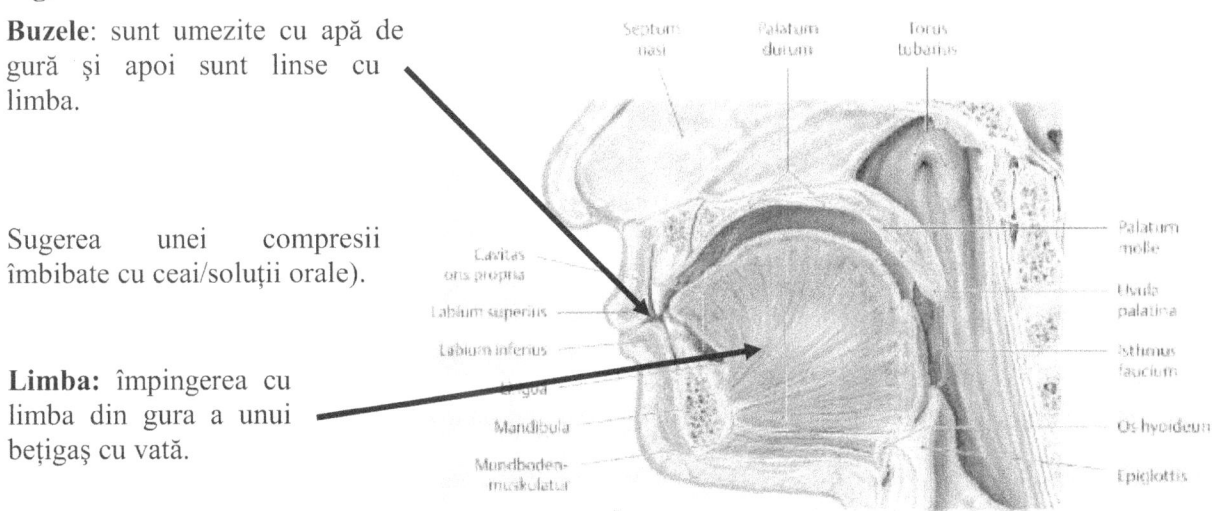

Controlul și facilitarea masticației și deglutiției (fig. 7-109 și 7-110)

Pacient cu *control păstrat* asupra capului (își menține singur capul în poziție perpendiculara)

Abordul pacientului prin față:

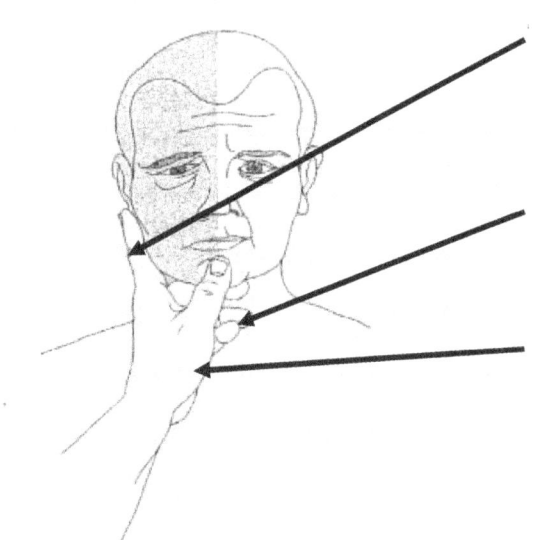

Fig. 7-109

Arătătorul este plasat pe articulația temporo-mandibulară.

Mediusul este plasat sub bărbie (simte motilitatea limbii).

Policele se plasează sub buza inferioară (controlează/facilitează închiderea buzelor).

Pacient *fără contol/control insuficient* asupra capului:

Abordul din spate al pacientului:

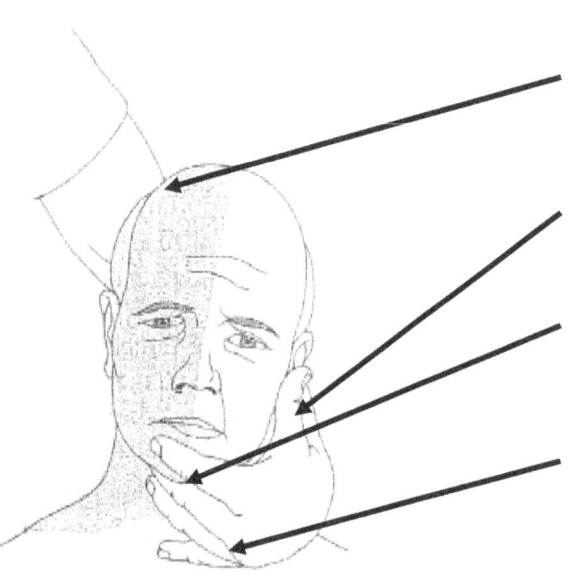

Fig. 7-110

Capul se sprijină pe cotul terapeutului (a se evita hiperextensia capului).

Policele plasat pe articulația temporo-mandibulară.

Arătătorul este paralel cu buza inferioară și controlează închiderea buzelor.

Restul degetelor sub bărbie (controlul și facilitarea mișcărilor limbii).

Particularități:

☞ Mâncarea trebuie să aibă un gust intens (de preferat mâncărurile sărate, a se evita cele dulci datorită gustului de regulă puțin intensiv);

☞ A nu se începe cu alimente lichide –pentru că ajung rapid fără deglutiție în faringe (risc de aspirație);

☞ Exemple mâncaturi: pâine cu brânza topită sau pate, banane necoapte, legume fierte;

☞ A se evita mâncărurile pasate: au un aspect neapetisant și nu reprezintă un stimul mecanic pentru masticație și deglutiție;

☞ Cantitatea de mâncare nu trebuie să fie mare (suprasolicită pacientul și îl descurajează la vederea ei).

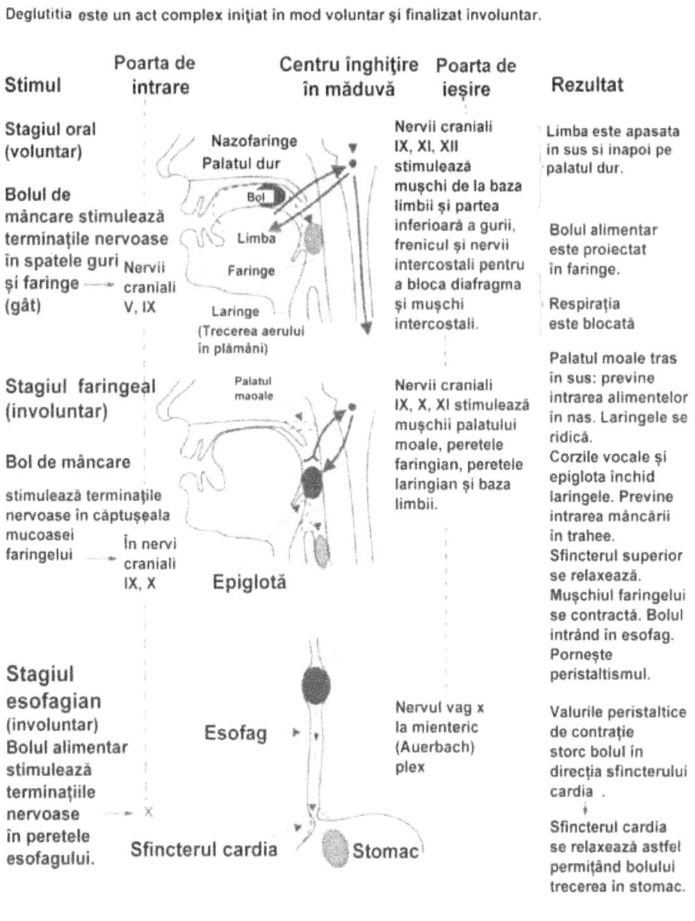

Fig. 7-111 Fiziologia deglutiției

2. Nevoia de a şedea, de a sta şi de a merge

Fizioterapeutul intervine în corectarea deficienţelor senzomotorii (hemipareze/hemiplegii) şi a spasticităţii de la debutul bolii (terapie intensivă, neurologie) până la fazele ulterioare de reabilitare (fig. 7-112). Dacă recuperarea începe din momentul apariţiei spasticităţii rezultatele sunt mai slabe.

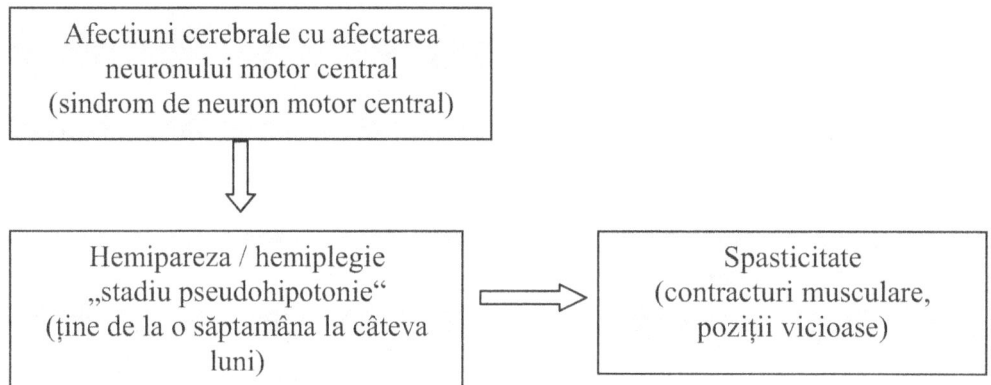

Fig. 7-112 Fiziopatologia apariţiei spasticităţii

Principii de bază ale conceptului Bobath:

1. Reglarea şi controlul tonusului muscular (prin diferitele poziţionări ale pacientului)
2. Iniţierea / facilitarea de mişcări funcţionale pe partea lezată (input)= HANDLING

1. Poziţionarea pacientului

Roluri:

- Stimularea conştientizării părţii lezate (un alt input);
- Controlul tonusului muscular (inhibarea spasticitatii);
- Evitarea durerilor (umărul afectat e frecvent);
- Confortul pacientului;
- Stimularea interesului pentru mediul înconjurător;
- Siguranţa pacientului;
- Evitarea formarii escarelor.

Modele de spasticitate

Membru superior:

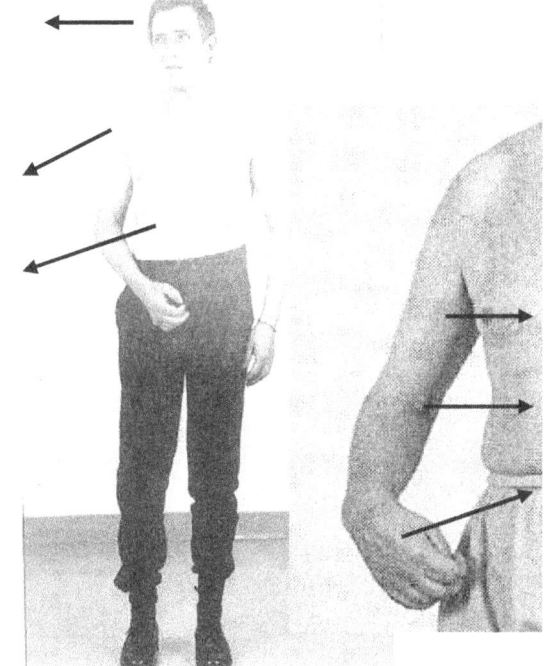

Capul înclinat spre partea afectată şi rotit spre partea sănătoasă

Umăr în rotaţie externă şi coborât

Trunchiul scurtat pe partea afectată

Braţ în adducţie şi rotaţie internă

Cot în flexie şi antebraţ în pronaţie

Mâna, police şi degete în flexie

Fig. 7-113 Modelul în flexie (cel mai frecvent) - (Modelul în extensie este foarte rar întalnit)

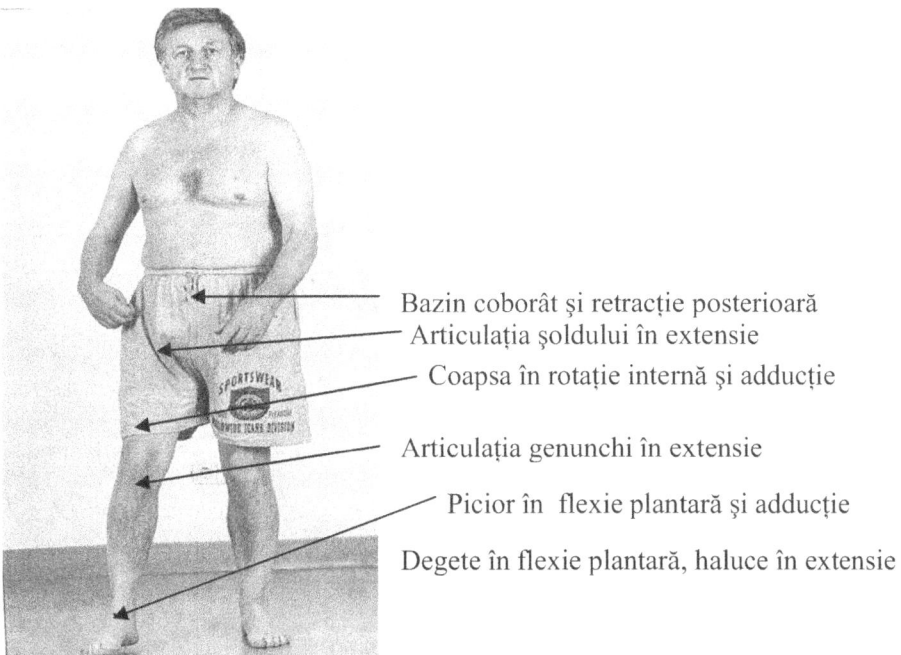

Bazin coborât şi retracţie posterioară
Articulaţia şoldului în extensie

Coapsa în rotaţie internă şi adducţie

Articulaţia genunchi în extensie

Picior în flexie plantară şi adducţie

Degete în flexie plantară, haluce în extensie

Fig. 7-114 Modelul în extensie (cel mai frecvent) – (Modelul în flexie este întâlnit rar)

Principii generale de lucru:

➢ Pacientul trebuie poziționat pe cât posibil paralel cu marginea patului (pentru a-și recăpăta orientarea propriului corp în spațiu).

➢ Poziționarea capului trebuie să rămână la nivelul planului patului (ridicarea capului favorizează prin flexia trunchiului și a coapsei spasticitatea rezultând o poziție vicioasă a pacientului în pat, fig. 7-115).

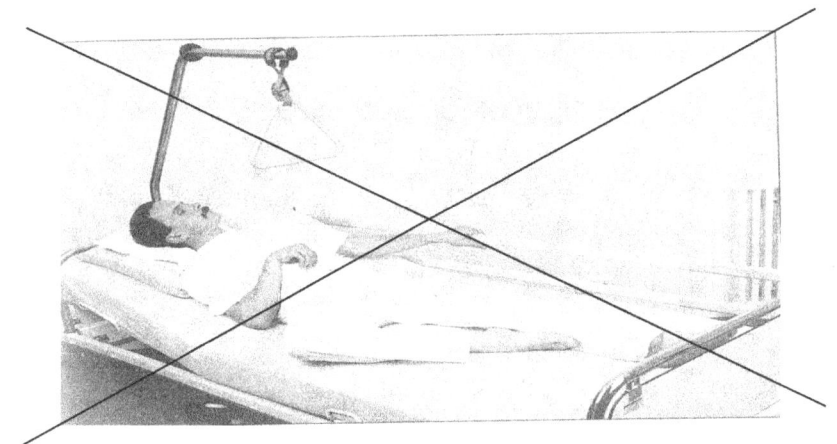

Fig. 7-115 Poziție vicioasă în pat

Este necesară absența accesoriilor (fig. 7-116) care ar permite mobilizarea pacientului în pat (pacientul învață ca trebuie să întindă piciorul respectiv să flecteze brațul atunci când vrea să-și modifice poziția în pat, ceea ce nu face decât să crească spasticitatea -INPUT GRESIT!!!!!!)

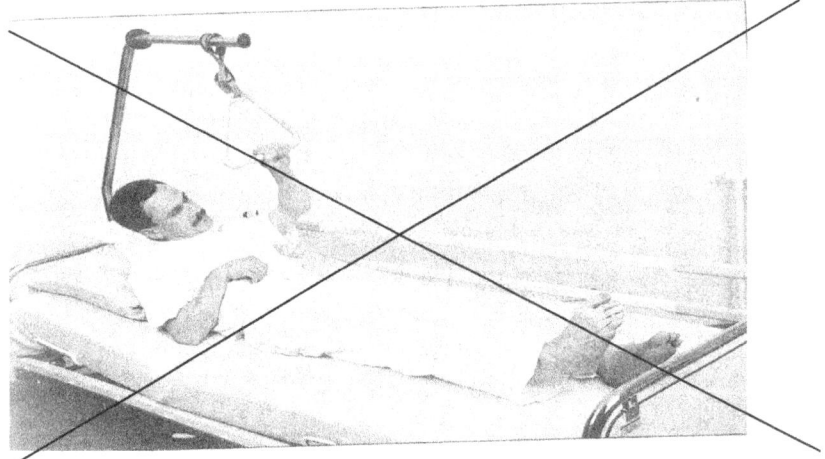

Fig. 7-116 Poziție vicioasă în pat

Pentru profilaxia contracturii la nivelul mâinii se evită darea de cilindre, de feşe pentru a nu stimula reflexul de apucare ce ar creşte spasticitatea.

Poziţii de aşezare a pacientului în ordine descrescătoare a importanţei:

1. Şezutul în scaun la masă;
2. Şezutul în scaun/scaun cu rotile;
3. Poziţia întinsă pe partea bolnava;
4. Poziţia întinsă pe partea nebolnavă;
5. Şezutul de durată în pat;
6. Decubitul dorsal.

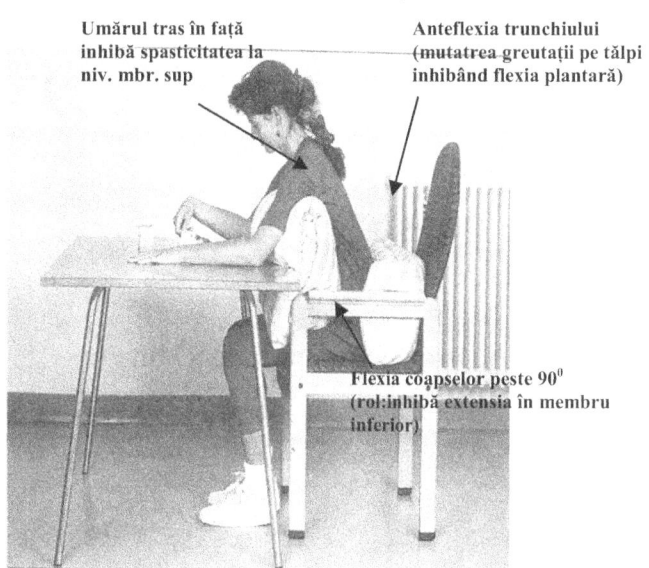

Umărul tras în faţă inhibă spasticitatea la niv. mbr. sup

Anteflexia trunchiului (mutatrea greutaţii pe tălpi inhibând flexia plantară)

Flexia coapselor peste 90^0 (rol:inhibă extensia în membru inferior)

Fig. 7-117 Şezutul pe scaun la masă

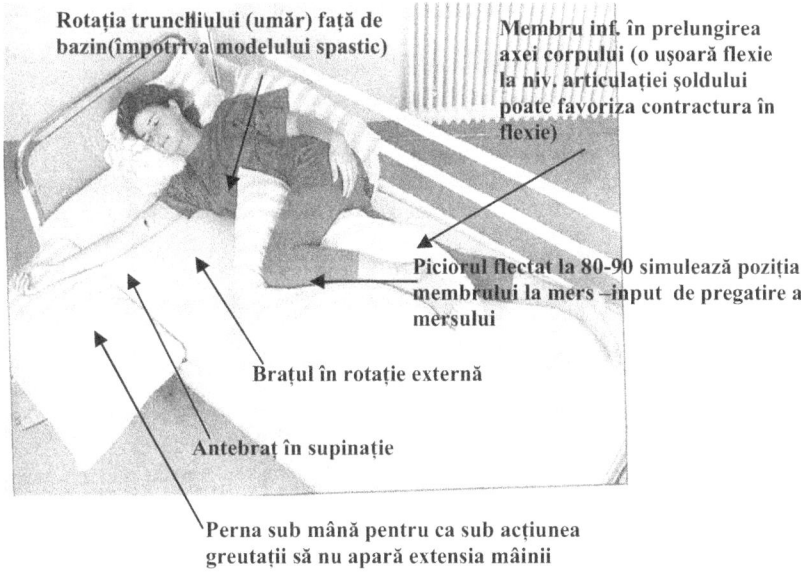

Rotaţia trunchiului (umăr) faţă de bazin(împotriva modelului spastic)

Membru inf. în prelungirea axei corpului (o uşoară flexie la niv. articulaţiei şoldului poate favoriza contractura în flexie)

Piciorul flectat la 80-90 simulează poziţia membrului la mers –input de pregatire a mersului

Braţul în rotaţie externă

Antebraţ în supinaţie

Perna sub mână pentru ca sub acţiunea greutaţii să nu apară extensia mâinii

Fig. 7-118 Poziţia întinsa pe partea bolnava

Atenţie!
■ Din punct de vedere terapeutic cea mai buna dintre poziţiile întinse este cea din figura 7-118!

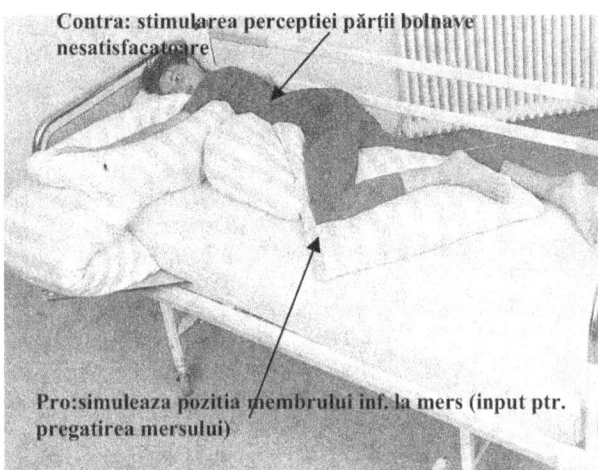

Fig. 7-119 Poziția întinsa pe partea bolnavă

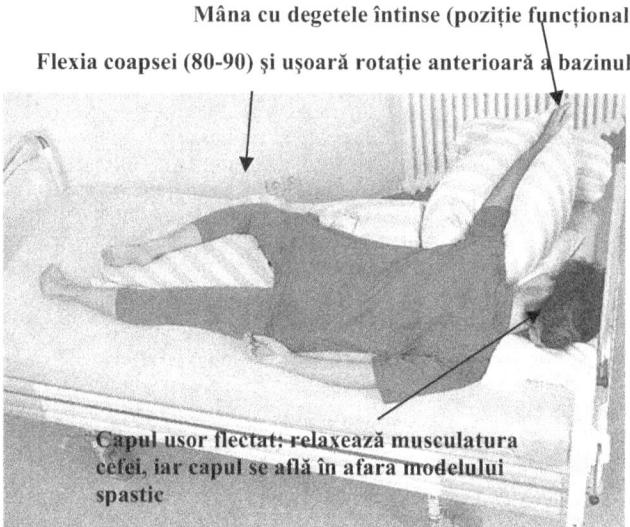

Fig. 7-120 Poziția întinsa pe partea bolnavă (vedere din spate)

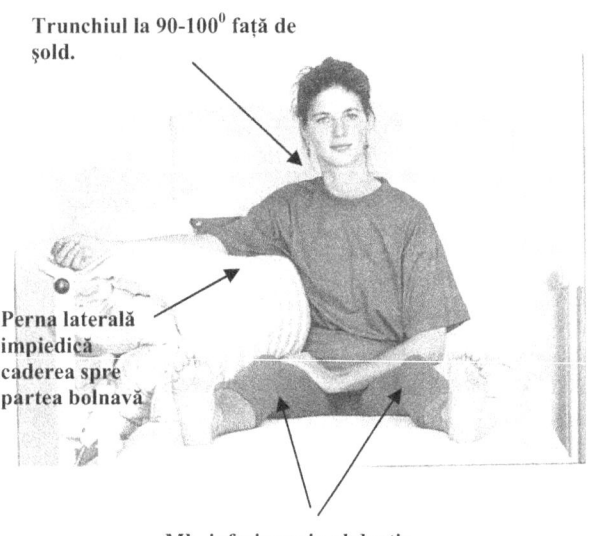

Fig. 7-121 Șezutul de durata în pat

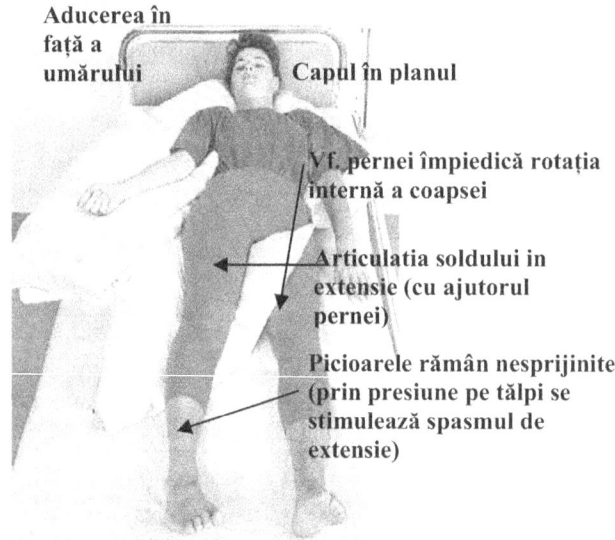

Fig. 7-122 Decubitul dorsal („Bomba cu ceas a spasticității")

- Aplicabilă când starea pacientului nu permite mobilizarea în scaun de mai multe ori pe zi.
- E o soluție de compromis având un efect terapeutic minim.
- Nu e recomandată o durată mare (ex. pt. a mânca-favorizează deglutiția, igiena corporala, etc)

- Este cea mai „ne-terapeutica „ poziție;
- Favorizează producerea spasticității;
- Usoară flexie a șoldului și gravitația favorizează retracția bazinului și a umerilor (scapulele sunt impinse de planul patului spre coloană transmitand astfel spasticitatea și mbrelor superioare).

B) Handling sau manualitatea terapeutică are ca s**cop** inducerea unui tonus muscular controlat și inițierea unor mișcări fiziologice cotidiene ca Input.

Principii terapeutice:

- folosirea situațiilor cotidiene cu mișcări normale ca modalități de învățare;
- pacientul mișcă partea neafectată activ;
- fizioterapeutul susține, conduce, mișcă partea afectată pe cât mai puțin posibil stimulând astfel mișcarea activă.

Caracteristici comune ale handling-ului:

- pacientul primește ajutorul necesar desfășurării unei mișcări normale;
- se executa preferabil numai de către o persoana (fizioterapeut);
- activitatea este pe cât se poate nonverbală pentru a permite pacientului sa se concentreze pe mișcare;
- comenzile date pacientului trebuie să fie scurte, clare, reduse ca volum la spastici și tari la atonici;
- la pacienții cu tulburări neuropsihice ce nu înțeleg comenzile (ex. afazici), mișcarea trebuie „facilitată", (adică ușurarea mișcării prin conducerea ei, anularea gravitației, susținere prin forță);
- nu există metode universale, acestea fiind individualizate pe pacient.

Exemple (fig. 7-123 până la 7-131)*:*

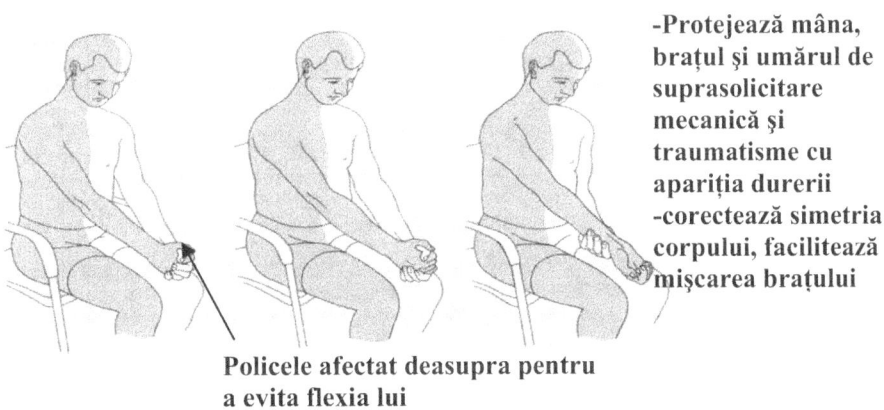

-Protejează mâna, brațul și umărul de suprasolicitare mecanică și traumatisme cu apariția durerii
-corectează simetria corpului, facilitează mișcarea brațului

Policele afectat deasupra pentru
a evita flexia lui

Fig. 7-123 Conducerea bilaterală a mâinii

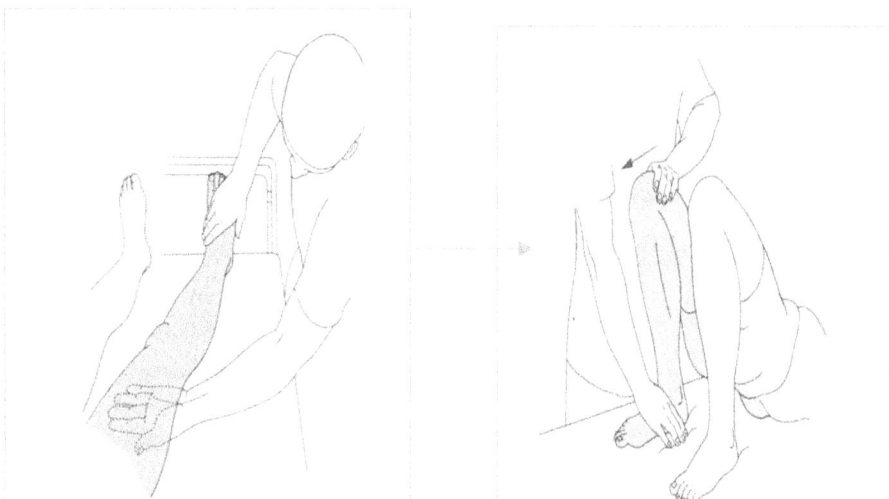

**Fig. 7-124 a şi b
Modificarea
poziţiei pacientul
în pat: ridicarea
bazinului şi
deplasarea spre
lateral a corpului
a.**

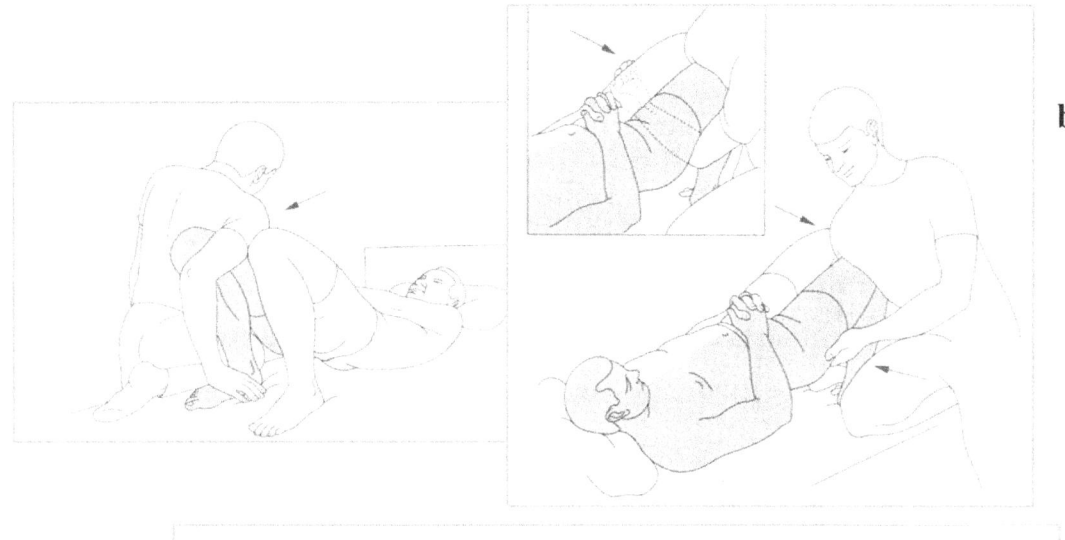

b.

**Fig. 7-125
Ridicarea
trunchiului
pacientului**

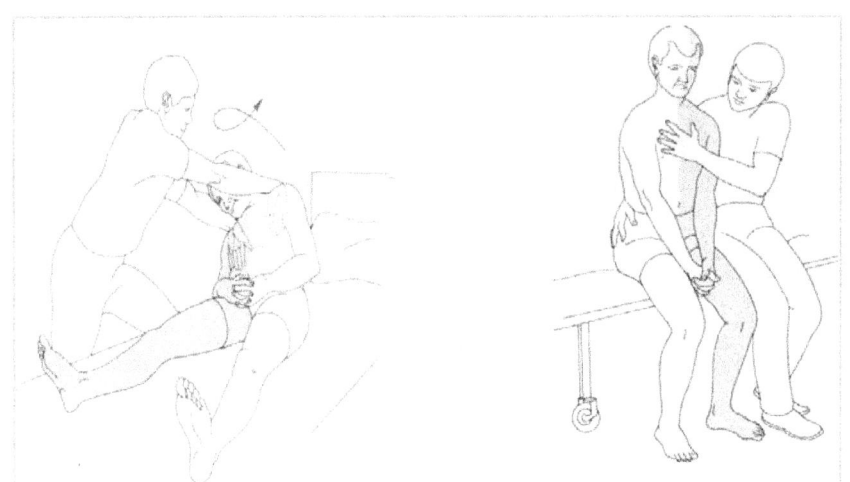

Fig. 7-126 Aşezarea pacientului la marginea patului

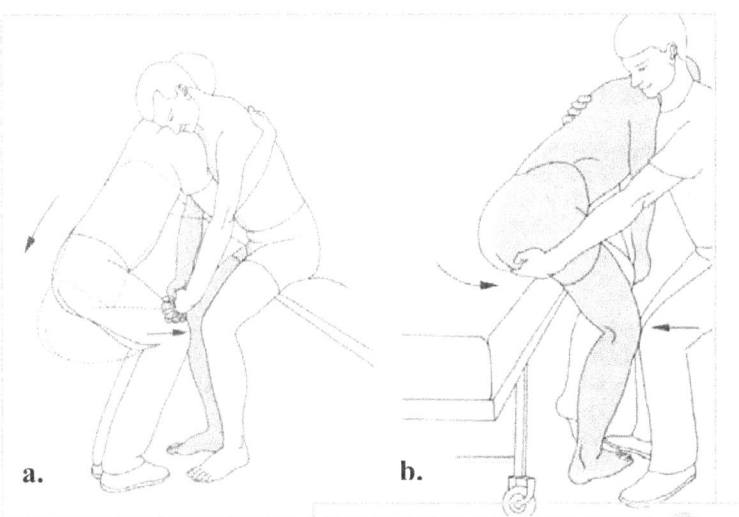

Fig. 7-127 Transferul pacientului: a, b, c, d, e.

a.

b.

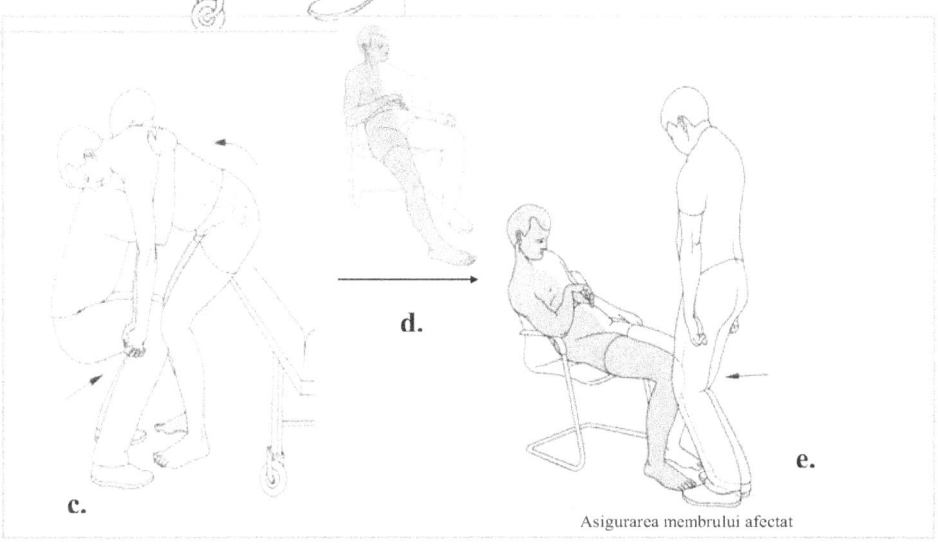

d.

c.

e.

Asigurarea membrului afectat

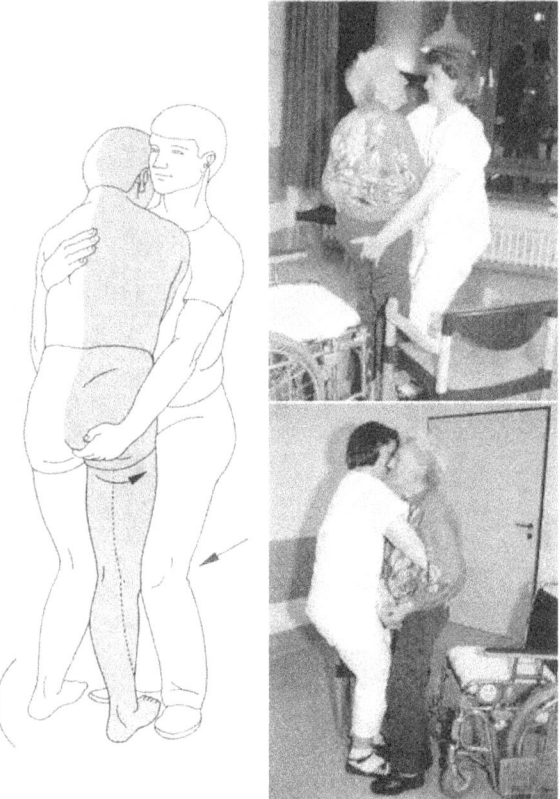

Fig. 7-128 Întoarcerea pacientului

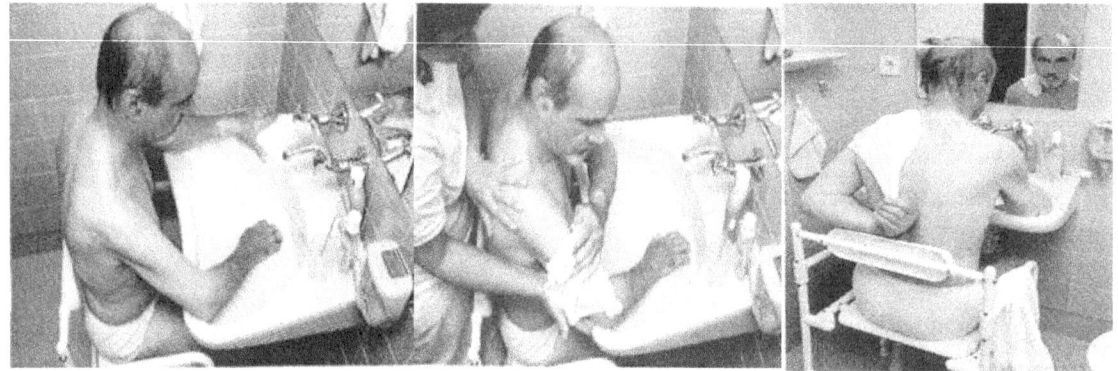

Fig. 7-129 Igiena corporală

Fig. 7-130 a. şi b. Îmbrăcarea

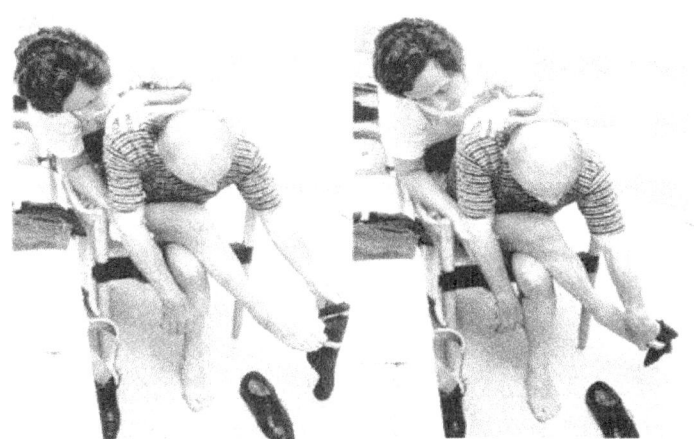

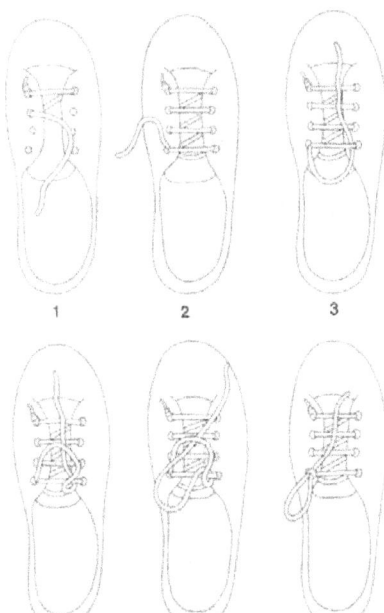

Fig. 7-131 Modalitate de legare a şiretelor cu o mână

3. Nevoia de a fi continent

Problemele întâlnite la hemiplegici sunt:

- constipația;
- incontinența urinară;
- incontinență fecală.

1. Profilaxia constipației:

☞ aport lichidian minim 2l/zi (de preferat 3l/zi);

☞ aportul de fibre;

☞ modificarea poziției pacientului în pat;

☞ mobilizarea precoce a pacientului din pat;

☞ facilitarea presei abdominale prin ridicarea picioarelor;

☞ administrarea de laxative.

2. *Incontinența urinară*: este necesară evitarea sondei urinare pe termen lung deoarece:

☞ creste riscul de infecții urinare;

☞ îngreunează mobilizarea pacientului;

☞ anulează INPUTUL determinat de distensia vezicală;

☞ la barbați se poate aplica temporar "prezervativul-urinar.

Terapie:

- Administrarea zilnica a circa 400-500ml de lichid la aceeași ora . După 40-60 minute pacientul este așezat pe WC și este îndemnat să apese suprapubian cu mâna;

- De asemenea se poate încerca declanșarea reflexului cutanato-visceral de evacuare a vezicii prin percuția suprapubiană;

- Evitarea administrării unor cantități mari de lichide după orele 17.00;

- Exerciții pentru musculatura bazinului.

De reținut!

▌ În cadrul tratamentului Bobath se folosește mingea mare și balansoarul pentru stimulare vestibulară și proprioceptivă!

METODA BRUNNGSTROM

Această metodă a fost iniţiată de către fizioterapeuta Signe Brunnstrom şi are ca scop principal **recuperarea mişcărilor voluntare** prin anumite etape sau stadii de refacere, în cazul persoanelor care suferă de *hemiplegie*, utilizând *activitatea reflexă spinală* şi *stimularea senzorială*.

Terapia Brunnstrom urmăreşte dezvoltarea normală ontogenetică în sens proximodistal, mişcările de flexie realizandu-se înaintea celor de extensie, iar mişcările controlate voluntar după realizarea celor reflexe.

Un loc important în această terapie îl ocupă:

- mişcările anormale;
- reacţiile asociate;
- sincineziile, care pot fi de mai multe feluri: *sincinezii homolaterale ale membrelor* (când mişcarea membrului superior afectat este aceeaşi cu cea a membrului inferior afectat), *sincinezii de imitaţie* (când mişcările efectuate de membrele sănătoase determină o mişcare "în oglindă" a membrelor afectate*), sincinezii pe verticală şi pe orizontală.*

Prin utilizarea acestora se încearcă un control voluntar asupra mişcărilor segmentare, care iniţial au caracter global.

Etapele de recuperare:

- Etapa 1- musculatura flască, fără mişcări voluntare, pacientul imobilizat la pat;
- Etapa 2- apar unele manifestări de sinergie, mişcări voluntare minimale, începerea instalării spasticităţii;
- Etapa 3- apar sinergiile de flexie şi extensie, spasticitatea atinge stadiul maxim, sunt posibile apucările grosiere şi apucarea în cârlig;
- Etapa 4- reducerea spasticităţii, control din ce în ce mai bun al mişcărilor voluntare, mişcări ale policelui;
- Etapa 5- sinergiile pierd din capacitatea de a inhiba mişcările active, sunt posibile apucările şi prehensiunea laterală cu eliberare;
- Etapa 6- diminuare majoră a spasticităţii, recuperarea mersului.

Principiile de tratament

- recâştigarea mişcării normale voluntare, având ca punct de plecare reflexul;
- întărirea sinergiilor prin utilizarea stimulilor proprioceptivi şi exteroceptivi;
- pentru agonişti se foloseşte rezistenţa opusă de kinetoterapeut, iar pentru antagonişti contracţiile izometrice;
- utilizarea facilitărilor numai în stadiul precoce al afecţiunii;
- mişcarea corectă trebuie repetată;
- începând cu stadiul III se renunţă la reflexele primitive, utilizându-se mişcările funcţionale.

METODA VOJTA

Iniţiată de către neurologul Vaclav Vojta, metoda care îi poartă numele, are la bază **locomoţia** (mişcarea) **reflexă** activată prin anumiţi stimuli externi, mai exact, prin *aplicarea unor presiuni* pe anumite zone ale corpului şi menţinerea acestora. Aceşti stimuli ajută la formarea a doua complexe de mişcare: *târârea reflexă* şi *rostogolirea reflexă*.

Atenţie!
■ Poziţiile utilizate în cadrul acestei metode sunt: decubit dorsal, ventral şi lateral!

Această tehnică este aplicată cu succes atât în primul an de viaţă al pacienţilor, când rezultatele sunt cele mai vizibile, mişcările corpului nefiind încă dezvoltate şi fixate, cazul sugarilor, cât şi în cazul copiilor şi al adulţilor, atât în scop curativ, cât şi profilactic.

Cu un spectru larg de aplicabilitate, terapia Vojta are rezultate bune în tratamentul *parezelor cerebrale, al tulburărilor de natură cerebrală*, de *statică vertebrală, al paraliziilor periferice ale braţelor şi picioarelor*, al *scoliozelor*, diferitelor *boli musculare* şi chiar al *problemelor respiratorii, de deglutiţie şi masticaţie*.

Durata medie a unei şedinţe este de **5-20 minute**; aceasta se poate aplica de mai multe ori pe zi, tratamentul întinzându-se pe câteva săptămâni sau chiar câţiva ani, în funcţie de evoluţia pacientului şi de gravitatea afecţiunii.

Profesorul Vojta susţine că prin declanşarea repetată a unor mişcări reflexe, se ajunge la "deblocări" sau "noi căi de acces" în interiorul reţelelor nervoase funcţional blocate dintre creier şi măduvă. Prin aplicarea acestor mişcări se urmăreşte *"coordonarea posturală"* (menţinerea echilibrului în timpul mişcării), *ridicarea corpului împotriva gravitaţiei*, cât şi însuşirea şi *utilizarea mişcărilor de apucare şi păşire.*

Aşadar, "motricitatea ideală" cu toate mişcările ei fine pot fi restabilite cu ajutorul terapiei Vojta, însă cu cât tratamentul este început mai timpuriu, cu atât rezultatele vor fi mai vizibile.

Exemplu de exerciţiu:

Pacientul în decubit ventral pe partea dreaptă cu genunchii îndoiţi înainte; aplicarea unor prize cu menţinerea poziţiei, de către kinetoterapeut a cotului stâng îndoit şi a membrului inferior drept îndoit din articulaţia şoldului şi a genunchiului.

CONCEPTUL CASTILLO MORALES

Castillo Morales a dezvoltat conceptul său senzorial-motor în urma experienţei sale cu copii afectaţi de **hipotonie musculară**, fiind profund influenţat de practicile comunităţii natale.

Conceptul de tratament a fost extins de-a lungul anilor, şi astăzi cuprinde următoarele afecţiuni : *copii născuţi prematur, copii cu retard senzorio-motor, sindroame hipotonice, sindroame hipokinetice, maladia Langdon-Down, copii cu probleme de percepţie şi întârzieri în dezvoltarea normală, copii cu dizabilităţi polimorfe cu şi fără paralizie cerebrală, cei cu paralizii periferice şi cu mielomeningocel.*

Această terapie are ca scop *dezvoltarea normală senzorio-motorie* a copilului, ca urmare, copiii devin mai alerți, receptivi și motivați.

Castillo Morales compară dezvoltarea senzorio-motorie a unui **copil sănătos** (normoton) cu cea a unui **copil hipoton** prin schema "triunghiurilor" și relația între ele. (Bebelușii hipotoni se odihnesc cu coatele și genunchii perfect întinși; ei nu își pot ține capul ridicat, acesta picând în față, în spate sau în lateral. Cei normotoni au un anumit grad de flexie a coatelor și genunchilor.)

Conceptul Castillo-Morales implică dezvoltarea generală a capacităților senzorial-motor, punând accent pe tratamentul specific asupra *regiunii orofaciale.*

Castillo Morales marchează corpul copilului cu două triunghiuri, respectiv triunghiul de sus care are baza la extremitățile superioare și triunghiul de jos care are baza la extremitățile inferioare. Cele doua vârfuri ale triunghiurilor se întâlnesc în zona dorso-lombară.

La copilul sănătos se observă o flexie accentuată care duce la apropierea bazelor celor două triunghiuri. Odată cu creșterea copilului cele două baze se deschid și se ridică împotriva forței gravitaționale (centrul de greutate se deplasează ușor). În acest mod reacțiile de echilibru devin mai sigure și se lărgește aria pozițiilor inițiale de sprijin, atât la nivelul membrelor superioare, cât și a celor inferioare pană când copilul învață să meargă.

Spre deosebire de copilul normoton, cel hipoton are tonusul muscular foarte scăzut, caz în care bazele celor două triunghiuri devin foarte depărtate una de alta.

La copilul hipoton se observă o limitare în ceea ce privește relația cu mediul exterior, acest fapt ducând pană la izolare. El are nevoie de mai multă atenție , deoarece învață într-un ritm mai lent mișcările necesare în activitatea zilnică.

Terapia încearcă să apropie bazele celor două triunghiuri și să aducă articulațiile într-o poziție normală astfel încât să se producă un echilibru (greutatea să fie repartizată egal).

"Zonele de stimulare" care pană acum au fost cunoscute sub denumirea de puncte motrice, sunt stimulate cu vibrații și presiuni ușoare pentru a facilita reacțiile de mișcare într-o poziție inițială.

"Zona de informație" este cea mai importantă și se găsește în regiunea dorso-lombară, zonă care la copiii hipotoni este foarte slabă. Copiii hipotoni au triunghiul inferior mai dezvoltat decât cel superior. Faptul că membrele superioare sunt folosite mai întâi pentru agățare și joacă duce la dezvoltarea târzie a funcțiilor diferențiate ale mâinii și gurii.

Din cauza pozițiilor membrelor superioare care sunt ținute în poziție scurtată, acești copii au dificultăți în mișcările de răsucire a trunchiului, dar și de sprijin lateral. Copii hipotoni evită verticalizarea, așa că se va încerca stimularea pentru folosirea membrelor inferioare.

Obiectivele urmărite:

- executarea unor secvențe de mișcare cat mai aproape de normal, în mod independent;
- realizarea de mișcări fără ca acestea să necesite o stimulare anterioară;
- formarea de mișcări independente pentru satisfacerea necesităților din activitatea zilnică și de autoservire.

Tratamentul se face secvențial :

1. se caută poziția inițială cea mai favorabilă;
2. se folosește tracțiunea și vibrația pentru pregătirea musculaturii;
3. se stimulează pacientul cu ajutorul presiunii și al vibrațiilor;
4. se așteaptă și observă reacția motorie;
5. se acordă ajutor dacă este cazul.

Persoanele cu dizabilități sunt foarte sensibile, cu precădere copiii, așa că relația pacient-kinetoterapeut trebuie să fie una relaxantă, care să permită o bună relaționare între cei doi, iar rezultatele să fie din ce în ce mai evidente. Kinetoterapeutul trebuie să fie răbdător și să aibă o atitudine responsabilă; nu trebuie lucrat cu violență pentru că pacientul poate ajunge să refuze tratamentul, și astfel se produce izolarea totală a acestuia.

METODA FRENKEL

Această metodă a fost inițiată de către Jacob A. Frenkel și se adresează persoanelor cu **tulburări de echilibru de origine cerebrală** (ataxiile locomotorii). Terapia lui Frenkel utilizează o serie de tehnici și exerciții ce se execută sub controlul vederii, care urmăresc stimularea extero și proprioceptorilor.

Reguli de respectat în efectuarea exercițiilor:

- exercițiile să se efectueze *individual*, pe numărătoare, comanda să fie blândă, pe un ton plăcut;
- repetarea unui exercițiu să se facă de **cel mult 4 ori**, cu pauză obligatorie între exerciții;
- ședința trebuie să dureze aprox. **30 minute**; aceasta se repetă de două ori pe zi;
- locul în care se realizează ședințele trebuie să fie iluminat, iar pacientul trebuie poziționat astfel încât să poată urmări propria execuție (mișcările membrelor);
- la începutul ședinței se execută mișcări ample și rapide, după care se trece la mișcări de amplitudine mai redusă, efectuate mai lent, coordonat și precis;
- pe măsură ce se înaintează în recuperare, se va crește treptat **complexitatea** și **dificultatea** exercițiilor, și nu intensitatea;
- exercițiile să se efectueze din **decubit** (pe canapea sau pe pat, cu o pernă sub cap pentru a putea urmări execuția), **așezat** (la început cu sprijin pe mâini, după aceea fără sprijin, urmând ca în final să se realizeze cu ochii legați) și **ortostatism** (pentru reeducarea mersului și a întoarcerilor).

Exemple de exerciții

1. Din decubit dorsal: flexia genunchiului și punerea călcâiului pe o anumită zonă de pe membrul inferior opus (pe gambă, pe rotulă etc.); apoi se schimbă zonele, călcâiul punându-se când pe una, când pe alta; Din

Fig. 7-132

şezând, cu piciorul pe sol, se desenează conturul piciorului, se ridică genunchiul, apoi se pune din nou piciorul pe sol în cadrul conturului (fig. 7-132);

2. În ortostatism, se aşează picioarele unul înaintea celuilalt pe aceeaşi linie; apoi se merge în acest mod pe o linie în zigzag. (Sbenghe, 1996, p. 586)

METODE DE RELAXARE

METODA JACOBSON

Metoda introdusă de către Eduard Jacobson, numită şi *metoda relaxării progresive*, se bazează pe diferite tipuri de relaxare şi încordare a muşchilor. În funcţie de timpul acordat realizării acestei metode, relaxarea poate fi: ***relaxare locală*** (zonală) între 20-40 minute şi ***relaxare globală***, care poate ajunge pană la 1-4 ore. Şedinţele se pot efectua **o data pe zi**, dar şi de 4-6 ori, în cazul în care acestea durează **10 minute**.

Pentru ca pacientul să fie complet relaxat, se va lua cea mai confortabilă poziţie *(decubit dorsal, cu capul pe pernă, genunchii uşor flectaţi, sprijiniţi de un obiect sau prosop rulat, umerii în uşoară abducţie, palmele întinse pe pat)*.

Prima etapă constă în respiraţii adânci, care durează 2-4 minute (inspirul pe nas şi expirul pe gură, ordinea acestora fiind - abdominal, toracic inferior, toracic superior), după care se relaxează muşchii feţei, urmând concentrarea pe un grup de muşchi mai restrâns, a grupei musculare mai mari, a musculaturii întregului membru, a trunchiului, a gâtului şi în final a întregului organism. Exerciţiile se vor termina prin contracţia muşchilor feţei.

Aceste exerciţii ajută la relaxare, îmbunătăţesc capacitatea de concentrare, reducerea atacurilor de panică şi întăresc structura musculară.

METODA SHULTZ

Această metodă iniţiată de către Johannes Heinrich Shultz, a fost numită şi *metoda de relaxare autogenă*. Este o metodă de autohipnoză prin care se obţine controlul funcţiilor anumitor organe şi implicit relaxarea totală a corpului, prin decuplarea sistemului nervos de la impulsurile neuromusculare posturale.

Shultz a pornit de la hipnoza funcţională a lui Oscar Vogt, care hipnotizează pacienţii în mod treptat trezindu-i pe parcursul şedinţei pentru a vedea starea lor, apoi îi rehipnotizează şi mai profund.

Efectul se obţine treptat începând cu poziţionarea pacientului pe pat (decubit dorsal), în poziţia "birjarului" sau pe fotoliu cat mai confortabil. Prin relaxare şi introducerea calmului se obţine o senzaţie de greutate, apoi de căldură, iar în final se reglează respiraţia.

Pacientul se concentrează pe o anumită parte a corpului, după care repetă sugestia de greutate în minte, obţinând în final efectul de greutate .

Intervalul dintre şedinţe variază în funcţie de caz: de 3-4 ori pe săptămână în cazul pacienţilor internaţi sau de 2 ori pe săptămână în condiţiile tratamentului ambulator. Efectele se observă din primele zile ajutând la o odihnă mai bună şi creşterea capacităţii de concentrare. Această metodă îmbină perfect medicina cu psihoterapia, ajutând şi la tratarea afecţiunilor somatice şi reducerea durerilor.

În opinia noastră, metoda Shultz şi metoda Jacobson se completează. Metoda Jacobson are ca punct de plecare corpul fizic şi tensiunile care apar în muşchi, iar metoda Shultz pune accentul asupra minţii şi a gândurilor având efecte considerabile în psihoterapie.

CAPITOLUL 8

Relaţia kinetoterapeut - pacient

OBIECTIVE

La sfârşitul parcurgerii acestui capitol cititorul ar trebui:

 Să cunoască codul deontologic.
 Să cunoască şi să poată aplica regulile şi obligaţiile kinetoterapeutului.

CUVINTE CHEIE

Comunicare, cod deontologic, reguli, obligaţii.

Introducere

Deoarece cultura fizică cuprinde doar teoria activităților sportive și cele de educație fizică, se consideră că acestea sunt insuficiente pentru toate categoriile de oameni. Sunt persoane care nu dispun de un potențial biologic destul de mare pentru a putea practica acest gen de activități: copiii mici, femeile însărcinate, persoane vârstnice.

Dreptul la aceste două activități trebuie sa le aibă toată lumea și de aceea s-a recurs la kinetoterapie care se bazează pe aceleași principii ca ale culturii fizice si care îi folosește mijloacele.

Este important de știut faptul că o disciplina se poate numi știință atunci când aceasta are un obiect de studiu propriu, dispune de metode științifice de cercetare și poate ajunge la o teorie proprie. Acestea fiind spuse, se consideră kinetoterapia ca fiind o știință, întrucât ea dispune de toate acestea. Obiectul de studiu propriu al kinetoterapiei îl constituie omul în situații biologice deosebite - menținerea indicilor morfo-funcționali normali prin mijloace specifice (exercițiul fizic). Mijloacele sunt împrumutate din educație fizică dar sunt adaptate la particularități de vârstă, sex, situația biologică.

Kinetoterapia se mai bazează și pe cunoștințe din socio-psiho-pedagogie, bio-medicină.

Ca orice știință și kinetoterapia se bazează pe anumite *principii:*

- Kinetoterapeutul trebuie să fie stăpân pe cunoștințele dobândite pentru a nu cauza mai mult rău decât bine. Decât să se înrăutățească starea pacientului mai bine să nu se intervină.
- Cunoașterea diagnosticului;
- Principiul economiei de efort: niciodată nu se solicită organismul până la capacitatea maxima de efort/epuizare;
- Respectarea condițiilor de igienă

Așadar, kinetoterapia este o știință care are un loc extrem de important în îmbunătățirea sănătății omului și trebuie tratată cu multă seriozitate.

Principiile acesteia trebuie respectate cu mare strictețe, iar kinetoterapeutul ar trebui să țină cont de cel mai important principiu elaborat de Hipocrat: „primum non nocere" adică „înainte de toate să nu faci rău".

Relația dintre kinetoterapeut, pacient și familia acestuia este o problemă peste care nu trebuie să se treacă cu vederea. Această relație este de fapt baza de la care se pleacă într-o recuperare și fără de care nu se poate ajunge la o finalitate.

ANALIZAREA CODULUI DEONTOLOGIC AL KINETOTERAPIEI

Codul deontologic al kinetoterapiei ar trebui să fie perceput ca o „biblie" a kinetoterapeuților. Fără cunoașterea acestui cod, un kinetoterapeut nu își poate practica meseria într-un mod profesional, respectând de asemenea și valorile morale. Această meserie se bazează pe anumite *principii generale* cărora trebuie să li se acorde maximă importanță:

1. Kinetoterapeutul trebuie să dea dovadă de onestitate și obiectivitate în tot ceea ce face. Acest lucru este crucial în această meserie ca în oricare alta, deoarece este important să se creeze un mediu favorabil desfășurării activităților.

2. Kinetoterapeutul trebuie să câștige respectul colegilor săi și să inspire încredere - acest principiu ține de valorile morale pe care trebuie să le aibă fiecare om în meseria pe care o practică și îl ajuta pe kinetoterapeut să fie respectat și apreciat.

3. În momentul angajării, kinetoterapeutul trebuie să dețină cunoștințe în domeniu și să aibă capacitatea de a le transmite pacientului într-o manieră profesională dar să fie pe înțelesul acestuia.

4. Un bun kinetoterapeut va ști că în meseria lui trebuie să facă față și să se adapteze la condițiile întâlnite.

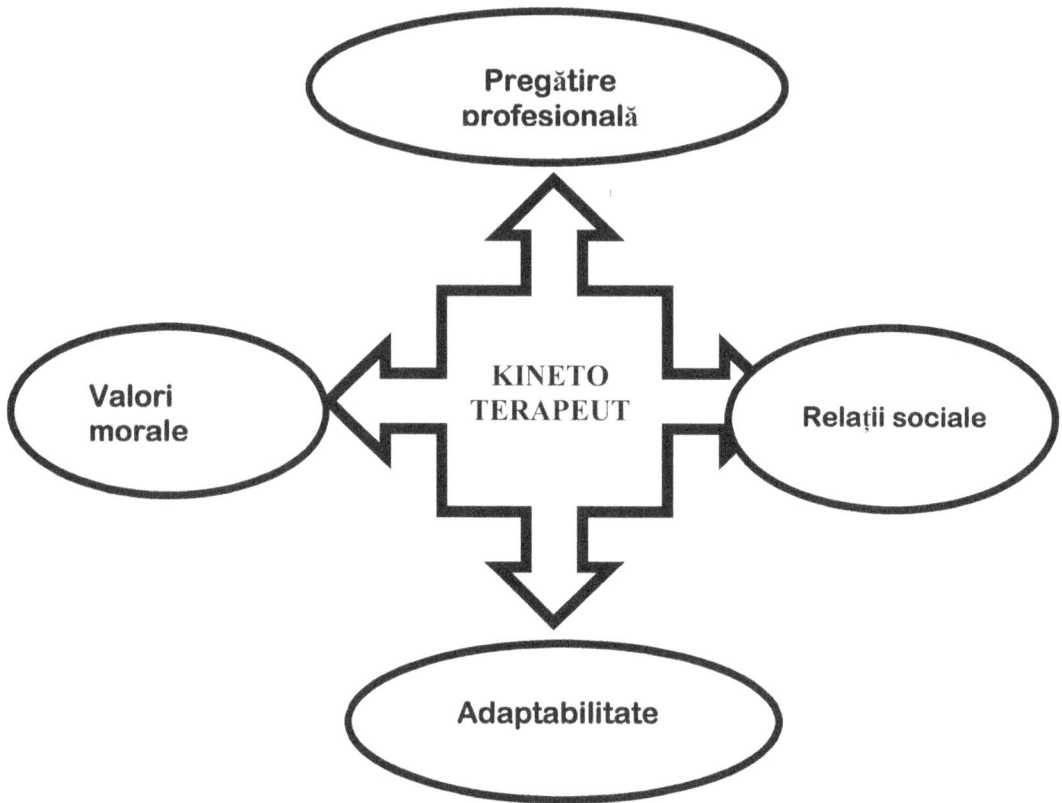

Fig. 8-1 Calitățile și abilitățile pe care trebuie să le întrunească un kinetoterapeut

În codul deontologic mai este menționat faptul că în momentul angajării kinetoterapeutul trebuie să dea dovadă că este foarte bine pregătit și că este capabil să respecte anumite reguli în ceea ce privește contractul pe care el îl are cu pacienții săi. El este obligat ca pe durata contractului să nu părăsească locul de muncă, deoarece asta ar însemna să nu finalizeze un program de recuperare și ar fi în dezavantajul pacientului.

Este foarte important ca un kinetoterapeut să încerce pe tot parcursul carierei lui să se perfecționeze, să participe la mai multe întruniri profesionale, la sesiuni științifice astfel încât să evolueze continuu. Dacă descoperă o metodă care să ajute la îmbunătățirea recuperărilor, acesta ar trebui să știe să-și justifice alegerea într-un mod cât mai profesional și obiectiv. Să-i convingă și pe colegii lui că metoda descoperită merită pusă în practică.

De asemenea el trebuie să fie conștient în momentul în care a făcut o greșeală în cercetările lui și să își asume responsabilitatea pentru acea greșeală.

COMUNICAREA DINTRE KINETOTERAPEUT ŞI PACIENT

Comunicarea este o formă de socializare fără de care relaţia dintre doua sau mai multe persoane nu s-ar putea realiza.

Ca în orice altă meserie şi în cea de kinetoterapeut, comunicarea are un rol bine definit: îl ajută pe acesta să stabilească o relaţie cu pacientul său şi de aici derivă o bună colaborare finalizată cu un rezultat corespunzător.

Kinetoterapeutul trebuie să aibă stăpânire de sine astfel încât să nu se lase condus de pacientul său şi să îi explice de la început anumite condiţii pe care acesta trebuie să le respecte. La început este important ca acesta să obţină consimţământul pacientului pentru ca şedinţele să se desfăşoare într-un ambient cât mai plăcut. Pentru toate acestea, kinetoterapeutul trebuie să fie un bun psiholog, să fie capabil să comunice cu pacientul său şi să îi inspire încredere de la prima vedere pentru că de el depinde sănătatea pacientului.

Există posibilitatea ca unii pacienţi să aibă probleme emoţionale şi pot fi neîncrezători în ceea ce priveşte tratamentul care urmează să îl facă. Din această cauză kinetoterapeutul trebuie să îi prezinte pe larg tot ceea ce se va întâmpla în şedinţele ce vor urma şi să îi şteargă pacientului orice fel de dubiu.

La fel de importantă este şi comunicarea cu familia pacientului. Aceasta trebuie ţinută la curent în permanenţă cu evoluţia pacientului şi au datoria să contribuie la însănătoşirea lui prin continuarea exerciţiilor date de kinetoterapeut, acasă. Este preferabil ca măcar un membru al familiei să fie instruit în ceea ce priveşte tratamentul pacientului pentru ca acesta să îşi poată continua faza de tratare acasă. Pentru asta membrul familiei trebuie să fie receptiv şi comunicativ şi să înţeleagă importanţa implicării lui. De asemenea, este bine de ştiut că şi pacientul trebuie instruit, deoarece în anumite tehnici acesta poate să facă anumite exerciţii singur.

Exemple:

1. De exemplu, în mobilizarea autopasivă, pacientul poate fi instruit să-şi mobilizeze un segment al corpului cu ajutorul altui segment, în mod direct sau prin intermediul scripeţilor (fig. 8-2)

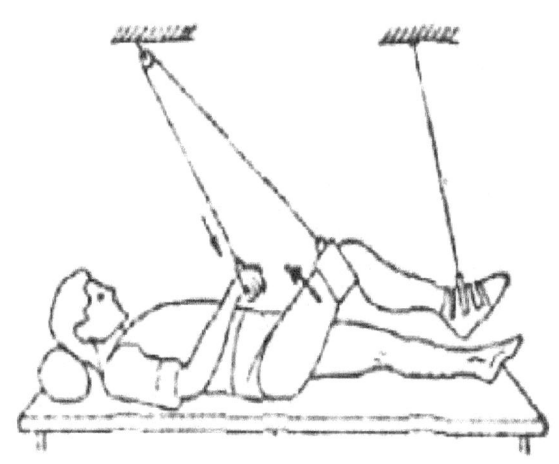

2. Un alt exemplu, tot în cazul mobilizării pasive la un pacient hemiplegic, kinetoterapeutul îl poate instrui cum să mobilizeze mâna paralizată cu ajutorul mâinii sănătoase. (Sbenghe, 1987, p.177).

Fig 8-2 Mobilizare autopasivă

3. O bună şi foarte amănunţită instruire a pacientului mai poate duce şi la realizarea mobilizării active cu rezistenţă (autorezistenţă). Pacientul opune o rezistenţă dozată cu ajutorul membrului sănătos sau utilizându-şi propria greutate a corpului Această tehnică este limitată doar la câteva mişcări din articulaţii dar este bine ca pacientul să ştie să o facă.

Prin comunicarea cu pacientul, kinetoterapeutul îşi poate da seama de anumite manifestări ale pacientului: de capacitatea lui de înţelegere, de starea lui generală, de capacitatea de cooperare, etc. Acestea duc la o mai bună înţelegere dintre pacient şi kinetoterapeut şi îi dă acestuia din urmă posibilitatea alegerii unui tratament adecvat.

De exemplu, în cazul mobilizării active cu rezistenţă, kinetoterapeutul poate alege una din cele 7 posibile tehnici de realizare, în funcţie de calităţile pacientului discutate mai sus si de asemenea de alte considerente privind obiectivele urmărite, locul unde se desfăşoară exerciţiile, etc.

Există posibilitatea ca tratarea pacientului să nu ajungă la un rezultat satisfăcător şi atunci acesta va încerca să îl învinovăţească pe kinetoterapeut. Tocmai din această cauză pacientul trebuie să fie de la început pus în temă cu eventualele eşecuri apărute pe parcursul tratamentului (Albu, 2004).

REGULI ŞI OBLIGAŢII PENTRU KINETOTERAPEUT

În relația dintre kinetoterapeut şi pacient, trebuie să se țină cont de anumite reguli şi acestea trebuie respectate cu strictețe. De asemenea, acesta are anumite obligații față de pacientul cu care lucrează.

Reguli generale pentru kinetoterapeut:

☞ să tina cont de apartenența socio-culturala si religioasa a pacientului;

☞ să fie atent la comportamentul pacientului;

☞ să păstreze o atitudine calmă, liniştită, să inspire încredere si securitate;

☞ nu sunt admise improvizațiile;

☞ relația cu bolnavul este de respect şi înțelegere;

☞ familia bolnavului se va implica în lupta împotriva bolii;

☞ kinetoterapeutul intervine în relația pacient-familie.

Kinetoterapeutul trebuie:

a) Să fie atent la comportamentul pacientului. Unii pacienți îşi pot exprima emoțiile mai uşor, alții se pot lovi de anumite bariere în exprimarea lor

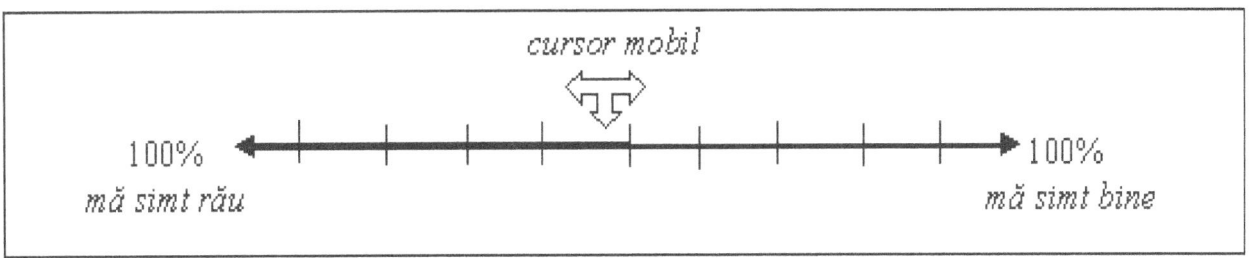

Fig 8-3 Reprezentarea grafică a capacității pacientului de a exprima ceea ce simte

Reacțiile pacientului la boală depind de ritmul şi stadiul de evoluție al bolii. Unii pacienți îşi recunosc realist stadiul de boală (conduita terapeutică) iar alții refuză să recunoască boala față de cei din jur şi față de ei înşişi.

Reacțiile pacientului la boala se manifesta prin depresie, anxietate, stare de dependenta, hiperexpresivitate, dorinta de a fi considerat bolnav, reactie hipocondriala.

Imaginea din figura 8-3 reprezintă o axă pe care fiecare pacient o are în subconștientul său în momentul în care este nevoit să își exprime emoțiile. Ne este arătat faptul că în momentul în care kinetoterapeutul vorbește cu pacientul său, cursorul mobil se poate muta dintr-o parte în alta în funcție de starea și comportamentul pe care îl are pacientul.

b) Să nu folosească improvizații. Kinetoterapeutul trebuie să analizeze pacientul (anamneza) iar mai apoi să elaboreze un tratament. El trebuie să fie sigur pe tratamentul propus și să nu lase loc pentru improvizații deoarece pacientul ar putea avea de suferit (fig. 8-4).

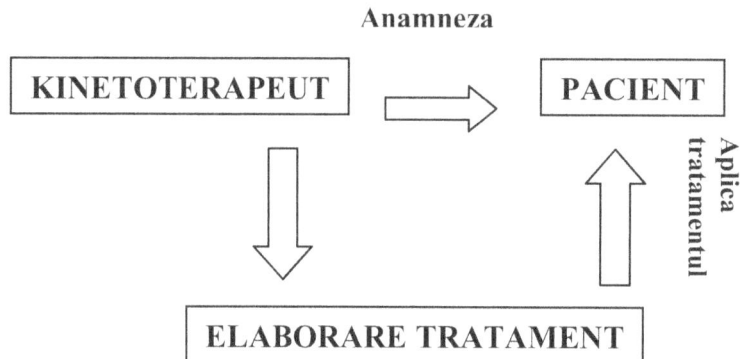

Fig 8-4 Elaborarea tratamentului este precedată de anamneză

c) Să aibă un comportament adecvat în fața pacientului. Kinetoterapeutul trebuie, în primul rând să inspire multă încredere pacientului, trebuie să fie calm și liniștit și să se exprime într-un mod cât mai pe înțelesul acestuia. Pentru asta kinetoterapeutul trebuie să fie în primul rând un bun psiholog. Să știe cum să discute cu orice tip de pacient.

d) Să fie răbdător și să folosească cu precădere demonstrația, explicația pentru fiecare exercițiu în parte. Să adopte în timpul exercițiilor poziții cât mai stabile și benefice pentru pacient. Să dozeze complexele de exerciții diferențiat, de la caz la caz. Pentru a obține colaborarea pacientului, kinetoterapeutul trebuie să creeze o atmosferă corespunzătoare și să poarte un dialog continuu. "Cu cât un bolnav își va cunoaște mai bine boala, cu atât mai puțin îi va fi teamă de ea și cu atât mai mult va fi capabil să o învingă corect". (Assal, 1994)

e) Kinetoterapeutul trebuie să țină cont de sfaturile familiei pacientului, să țină legătura cu ei pentru o mai bună colaborare kinetoterapeut-pacient, și să se asigure că familia îl încurajează și este lângă el necondiționat.

f) Pentru a practica tratamentul și după terminarea ședințelor, kinetoterapeutul are obligația să îl îndrume pe pacient, să îl încurajeze și să îl convingă că exercițiile vor fi benefice făcute chiar și acasă. Este necesar ca pacientul să meargă la controale periodice, pentru verificarea stării fizice.

Relația kinetoterapeut-pacient-familie

1. Relația kinetoterapeut-pacient este confidențiala;

2. Comunicarea:

☞ kinetoterapeutul nu se identifică cu pacientul;

☞ kinetoterapeutul nu se lasă condus de bolnav;

☞ kinetoterapeutul trebuie să obțină consimțământul pacientului;

☞ este necesar să se cunoască complianța pacientului (pentru obținerea adeziunii);

☞ unii pacienți au defecte de memorie, probleme emoționale, atitudini negative față de tratament (important pentru kinetoterapeut);

☞ relația kinetoterapeut-pacient este complexă.

Pacientul se prezinta în fata specialistului în toata integritatea sa bio-psiho-socio-culturala.

Obligațiile kinetoterapeutului în fața pacientului:

☞ Elaborarea unui program terapeutic specific

☞ Programul – defalcat pe intervale regulate de timp (zilnic)

☞ Evaluarea rezultatelor la intervale regulate de timp (rezultate obținute-obiective)

☞ Relația kinetoterapeut - pacient este întreruptă când:

- obiectivele fixate au fost atinse;

- pacientul nu colaborează.

Relația dintre kinetoterapeut și pacient este un aspect de o foarte mare importanță în care contează comunicarea dintre cei doi, respectarea regulilor și obligaților pe care le are kinetoterapeutul față de pacient și mai ales respectarea codului deontologic.

CUPRINS